U0221756

编审委员会

"十四五"职业教育国家规划教材

荣获中国石油和化学工业优秀教材奖

混凝土结构
工程施工

陈 刚 主编

第三版

化学工业出版社

·北京·

内 容 简 介

本教材是"十四五"职业教育国家规划教材,按照高职高专院校土建类专业的教学要求,以国家现行的建筑工程标准、规范和规程为依据编写而成。全书共分 6 个单元,包括钢筋工程施工、模板工程安装、模板及作业平台钢管支架构造安全技术、模板工程设计、混凝土工程施工、模板工程专项施工方案编制案例与实训,重点介绍了以混凝土结构平法施工图知识和结构基本构造知识为基础的钢筋抽筋、下料、加工、安装方法,以及模板及其支架的基本设计知识、安装方法、构造措施。

为响应《国家职业教育改革实施方案》,本次修订增加了建筑信息模型(BIM)的相关内容,同步更新了建筑工程识图的平法知识;结合党的二十大报告"推进教育数字化",更是针对教材中的案例运用 BIM 技术专门制作了"框架钢筋及节点钢筋安装""模板及支架搭设"两个大型虚拟仿真全景模型,丰富了教材立体化内容,使读者可以身临其境地观察学习,既帮助读者学习相关知识,也为读者参加建筑工程信息模型(BIM)、建筑工程识图职业技能等级考试提供帮助。

本书配套有视频、PDF、PPT 等资源,可通过扫描二维码获取。为强化教学,还配有教学资源库、电子课件。

本教材可作为高职高专建筑工程技术专业、建设工程监理专业、建设工程管理专业及相关专业教材,也可作为成人教育土建类专业教材和岗位培训教材,还可作为从事建筑工程结构施工、监理工作的工程技术人员参考用书。

图书在版编目(CIP)数据

混凝土结构工程施工/陈刚主编. —3 版. —北京:
化学工业出版社,2020.9(2024.11重印)
"十二五"职业教育国家规划教材 经全国职业
教育教材审定委员会审定
ISBN 978-7-122-37349-6

Ⅰ.①混… Ⅱ.①陈… Ⅲ.①混凝土结构-混凝土
施工-高等职业教育-教材 Ⅳ.①TU755

中国版本图书馆 CIP 数据核字(2020)第 118286 号

责任编辑:李仙华 装帧设计:史利平
责任校对:王素芹

出版发行:化学工业出版社(北京市东城区青年湖南街 13 号 邮政编码 100011)
印 刷:北京云浩印刷有限责任公司
装 订:三河市振勇印装有限公司
787mm×1092mm 1/16 印张17 字数440千字 2024 年 11 月北京第 3 版第 3 次印刷

购书咨询:010-64518888 售后服务:010-64518899
网 址:http://www.cip.com.cn
凡购买本书,如有缺损质量问题,本社销售中心负责调换。

定 价:48.00元

前·言

本教材以《国家职业教育改革实施方案》为指引，根据全国住房和城乡建设职业教育教学指导委员会土建施工类专业指导委员会最新制定的《建筑工程技术专业教学标准》等教学指导文件要求，以国家现行的规范、标准为依据编写而成。 本教材第一版自 2011 年出版以来，在帮助读者学习混凝土结构工程施工知识方面起到了积极作用，得到了读者的普遍好评，2014 年入选"十二五"职业教育国家规划教材，2016 年荣获中国石油和化学工业优秀出版物奖·教材奖一等奖。 本书 2023 年入选"十四五"职业教育国家规划教材。

本次为第三次修订，为了更好地服务于读者，修订的指导思想是：以"实用、适用、先进"为原则，以培养学生职业能力为主线，力求既保留原有的特色，又紧密结合新形势下的职业教育教学发展要求，与时俱进。 归纳起来，有如下亮点：

1. 切合学生认知规律，按施工顺序划分模块化课程单元。 教材按混凝土结构的施工工艺流程，依次介绍钢筋工程、模板及支架工程和混凝土工程。 一是将原教材的 6 个学习章节调整为 5 个学训单元和 1 个综合训练单元，对应学生的认知规律依次展开学习、训练、综合实训等教学环节，实现"学训结合"教学目的；二是每个学训单元以岗位需求制定知识目标和能力目标，由目标统领，切实做到"教学训"的统一；三是根据工作过程划分模块化课程单元，例如，在介绍钢筋抽筋、下料、加工、安装的施工知识中融入混凝土结构平法施工图基础知识和结构基本构造知识，同步培养学生看图、读图、懂图和按图施工的综合能力。

2. 对接职业标准和岗位规范，同步更新新技术、新工艺、新规范在教材中的内容和应用。 近几年来与本教材密切相关的工程规范、职业标准相继发布新的版本，本次修订及时引入，突出实用性，强调与职业岗位接轨。 一是依据现行的《混凝土结构工程施工质量验收规范》(GB 50204—2015)等相关规范，针对每个分项工程提供了与实际施工作业完全一致的检查表格，与岗位工作接轨，训练学生的职业工作能力；二是依据住房和城乡建设部《危险性较大的分部分项工程安全管理规定》(住建部令 37 号 [2019]修订版)和模板及其支架的现行规范，重点介绍与施工安全密切相关的模板及其支架的基本设计知识、安装方法、构造措施和管理实务，体现党的二十大报告"提高公共安全治理水平"，将安全第一的理念融入教材，为学习者进入职业岗位和参加职业资格考试奠定基础。

3. 以"1+X"等级证书制度为引领，增加 BIM 技术、建筑工程识图职业技能内容。 2019 年国务院《国家职业教育改革实施方案》颁布后，建筑工程信息模型（BIM）被列为首批"1+X"职业技能等级证书制度试点，建筑工程识图被列为第三批"1+X"职业技能等级证书制度试点。 本次修订同步更新了建筑工程识图的平法知识内容、增加了建筑信息模型（BIM）的相关内容，更是针对教材中的案例运用 BIM 技术专门制作了"框架钢筋及节点钢筋安装""模板及支架搭设"两个大型虚拟仿真全景模型，丰富了教材立体化内容，使读者可以身临其境地观察学习，既帮助读者学习相关知识，也为读者参加职业技能等级考试提供帮助。

4. 线上资源与线下教材相结合，构建了立体化教材。 本次修订运用 Revit、ArchiCAD 等 BIM 技术软件为教材的案例精心制作了高精度建筑信息模型，在此基础上增加了漫游等辅助教学手段，增强信息化的实用性。 一是通过视频引导读者对钢筋安装和模板及其支架系统进行漫游学习，二是还提供由 Fuzor 技术支持的虚拟现实学习情境，读者可以全方位、无死角地在虚拟仿真全景模型中自由漫游，帮助读者观察钢筋安装、模板及其支架搭设的节点做法和构造要求，让一般教学手段难以讲明白的知识难点直观鲜活地呈现出来。 通过"一例一码一网站"将线上资源与线下教材密切结合起来，扫描书中二维码进行线上学习，读者不受时空限制，可以反复观摩，增强学习效果。 同时教材还提供有教学资源库、电子课件，可登录 www.cipedu.com.cn 免费获取。

5. 产教融合，校企"双元"合作开发教材。 教材主编单位广西建设职业技术学院是国家"双高计划"立项建设单位，本次修订在原有的校企合作的基础上，特别邀请广西建筑科学研究院 BIM 研究中心主任、广西 BIM 联盟副秘书长丘光宏高级工程师以及他的团队参加教材编写；同时邀请曾多次指导学生参加全国职业技能大赛高职组建筑工程识图大赛、国际 BIM 大奖赛且获得过优异成绩的指导老师庞毅玲副教授进行 BIM 编写策划；广西建工集团陈铠高级工程师继续参加教材的编写工作。 深化了产教融合，保证了教材的针对性、适用性、实用性和先进性。

本教材修订分工如下：陈刚编写学训单元一任务二、三、学训单元三任务一、学训单元五、综合训练单元六任务三、四，付春松编写学训单元四、综合训练单元六任务一，温世臣编写学训单元一任务一的"五"、任务三的"二"，刘豫黔编写学训单元二，陈铠编写学训单元三任务二、三，丘光宏编写综合训练单元六任务二，朱俊飞编写学训单元一任务一。 庞怀对学训单元四、综合训练单元六的计算进行了校对。 陈刚、丘光宏团队、温世臣、庞毅玲参与了 BIM 设计制作。 本教材由陈刚担任主编，庞毅玲担任主审。

鉴于编者知识和经验局限，书中不妥之处在所难免，恳请广大读者和专家批评指正。

编者

第一版前言

本教材根据全国高职高专教育土建类专业教学指导委员会制定的建筑工程技术专业人才培养标准和课程教学大纲的要求，以国家现行的建筑工程标准、规范和规程为依据编写而成。 本书可作为高职高专建筑工程技术专业、工程监理专业及相关专业教材，也可作为成人教育土建类专业教材，还可作为从事建筑工程结构施工、监理工作的工程技术人员参考用书。

《混凝土结构工程施工》是高等职业建筑工程技术专业一门重要的专业课，它所研究的内容是建筑工程施工的重要组成部分，包括钢筋工程、模板工程、混凝土工程三个工种工程，涉及钢筋工、木工、架子工、混凝土工四个工种。 混凝土结构工程施工对保证混凝土结构的工程质量、确保建筑工程混凝土结构施工过程的施工安全起到核心作用。 本教材以"实用、适用、先进"为编写原则，以培养学生职业能力为主线，紧密结合我国现行的建筑工程标准、规范和规程，编写时及时引入近几年的新成就、新技术、新材料、新经验和新规范，有机融入建筑行业岗位培训教材的内容，注重理论与实践相结合，突出实用性，强调与职业岗位接轨。 比如：

1. 在介绍钢筋抽筋、下料、加工、安装的施工知识中融入混凝土结构平法施工图基础知识和结构基本构造知识。

2. 在依据《建筑施工扣件式钢管脚手架安全技术规范》[JGJ 130—2001（2002版）]和《建筑施工模板安全技术规范》（JGJ 162—2008）介绍模板及作业平台支架知识时，及时引入《建筑施工模板及作业平台钢管支架构造安全技术规范》（DB45/T 618—2009）、住房和城乡建设部《危险性较大的分部分项工程安全管理办法》（建质［2009］87号）等规范、文件，重点介绍模板及其支架的基本知识、构造措施和管理程序、方法。

3. 通过一个详细的教学案例完整地介绍了常规的建筑工程模板及其支架的基本设计知识。

4. 依据《混凝土结构工程施工质量验收规范》[GB 50204—2002（2010年版）]和相关规范，针对每个分项工程提供了与实际施工作业完全一致的检查表格，与岗位工作接轨。

5. 编制了一个"易教、乐学、实用"的《模板工程模拟施工实训》校内实训项目，解决了模板工程实训难以在校内开展的难题。

参加本教材编写工作的有：陈刚（第一章第三节、第三章第一节、第五章、第六章第三节），付春松（第四章、第六章第一、二节），刘豫黔（第一章第二节、第二章），温世臣（第一章第一节的五、混凝土结构平法施工图识读基础知识、第三节的二、钢筋混凝土结构配筋基本构造）、戴骞（第三章第二、三节）、宋玉峰（第一章第一节），本书由陈刚担任主编。

鉴于编者知识和经验局限，书中不妥之处在所难免，恳请广大读者和专家批评指正。

本书提供有PPT电子教案，可发信到 cipedu@163.com 免费获取。

编者

2010 年 10 月

第二版前言

本教材根据全国高职高专教育土建类专业教学指导委员会制定的建筑工程技术专业人才培养标准和课程教学大纲的要求，以国家现行的建筑工程标准、规范和规程为依据编写而成。 第一版自 2011 年 2 月出版以来，在帮助各位读者学习混凝土结构工程施工知识方面起到了积极作用，得到了读者的普遍好评。 2014 年本教材入选"十二五"职业教育国家规划教材。 本教材还荣获 2016 年中国石油和化学工业优秀出版物奖·教材奖一等奖。

由于近两年来与本教材密切相关的教学标准、工程规范相继发布新的版本，例如：

1. 全国高职高专教育土建类专业教学指导委员会相继出台、发布了《建筑工程技术专业教学基本要求》《建筑工程技术专业校内实训及校内实训基地建设导则》《建筑工程技术专业教学标准》等教学指导文件。

2. 住房和城乡建设部相继发布了《混凝土结构工程施工质量验收规范》(GB 50204—2015)、《建筑施工扣件式钢管脚手架安全技术规范》(JGJ 130—2011)等工程规范。

为与国家现行的建筑工程规范和教学标准对接，特对本教材进行修订。 修订的指导思想是：以"实用、适用、先进"为原则，以培养学生职业能力为主线，紧密结合我国现行的建筑工程标准、规范和规程，及时引入建筑工程的新技术、新材料、新经验和新规范，有机融入建筑行业岗位培训教材的内容，注重理论与实践相结合，突出实用性，强调与职业岗位接轨。

教材修订后仍保留了原有的特色与框架，共分为六章：第一章钢筋工程施工、第二章模板工程安装、第三章模板及作业平台钢管支架构造安全技术、第四章模板工程设计、第五章混凝土工程施工、第六章模板工程专项施工方案编制案例与实训。

本书可作为高职高专建筑工程技术专业、工程监理专业及相关专业教材，也可作为成人教育土建类专业教材，还可作为从事建筑工程结构施工、监理工作的工程技术人员参考用书。

参加本教材修订编写工作的有：陈刚(第一章第一、三节、第三章第一节、第五章、第六章第三节)，付春松(第四章、第六章第一、二节)，刘豫黔(第一章第二节、第二章)，温世臣(第一章第一节的五、混凝土结构平法施工图识读基础知识、第三节的二、钢筋混凝土结构配筋基本构造)、陈铠(第三章第二、三节)，本教材由陈刚担任主编。

鉴于编者知识和经验局限，书中不妥之处在所难免，恳请广大读者和专家批评指正。

本书提供有 PPT 电子教案，可登录 www. cipedu. com. cn 免费获取。

编者
2014 年 8 月

目·录

资源目录

钢筋工程施工

知识目标

- 了解钢筋的分类及材料性能、钢筋代换原理和方法
- 理解钢筋连接、制作加工、绑扎安装的工艺过程和质量要求
- 掌握钢筋抽筋下料的方法、混凝土结构平法基础知识
- 掌握钢筋分项工程质量检验的内容与要求

能力目标

- 能解释钢筋工程施工全过程的工作要义
- 能正确识读采用平法表示方法设计的混凝土钢筋结构施工图,并熟悉钢筋混凝土结构基本构造
- 能依据规范和设计正确地进行抽筋下料、钢筋连接、制作加工、绑扎安装
- 能应用相关检查表格对钢筋分项工程质量进行检验验收

　　钢筋工程施工是形成钢筋混凝土整体结构的关键施工环节,也是钢筋混凝土结构工程施工中一项重要的工种工程,钢筋的原材料质量、连接质量、锚固质量、绑扎安装质量直接影响到钢筋混凝土结构的工程质量。本单元将对钢筋材料性能、连接锚固、抽筋下料、弯曲成型、绑扎安装、混凝土结构平法基础知识和结构基本构造,以及质量检验等相关知识逐一进行介绍。

任务一 ▶ 钢筋施工准备工作

一、钢筋品种与规格

(一)钢筋的分类

钢筋种类很多,通常按直径大小、轧制外形、化学成分、生产工艺进行分类。

1. 按直径大小分

钢筋按直径大小分为:钢丝(直径 3~5mm)、细钢筋(直径 6~10mm)、中粗钢筋

(a) 盘条钢筋　　　　(b) 直条钢筋

图 1-1　盘条钢筋、直条钢筋

（直径 12～22mm）、粗钢筋（直径大于 22mm）。为了便于运输，钢丝、细钢筋一般卷为圆盘，故细钢筋又称为盘条钢筋，中粗钢筋、粗钢筋则轧成长度为 6～12m 的直条。如图 1-1 所示。

2. 按轧制外形分

钢筋按轧制外形分为：光圆钢筋、带肋钢筋、冷轧扭钢筋等。

光圆钢筋：HPB300 级钢筋轧制为光面圆形截面。

带肋钢筋：HRB400 级及以上钢筋外形轧有凸肋，形状有螺旋形、人字形和月牙形三种，其中以月牙形为主。

冷轧扭钢筋：经冷轧并冷扭成型的钢筋。

3. 按化学成分分

钢筋的品种按所含元素的不同，一般可分为碳素钢和普通低合金钢两类。

碳素钢中除含有铁元素外，还有少量的碳、硅、锰、磷、硫等元素。碳素钢按含碳量多少，可分为低碳钢（含碳量低于 0.25%），中碳钢（含碳量 0.25%～0.6%），高碳钢（含碳量 0.6%～1.4%）。

在低碳钢中适当加入少量合金元素（如锰、硅、钒、钛等），便成为普通低合金钢（如 20MnSi、45SiMnTi 等），此时钢筋强度显著提高，塑性、可焊性能也得到改善。但钢筋中的碳和合金元素并非越多越好，过多则会降低钢筋的延性、塑性、可焊性等性能指标。

4. 按生产工艺分

混凝土结构用的普通钢筋，按生产工艺可分为两类：热轧钢筋和冷加工钢筋（冷轧带肋钢筋、冷轧扭钢筋、冷拔螺旋钢筋）。热轧钢筋是经热轧成型并自然冷却的成品钢筋，分为热轧光圆钢筋和热轧带肋钢筋两种。

热轧钢筋的强度等级按照屈服强度（MPa）划分为 300 级、400 级、500 级、600 级。

《混凝土结构设计规范》（2015 年版）（GB 50010—2010）第 4.2.1 条规定：普通纵向受力钢筋可采用 HRB400、HRB500、HRBF400、HRBF500、HPB300 和 RRB400 钢筋。箍筋宜采用 HPB300、HRB400、HRBF400、HRB500、HRBF500 钢筋。并在条文说明中推广400MPa、500MPa 级高强热轧带肋钢筋作为纵向受力的主导钢筋。

（二）热轧光圆钢筋

热轧光圆钢筋是指经热轧成型，横截面通常为圆形，表面光滑的成品钢筋。热轧光圆钢筋应符合国家标准《钢筋混凝土用钢　第 1 部分：热轧光圆钢筋》（GB 1499.1—2017）的规定。

1. 直径、横截面面积、重量及允许偏差

热轧光圆钢筋的直径、横截面面积和重量，见表 1-1。

2. 化学成分

热轧光圆钢筋按屈服强度特征值表示为 HPB300。热轧光圆钢筋的化学成分应符合表 1-2 的规定。

表 1-1 热轧光圆钢筋的直径、横截面面积和重量

公称直径/mm	公称横截面面积/mm²	理论重量/(kg/m)
6	28.27	0.222
8	50.27	0.395
10	78.54	0.617
12	113.1	0.888
14	153.9	1.21
16	201.1	1.58
18	254.5	2.00
20	314.2	2.47
22	380.1	2.98

注：1. 表中理论重量按密度为 7.85g/cm³ 计算。公称直径 6.5mm 的产品为过渡性产品。

2. 公称直径允许偏差：直径 6～12mm 为 ±0.3mm，直径 14～22mm 为 ±0.4mm。

3. 实际重量与理论重量的允许偏差：直径 6～12mm 为 ±6%，直径 14～22mm 为 ±5%。

表 1-2 热轧光圆钢筋的化学成分

牌号	化学成分(质量分数)/%,不大于				
	C	Si	Mn	P	S
HPB300	0.25	0.55	1.50	0.045	0.045

3. 力学性能特征值

热轧光圆钢筋的屈服强度 R_{eL}、抗拉强度 R_m、断后伸长率 A、最大力总伸长率 A_{gt} 等力学性能特征值应符合表 1-3 的规定。表 1-3 所列各力学性能特征值，可作为交货检验的最小保证值。

表 1-3 热轧光圆钢筋的力学性能特征值

牌号	下屈服强度 R_{eL}/MPa	抗拉强度 R_m/MPa	断后伸长率 A/%	最大力总伸长率 A_{gt}/%	冷弯试验 180° d—弯芯直径 a—钢筋公称直径
	不小于				
HPB300	300	420	25.0	10.0	$d = a$

注：1. 根据供需双方协议，伸长率类型可从 A 或 A_{gt} 中选定。如伸长率类型未经协议确定，则伸长率采用 A，仲裁检验时采用 A_{gt}。

2. 按本表规定的弯芯直径弯曲 180°后，钢筋受弯曲部位表面不得产生裂纹。

(三)热轧带肋钢筋

带肋钢筋是指横截面通常为圆形，且表面带肋的混凝土结构用钢材。热轧带肋钢筋应符合国家标准《钢筋混凝土用钢 第 2 部分：热轧带肋钢筋》(GB 1499.2—2018)的规定。

1. 尺寸、外形、重量及允许偏差

热轧带肋钢筋的直径、横截面面积和重量，见表 1-4。热轧带肋钢筋的外形，如图 1-2 所示。

热轧带肋钢筋通常带有纵肋，也可不带纵肋。带有纵肋的月牙肋钢筋，其外形如图 1-2 所示，形状尺寸及允许偏差应符合表 1-5 的规定。不带纵肋的月牙肋钢筋，其内径尺寸可按表 1-5 的规定作适当调整，但重量允许偏差仍应符合表 1-4 中注 2 的规定。

表 1-4　热轧带肋钢筋的直径、横截面面积和重量

公称直径/mm	公称横截面面积/mm²	理论重量/(kg/m)
6	28.27	0.222
8	50.27	0.395
10	78.54	0.617
12	113.1	0.888
14	153.9	1.21
16	201.1	1.58
18	254.5	2.00
20	314.2	2.47
22	380.1	2.98
25	490.9	3.85
28	615.8	4.83
32	804.2	6.31
36	1018	7.99
40	1257	9.87
50	1964	15.42

注：1. 表中理论重量按密度为 $7.85g/cm^3$ 计算。

2. 重量允许偏差：直径 6～12mm 为 ±6%，14～20mm 为 ±5%，22～50mm 为 ±4%。

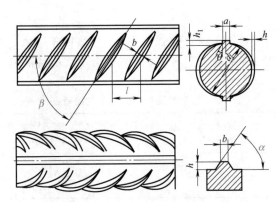

图 1-2　月牙肋钢筋表面及截面形状

d_1—钢筋内径；h—横肋高度；l—横肋间距；b—横肋宽；h_1—纵肋高度；a—纵肋宽；
α—横肋斜角；β—横肋与轴线夹角；θ—纵肋斜角

　　带肋钢筋的横肋与钢筋轴线夹角 β 不应小于 45°，当该夹角不大于 70° 时，钢筋相对两面上横肋的方向应相反。横肋的间距 l 不得大于钢筋公称直径的 0.7 倍。横肋侧面与钢筋表面的夹角 α 不得小于 45°。钢筋相邻两面上横肋末端之间的间隙（包括纵肋宽度）总和不应大于钢筋公称周长的 20%。

　　2. 分级、牌号及化学成分

　　热轧带肋钢筋包括普通热轧钢筋和细晶粒热轧钢筋两类，热轧带肋钢筋按屈服强度特征值分为 400 级、500 级、600 级共三级，普通热轧带肋钢筋牌号分别为 HRB400、HRB500、HRB600，细晶粒热轧带肋钢筋牌号分别为 HRBF400、HRBF500。热轧带肋钢筋的化学成分和碳当量应符合表 1-6 的规定。根据需要，钢中还可加入 V、Nb、Ti 等元素。

表 1-5　热轧带肋钢筋的形状尺寸及允许偏差　　　　　　　　　　单位：mm

| 公称直径 d | 内径 d_1 | | 横肋高 h | | 纵肋高 h_1（不大于） | 横肋宽 b | 纵肋宽 a | 间距 l | | 横肋末端最大间隙（公称周长的10%弦长） |
	公称尺寸	允许偏差	公称尺寸	允许偏差				公称尺寸	允许偏差	
6	5.8	±0.3	0.6	±0.3	0.8	0.4	1.0	4.0	±0.5	1.8
8	7.7	±0.4	0.8	+0.4 −0.3	1.1	0.5	1.5	5.5		2.5
10	9.6		1.0	±0.4	1.3	0.6	1.5	7.0		3.1
12	11.5		1.2	+0.4 −0.5	1.6	0.7	1.5	8.0		3.7
14	13.4		1.4		1.8	0.8	1.8	9.0		4.3
16	15.4		1.5		1.9	0.9	1.8	10.0		5.0
18	17.3		1.6	±0.5	2.0	1.0	2.0	10.0		5.6
20	19.3	±0.5	1.7		2.1	1.2	2.0	10.0	±0.8	6.2
22	21.3		1.9	±0.6	2.4	1.3	2.5	10.5		6.8
25	24.2		2.1		2.6	1.5	2.5	12.5		7.7
28	27.2		2.2		2.7	1.7	3.0	12.5		8.6
32	31.0	±0.6	2.4	+0.8 −0.7	3.0	1.9	3.0	14.0	±1.0	9.9
36	35.0		2.6	+1.0 −0.8	3.2	2.1	3.5	15.0		11.1
40	38.7	±0.7	2.9	±1.1	3.5	2.2	3.5	15.0		12.4
50	48.5	±0.8	3.2	±1.2	3.8	2.5	4.0	16.0		15.5

注：纵肋斜角 θ 为 0～30°；尺寸 a、b 为参考数据。

表 1-6　热轧带肋钢筋的化学成分

| 牌号 | 化学成分（质量分数）/% | | | | | 碳当量 C_{eq}/% |
| | C | Si | Mn | P | S | |
	不大于					
HRB400 HRBF400 HRB400E HRBF400E	0.25	0.80	1.60	0.045	0.045	0.54
HRB500 HRBF500 HRB500E HRBF500E						0.55
HRB600	0.28					0.58

注：1. 碳当量 C_{eq}（百分比）值可按公式：$C_{eq}=C+Mn/6+(Cr+V+Mo)/5+(Cu+Ni)/15$ 计算。
　　2. E 为"地震"的英文（Earthquake）首位字母。

3. 力学性能特征值

热轧带肋钢筋的屈服强度 R_{eL}、抗拉强度 R_m、断后伸长率 A、最大力总伸长率 A_{gt} 等力学性能特征值应符合表 1-7 的规定。表 1-7 所列各力学性能特征值，可作为交货检验的最小保证值。

表 1-7　热轧带肋钢筋的力学性能特征值

牌号	下屈服强度 R_{eL}/MPa	抗拉强度 R_m/MPa	断后伸长率 A/%	最大力总延伸率 A_{gt}/%
	不小于			
HRB400 HRBF400	400	540	16	7.5
HRB400E HRBF400E			—	9.0
HRB500 HRBF500	500	630	15	7.5
HRB500E HRBF500E			—	9.0
HRB600	600	730	14	7.5

4. 弯曲性能

热轧带肋钢筋按表 1-8 规定的弯曲压头直径弯曲 180° 后，钢筋受弯曲部位表面不得产生裂纹。

表 1-8　热轧带肋钢筋的弯曲压头直径

牌号	公称直径 d/mm	弯曲压头直径/mm
HRB400 HRBF400 HRB400E HRBF400E	6～25	4d
	28～40	5d
	＞40～50	6d
HRB500 HRBF500 HRB500E HRBF500E	6～25	6d
	28～40	7d
	＞40～50	8d
HRB600	6～25	6d
	28～40	7d
	＞40～50	8d

二、钢筋性能

（一）钢筋力学性能

钢筋的力学性能，可通过钢筋拉伸过程中的应力-应变图加以说明。

1. 热轧钢筋

热轧钢筋具有软钢性质，有明显的屈服点，其应力-应变图如图 1-3 所示。从图中可以看出，在应力达到 a 点之前，应力与应变成正比，呈弹性工作状态，a 点的应力值 σ_p 称为比例极限；在应力超过 a 点之后，应力与应变不成比例，有塑性变形，当应力达到 b 点，钢筋到达了屈服阶段，应力值保持在某一数值附近上、下波动而应变继续增加，取该阶段最低点 c 点的应力值称为屈服点 σ_s；超过屈服阶段后，应力与应变又呈上升状态，直至最高点 d，称为强化阶段，d 点的应力值称为抗拉强度（强度极限）σ_b；从最高点 d 至断裂点 e' 钢筋产生颈缩现象，荷载下降，伸长增大，很快被拉断。

2. 冷轧带肋钢筋

冷轧带肋钢筋的应力-应变图，如图 1-4 所示，呈硬钢性质，无明显屈服点。一般将对应于塑性应变为 0.2％时的应力定为屈服强度，并以 $\sigma_{0.2}$ 表示。

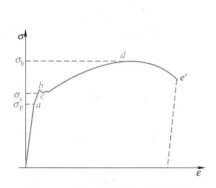
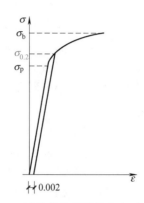

图 1-3　热轧钢筋的应力-应变图　　　图 1-4　冷轧带肋钢筋的应力-应变图

3. 钢筋的延性

钢筋的延性通常用拉伸试验测得的伸长率表示，影响延性的主要因素是钢筋材质。热轧低碳钢筋强度虽低但延性好。随着加入合金元素和碳当量加大，强度提高但延性减小。对钢筋进行热处理和冷加工同样可提高强度，但延性降低。

混凝土构件的延性表现为破坏前有足够的预兆，如：出现明显的挠度或较大的裂缝等。构件的延性与钢筋的延性有关，但并不等同，它还与配筋率、钢筋强度、预应力程度、高跨比、裂缝控制性能等有关。

（二）钢筋锚固性能

钢筋混凝土结构中，两种性能不同的材料能够共同受力是由于它们之间存在着粘接锚固作用，这种作用使接触界面两边的钢筋与混凝土之间能够实现应力传递，从而在钢筋与混凝土中建立起结构承载所必需的工作应力。

钢筋在混凝土中的粘接锚固作用有：胶结力——即接触面上的化学吸附作用，但其影响不大；摩阻力——它与接触面的粗糙程度及侧压力有关，且随滑移发展其作用逐渐减小；咬合力——这是带肋钢筋横肋对肋前混凝土挤压而产生的，为带肋钢筋锚固力的主要来源；机械锚固力——这是指弯钩、弯折及附加锚固等措施（如焊锚板、贴焊钢筋等）提供的锚固作用。

钢筋基本锚固长度，取决于钢筋强度及混凝土抗拉强度，并与钢筋外形有关。《混凝土结构设计规范》（2015 年版）（GB 50010—2010）给出了受拉钢筋的基本锚固长度 l_{ab} 计算公式。

$$l_{ab} = \alpha \frac{f_y}{f_t} d \tag{1-1}$$

式中　f_y——普通钢筋的抗拉强度设计值，N/mm²；

　　　　f_t——混凝土轴心抗拉强度设计值，N/mm²；当混凝土强度等级高于 C60 时，按 C60 取值；

　　　　α——钢筋外形系数，光面钢筋为 0.16，带肋钢筋 0.14，螺旋肋钢丝 0.13；

　　　　d——钢筋的公称直径，mm。

上式应用时，应将计算所得的基本锚固长度乘以对应于不同锚固条件的修正系数。纵向受拉钢筋的最小锚固长度将在后面单元中涉及。

（三）钢筋冷弯性能

钢筋加工时通常要进行冷弯，钢筋冷弯性能是考核钢筋的塑性指标。强度较低的热轧钢筋冷弯性能较好，强度较高的稍差，冷加工钢筋的冷弯性能相对来说最差。

热轧光圆钢筋的冷弯性能列于表 1-3，热轧带肋钢筋的冷弯性能列于表 1-8。根据需方要求，钢筋可进行反向弯曲性能试验。反向弯曲试验的弯芯直径比弯曲试验相应增加一个钢筋公称直径，先正向弯曲 90°后再反向弯曲 20°。两个弯曲角度均应在去载之前测量。经反向弯曲试验后，钢筋受弯曲部位表面不得产生裂缝。

冷轧扭钢筋因截面的方向性，只能在扁平方向弯折一次，限制了它的施工适应性。

三、钢筋锈蚀与防护

水泥水化的高碱度（pH＞12.5），会在钢筋表面形成纯化膜，对钢筋起到保护和阻锈作用，这是混凝土能保护钢筋的主要依据与基本条件。任何削弱或丧失这个条件的因素，都将促使钢筋锈蚀，影响混凝土的耐久性。

混凝土的密实性与钢筋表面混凝土保护层的厚度，对保护钢筋起着关键作用。工程实践表明，钢筋过早的出现腐蚀破坏，大多与混凝土质量欠佳有关。

混凝土的碳化是指大气中的 CO_2 与混凝土中的 $Ca(OH)_2$ 起化学反应，生成中性的碳酸盐 $CaCO_3$。混凝土中钢筋保持纯化状态的最低碱度是 pH＝11.5，而碳化结果可使 pH 低于 9，此时钢筋锈蚀将不可避免。

提高混凝土自身对钢筋的保护能力，是最重要、最根本的防护原则。但由于混凝土材料的多孔性和施工易产生裂纹等问题，是很难彻底解决的。在较严酷腐蚀环境中的钢筋混凝土构件可采用：钢筋阻锈剂、环氧树脂涂层、水泥基聚合物防腐砂浆层等附加的防护措施进行钢筋防锈。

四、钢筋质量控制

热轧钢筋进场时，应按批进行检查和验收。每批由同一牌号、同一炉罐号、同一规格的钢筋组成，重量不大于 60t。超过 60t 的部分，每增加 40t（或不足 40t 的余数），增加一个拉伸试验试样和一个弯曲试验试样。允许由同一牌号、同一冶炼方法、同一浇注方法的不同炉罐号组成混合批，但各炉罐号含碳量之差不得大于 0.02%，含锰量之差不大于 0.15%。混合批的重量不大于 60t。

1. 外观检查和重量偏差检查

每批钢筋应逐根进行外观检查。钢筋表面不得有裂纹、结疤和折叠。钢筋表面允许有凸块，但不得超过横肋的高度，钢筋表面上其他缺陷的深度和高度不得大于所在部位尺寸的允许偏差。

测量钢筋重量偏差时，试样应从不同根钢筋上截取，数量不少于 5 支，每支试样长度不小于 500mm。长度应逐支测量，应精确到 1mm。测量试样总重量时，应精确到不大于总重量的 1%。钢筋实际重量与理论重量的偏差（%）按式（1-2）计算，如重量偏差大于允许偏差，则应慎重使用。

$$重量偏差 = \frac{试样实际总重量 - （试样总长度 \times 理论重量）}{试样总长度 \times 理论重量} \times 100 \qquad (1-2)$$

2. 力学性能试验和冷弯试验

从每批钢筋中任选两根钢筋，每根取两个试件分别进行拉伸试验（包括屈服强度、抗拉强度和伸长率）和冷弯试验。

拉伸、冷弯、反弯试验试件不允许进行车削加工。计算钢筋强度时，采用公称横截面面积。反弯试验时，经正向弯曲后的试件应在 100℃ 温度下保温不少于 30min，经自然冷却后再进行反向弯曲。当供方能保证钢筋的反弯性能时，正弯后的试件也可在室温下直接进行反向弯曲。

如有一项试验结果不符合表 1-3、表 1-7 要求，则从同一批中另取双倍数量的试件重做各项试验。如仍有一个试件不合格，则该批钢筋为不合格品。

对热轧钢筋的质量有疑问或类别不明时，在使用前应做拉伸和冷弯试验。根据试验结果确定钢筋的类别后，才允许使用。抽样数量应根据实际情况确定。这种钢筋不宜用于主要承重结构的重要部位。

余热处理钢筋的检验同热轧钢筋。

五、混凝土结构平法施工图识读基础知识

混凝土结构施工图平面整体表示方法，通常简称为"平法"，目前是我国通行的混凝土结构施工图设计表示方法。平法对我国传统的混凝土结构施工图设计表示方法作了重大改革，它统一并简化了施工图表示方法，减轻了设计者的工作，但对施工作业人员识读混凝土结构平法施工图能力却提出了更高的要求。本书的混凝土结构平法施工图识读基础知识是依据国家建筑标准设计图集《混凝土结构施工图平面整体表示方法制图规则和构造详图》（16G 101—1）编写的。

（一）一般规定

（1）按平法设计绘制的施工图，一般是由各类结构构件的平法施工图和标准构造详图两大部分构成。但对于复杂的工业与民用建筑，尚需增加模板、开洞和预埋件等平面图。只有在特殊情况下，才需增加剖面配筋图。

（2）按平法设计绘制结构施工图时，必须根据具体工程设计，按照各类构件的平法制图规则，在按结构层绘制的平面布置图上直接表示各构件的尺寸、配筋和所选用的标准构造详图。

（3）在平面布置图上表示各构件尺寸和配筋的方式，分为平面注写方式、列表注写方式和截面注写方式三种。

（4）在平法施工图上，应将所有构件进行编号，编号中含有类型代号和序号等。其中，类型代号应与标准构造详图上所注类型代号一致，使两者结合构成完整的结构设计图。

（5）在平法施工图上，应当用表格或其他方式注明各结构层楼（地）面标高、结构层高及相应的结构层号。

（6）为了确保施工人员准确无误地按平法施工图进行施工，在具体工程的结构设计总说明中必须注明所选用平法标准图的图集号、结构使用年限、设防烈度及结构抗震等级等与平法施工图密切相关的内容。

（7）对受力钢筋的混凝土保护层厚度、钢筋搭接和锚固长度，除在结构施工图中另有注明外，均须按图集中的有关构造规定执行。

二维码 1.1

（二）梁平法施工图

（1）梁平法施工图是在梁平面布置图上采用平面注写方式或截面注写方式表达。

（2）对于轴线未居中的梁应标注其偏心定位尺寸（贴柱边的梁可不注）。

（3）平面标注方式，系在梁平面布置图上，分别在不同编号的梁中各选一根梁，在其上注写截面尺寸和配筋具体数值的表达方式，如图 1-5 所示。

（4）平面注写包括集中标注与原位标注。集中标注表达梁的通用数值，

二维码 1.2

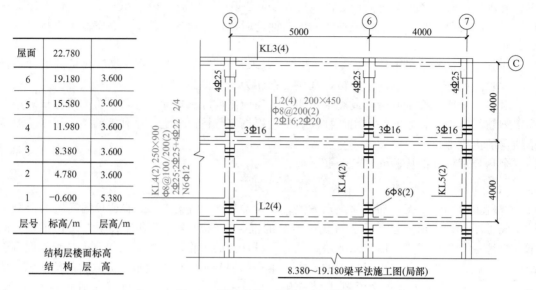

屋面	22.780	
6	19.180	3.600
5	15.580	3.600
4	11.980	3.600
3	8.380	3.600
2	4.780	3.600
1	−0.600	5.380
层号	标高/m	层高/m

结构层楼面标高
结 构 层 高

图 1-5 梁平法施工图平面标注方式

原位标注表达梁的特殊数值。当集中标注中的某项数值不适用于梁的某部位时，则将该项数值原位标注。施工时，原位标注取值优先。

（5）梁集中标注的内容有五项必注值及一项选注值（集中标注可以从梁的任意一跨引出），规定如下：

① 梁编号为必注值，由梁类型代号、序号、跨数及有无悬挑代号组成。例 KL2（2A）表示第 2 号框架梁，两跨，一端有悬挑（A 为一端悬挑，B 为两端悬挑）。

② 梁截面尺寸为必注值，用 $b \times h$ 表示；当为竖向加腋梁时，用 $b \times h$、$Yc_1 \times c_2$ 表示；当为水平加腋梁时，用 $b \times h$、$PYc_1 \times c_2$ 表示，其中 c_1 为腋长，c_2 为腋高；当有悬挑梁且根部和端部的高度不同时，用斜线分隔根部与端部的高度值，即为 $b \times h_1/h_2$。

③ 梁箍筋，包括钢筋级别、直径、加密区与非加密区间距及肢数，该项为必注值。箍筋加密区与非加密区的不同间距及肢数需用斜线"/"分隔，箍筋肢数应写在括号内。

例：$\Phi 8@100/200$（2）表示箍筋为 HPB300 级钢筋，直径 8mm，加密区间距 100mm，非加密区间距为 200mm，均为两肢箍。

对非抗震结构中的各类梁，采用不同的箍筋间距及肢数时，也可用斜线"/"隔开，先注写支座端部的箍筋，在斜线后注写梁跨中部的箍筋。

④ 梁上部通长筋或架立筋为必注值，所注规格与根数应根据结构受力要求及箍筋肢数等构造要求而定。当同排钢筋中既有贯通筋又有架立筋时，应用加号"+"将贯通筋和架立筋相连。注写时须将角部纵筋写在加号的前面，架立筋写在加号后面的括号内，以示不同直径及与通长筋的区别。

例：$2\Phi 22 + (4\Phi 12)$ 用于六肢箍，其中 $2\Phi 22$ 为贯通筋，$4\Phi 12$ 为架立筋。

当梁的上部纵筋和下部纵筋为全跨相同，且多数跨配筋相同时，此项可加注下部钢筋的配筋值，用分号";"隔开。

例：$3\Phi 22$；$3\Phi 20$ 表示梁的上部配置 $3\Phi 22$ 的贯通筋；梁的下部配置 $3\Phi 20$ 的贯通筋。

⑤ 梁侧面纵向构造钢筋或受扭钢筋配置，该项为必注值。

当梁腹板高度 $h_w \geqslant 450mm$ 时，需配置纵向构造钢筋，此项注写值以大写字母 G 打头，且对称配置。

当梁侧面需配置受扭纵向钢筋时，此项注写值以大写字母 N 打头，且对称配置。

⑥ 梁顶面标高高差，该项为选注值。

梁顶面标高的高差，系指相对于结构层楼面标高的高差值。有高差时，须将其写入括号内，无高差时不注。

（6）梁原位标注的内容规定

① 梁支座上部纵筋含通长筋在内的所有纵筋，当上部纵筋多于一排时，用斜线"/"将各排纵筋自上而下分开；当同排纵筋有两种直径时，用加号"＋"将两种直径的纵筋相连；当梁中间支座两边的上部纵筋不同时，须在支座两边分别标注；当梁中间支座两边的上部纵筋相同时，可仅在支座一边标注配筋值，另一边省去不注。

② 梁下部纵筋多于一排时，用斜线"/"隔开；当同排纵筋有两种直径时，用加号"＋"并连；当梁下部纵筋不全部伸入支座时，将梁支座下部纵筋减少的数量写在括号内，例 2Φ25＋3Φ22（－3）/5Φ25。

当梁某跨侧面布置有抗扭纵筋时，须在该跨的适当位置标注抗扭纵筋的总配筋值，并在其前面加"N"号。

③ 附加箍筋或吊筋，将其直接画在平面图中的主梁上，用线引注总配筋值。

④ 当在梁上集中标注的内容不适用于某跨或某悬挑部分时，将其不同数值原位标注在该跨或该悬挑部位，施工时按原位标注数值取用。

（7）截面注写方式系在分标准层绘制的梁平面布置图上，分别在不同编号的梁中各选择一根梁用剖面符号引出配筋图，并在其上注写截面尺寸和配筋具体数值的方式，如图 1-6 所示。

屋面	22.780	
6	19.180	3.600
5	15.580	3.600
4	11.980	3.600
3	8.380	3.600
2	4.780	3.600
1	−0.600	5.380
层号	标高/m	层高/m

结构层楼面标高

结　构　层　高

二维码 1.3

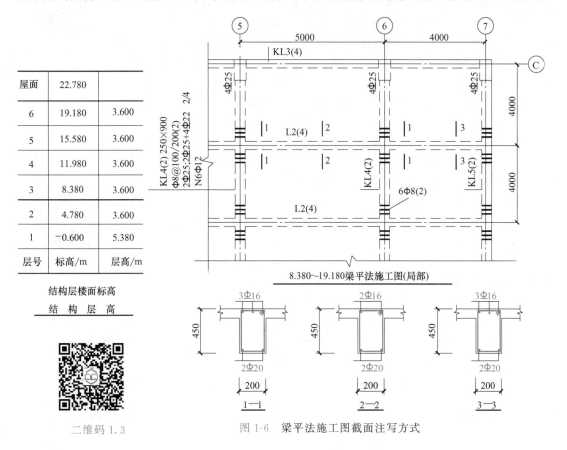

图 1-6　梁平法施工图截面注写方式

截面注写方式既可单独使用，也可与平面注写方式结合使用。

(8) 梁编号由梁类型代号、序号、跨数及有无悬挑代号几项组成，见表 1-9。

表 1-9　梁编号

梁类型	代号	序号	跨数及是否带有悬挑
楼层框架梁	KL	××	(××)、(××A)或(××B)
楼层框架扁梁	KBL	××	(××)、(××A)或(××B)
屋面框架梁	WKL	××	(××)、(××A)或(××B)
框支梁	KZL	××	(××)、(××A)或(××B)
托柱转换梁	TZL	××	(××)、(××A)或(××B)
非框架梁	L	××	(××)、(××A)或(××B)
悬挑梁	XL	××	
井字梁	JZL	××	(××)、(××A)或(××B)

注：表中非框架梁 L、井字梁 JZL 表示端支座为铰接；当非框架梁 L、井字梁 JZL 端支座上部钢筋为充分利用钢筋的抗拉强度时，在梁代号后加"g"。

（三）柱平法施工图

(1) 柱平法施工图是在柱平面布置图上采用列表注写方法或截面注写方式表达。

(2) 列表注写方式，系在柱平面布置图上，分别在同一编号的柱中选择一个（有时需要选择几个）截面标准几何参数代号；在柱表中注写柱号、柱段起止标高、几何尺寸（含柱截面对轴线的偏心情况）与配筋的具体数值，并配以各种柱截面形状及其箍筋类型图，如图 1-7 所示。

二维码 1.4

注写柱纵筋，分角筋、截面 b 边中部筋和 h 边中部筋（对于采用对称配筋的矩形截面柱，可仅注写一侧中部筋）。当为圆柱时，表中角筋一栏注写圆柱的全部纵筋。

注写箍筋类型号及箍筋肢数、箍筋级别、直径和间距等。当为抗震设计时，用斜线"/"区分柱端箍筋加密区与柱身非加密区长度范围内箍筋的不同间距。

具体工程所设计的各种箍筋类型图以及箍筋复合的具体方式，须画在表的上部或图中的适当位置，并在其上标注与表中相对应的 b、h 和编上类型号。

(3) 截面注写方式，系在柱平面布置图的柱截面上，分别在同一编号的柱中选择一个截面，原位放大，直接注写截面尺寸 $b×h$、角筋或全部纵筋、箍筋具体数值，以及柱截面配筋图上标注柱截面与轴线关系的具体数值，如图 1-8 所示。

二维码 1.5

当纵筋采用两种直径时，须再注写截面各边中部筋的具体数值（对于采用对称配筋的矩形截面柱，可仅在一侧注写中部筋）。

(4) 柱编号由类型代号和序号组成，见表 1-10。

表 1-10　柱编号

柱类型	代号	序号
框架柱	KZ	××
转换柱	ZHZ	××
芯柱	XZ	××
梁上柱	LZ	××
剪力墙上柱	QZ	××

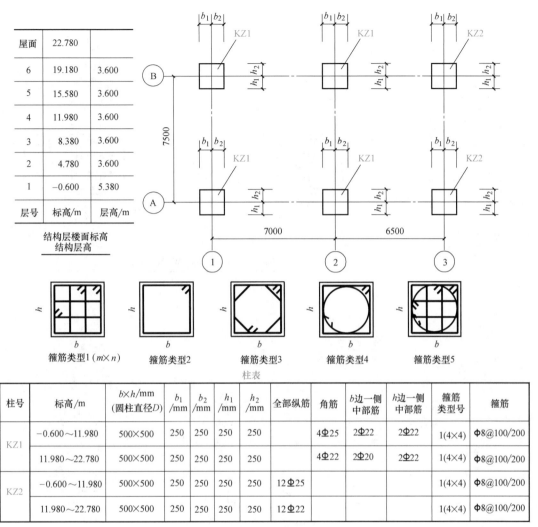

屋面	22.780	
6	19.180	3.600
5	15.580	3.600
4	11.980	3.600
3	8.380	3.600
2	4.780	3.600
1	-0.600	5.380
层号	标高/m	层高/m

结构层楼面标高
结构层高

箍筋类型1($m \times n$)　　箍筋类型2　　箍筋类型3　　箍筋类型4　　箍筋类型5

柱表

柱号	标高/m	$b \times h$/mm（圆柱直径D）	b_1/mm	b_2/mm	h_1/mm	h_2/mm	全部纵筋	角筋	b边一侧中部筋	h边一侧中部筋	箍筋类型号	箍筋
KZ1	-0.600～11.980	500×500	250	250	250	250		4Φ25	2Φ22	2Φ22	1(4×4)	Φ8@100/200
	11.980～22.780	500×500	250	250	250	250		4Φ22	2Φ20	2Φ22	1(4×4)	Φ8@100/200
KZ2	-0.600～11.980	500×500	250	250	250	250	12Φ25				1(4×4)	Φ8@100/200
	11.980～22.780	500×500	250	250	250	250	12Φ22				1(4×4)	Φ8@100/200

-0.600～22.780柱平法施工图(局部)

图 1-7　柱平法施工图列表注写方式

（四）剪力墙平法施工图

（1）剪力墙平法施工图是在剪力墙平面布置图上采用列表注写方式或截面注写方式表达。

（2）采用列表注写方式是分别在剪力墙柱表、剪力墙墙身表和剪力墙梁表中，对应于剪力墙平面布置图上的编号，用绘制截面配筋图并注写几何尺寸与配筋具体数值的方式来表达剪力墙平法施工图，如图 1-9～图 1-12 所示。

（3）剪力墙柱表中应表达的内容

① 注写墙柱编号和绘制墙柱的截面配筋图，并标注几何尺寸。几何尺寸注写要求同截面注写方式。

② 注写各段墙柱起止标高。自墙柱根部往上以变截面位置或截面未变但配筋改变处为界分段注写。

③ 注写各段墙柱纵向钢筋和箍筋，注写值应与在表中绘制的截面配筋图对应一致。纵向钢筋注写总配筋值，箍筋的注写方式同框架柱。

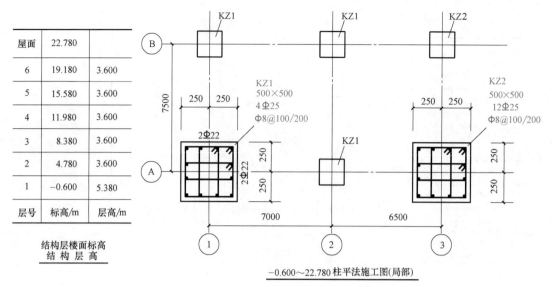

屋面	22.780	
6	19.180	3.600
5	15.580	3.600
4	11.980	3.600
3	8.380	3.600
2	4.780	3.600
1	−0.600	5.380
层号	标高/m	层高/m

结构层楼面标高
结 构 层 高

−0.600～22.780柱平法施工图(局部)

图 1-8 柱平法施工图截面注写方式

电梯机房顶层	44.760	
电梯机房	43.560	1.200
屋顶层	41.760	1.800
13	38.760	3.000
12	35.760	3.000
11	32.760	3.000
10	29.760	3.000
9	26.760	3.000
8	23.760	3.000
7	20.760	3.000
6	17.760	3.000
5	14.760	3.000
4	11.760	3.000
3	8.760	3.000
2	5.760	3.000
1	2.760	3.000
架空层	−0.600	3.360
地下室	基础承台顶面	按实际
层号	标高/m	层高/m

底部加强部位

结构层楼面标高
结 构 层 高

−0.600～43.560剪力墙平法施工图(局部)

图 1-9 剪力墙平法施工图列表注写方式（一）

（4）剪力墙身表中应表达的内容

① 注写墙柱编号（含水平与竖向分布钢筋的排数）。

② 注写各段墙身起止标高。自墙柱根部往上以变截面位置或截面未变但配筋改变处为界分段注写。

③ 注写水平分布筋、竖向分布筋和拉筋的钢筋种类、直径与间距。

（5）剪力墙梁表中应表达的内容

① 注写墙梁编号。

剪力墙梁表						
编号	所在楼层标高/m	相对标高高差/m	梁截面(b×h)/mm	上部纵筋	下部纵筋	箍筋
LL1	−0.600	+0.550	300×600	4Φ22　2/2	4Φ22　2/2	Φ10@100(2)
	2.760～14.760		250×600	4Φ22　2/2	4Φ22　2/2	Φ10@100(2)
	17.760～23.760	−0.300	200×600	2Φ22	2Φ22	Φ8@100(2)
	26.760～43.560		200×600	2Φ22	2Φ22	Φ8@100(2)
LL2	−0.600	+0.550	250×2350	4Φ25　2/2	4Φ25　2/2	Φ10@100(2)
	2.760		200×560	4Φ25　2/2	4Φ25　2/2	Φ10@100(2)
	5.760～14.760		200×800	4Φ22　2/2	4Φ22　2/2	Φ10@100(2)
	17.760～41.760		200×800	2Φ22	2Φ22	Φ8@100(2)
	43.560		200×600	2Φ22	2Φ22	Φ8@100(2)

图 1-10　剪力墙平法施工图列表注写方式（二）

剪力墙墙身表					
编号	标高/m	墙厚/mm	水平分布筋	垂直分布筋	拉筋
Q1	−0.600～8.760	300	Φ10@150	Φ12@150	Φ6@600×600
	8.760～43.560	200	Φ8@150	Φ10@150	Φ6@600×600

图 1-11　剪力墙平法施工图列表注写方式（三）

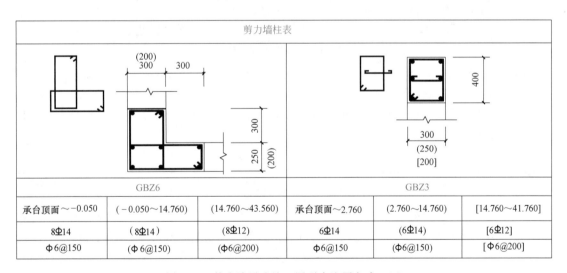

剪力墙柱表

GBZ6			GBZ3		
承台顶面～−0.050	（−0.050～14.760）	（14.760～43.560）	承台顶面～2.760	（2.760～14.760）	[14.760～41.760]
8Φ14	（8Φ14）	（8Φ12）	6Φ14	（6Φ14）	[6Φ12]
Φ6@150	（Φ6@150）	（Φ6@200）	Φ6@150	（Φ6@150）	[Φ6@200]

图 1-12　剪力墙平法施工图列表注写方式（四）

② 注写墙梁所在楼层号。

③ 注写墙梁顶面标高高差，高于所在结构层楼面标高为正值，低于时为负值，当无高差时不注。

④ 注写墙梁截面尺寸 $b×h$，上部纵筋，下部纵筋和箍筋的具体数值。

⑤ 当连梁设有对角暗撑时，注写一根暗撑的全部钢筋，并标注×2表明有两根暗撑相互交叉，以及箍筋的具体数值。

⑥ 当连梁设有斜向交叉钢筋时，注写一道斜向钢筋的配筋值，并标注×2表明有两道斜向钢筋相互交叉。

（6）采用截面注写方式是在分标准层绘制的剪力墙平面布置图上，以直接在墙柱、墙身和墙梁上注写截面尺寸和配筋具体数值的方式来表达剪力墙平法施工图，如图1-13所示。

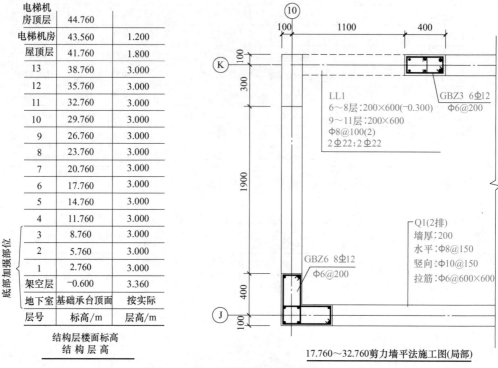

图1-13　剪力墙平法施工图截面注写方式

（7）截面注写方式应对所有墙柱、墙身和墙梁进行编号，并分别在相同编号的墙柱、墙身和墙梁中选择一个进行注写。

（8）墙柱编号由墙柱类型代号和序号组成，见表1-11，墙梁编号由墙梁类型代号和序号组成，见表1-12。

表1-11　墙柱编号

墙柱类型	代号	序号
约束边缘构件	YBZ	××
构造边缘构件	GBZ	××
非边缘暗柱	AZ	××
扶壁柱	FBZ	××

表1-12　墙梁编号

墙梁类型	代号	序号
连梁（无交叉暗撑及无交叉钢筋）	LL	××
连梁（对角暗撑配筋）	LL(JC)	××
连梁（交叉斜筋配筋）	LL(JX)	××
连梁（集中对角斜筋配筋）	LL(DX)	××
连梁（跨高比不小于5）	LLk	××
暗梁	AL	××
边框梁	BKL	××

任务二 ▶ 钢筋制作加工

一、钢筋的焊接

焊接是现浇钢筋混凝土结构施工中钢筋的连接方式之一，可以提高功效，节约钢材，降低成本。施工中常用的焊接方法有闪光对焊、电弧焊、电阻点焊和电渣压力焊，近年来气压焊也在施工中推广使用。

（一）钢筋焊接方法分类及适用范围

钢筋焊接方法分类及适用范围，见表 1-13。

表 1-13　钢筋焊接方法分类及适用范围

焊接方法		接头形式	适用范围	
			钢筋牌号	钢筋直径/mm
电阻点焊			HPB300	6～16
			HRB400、HRBF400	6～16
			CRB550	5～12
闪光对焊			HPB300	8～22
			HRB400、HRBF400	8～32
			HRB500、HRBF500	10～32
			RRB400	10～32
电弧焊	帮条双面焊		HPB300	6～22
			HRB400、HRBF400	6～40
			HRB500、HRBF500	6～40
	帮条单面焊		HPB300	6～22
			HRB400、HRBF400	6～40
			HRB500、HRBF500	6～40
	搭接双面焊		HPB300	6～22
			HRB400、HRBF400	6～40
			HRB500、HRBF500	6～40
	搭接单面焊		HPB300	6～22
			HRB400、HRBF400	6～40
			HRB500、HRBF500	6～40

续表

焊接方法	接头形式	适用范围	
		钢筋牌号	钢筋直径/mm
电弧焊 熔槽帮条焊		HPB300 HRB400、HRBF400 HRB500、HRBF500	20~22 20~40 20~40
剖口平焊		HPB300 HRB400、HRBF400 HRB500、HRBF500	18~40 18~40 18~40
剖口立焊		HPB300 HRB400、HRBF400 HRB500、HRBF500	18~40 18~40 18~40
钢筋与钢板搭接焊		HPB300 HRB400、HRBF400 HRB500、HRBF500	8~40 8~40 8~40
预埋件角焊		HPB300 HRB400、HRBF400 HRB500、HRBF500	6~25 6~25 6~25
预埋件穿孔塞焊		HPB300 HRB400、HRBF400 HRB500、HRBF500	20~25 20~25 20~25
电渣压力焊		HPB300 HRB400、HRBF400 HRB500、HRBF500	12~32 12~32 12~32
气压焊		HPB300 HRB400、HRBF400 HRB500、HRBF500	12~40 12~40 12~40

焊接方法	接头形式	适用范围	
		钢筋牌号	钢筋直径/mm
预埋件埋弧压力焊		HPB300	6～25
		HRB400、HRBF400	6～25
		HRB500、HRBF500	6～25

注：1. 表中的帮条或搭接长度值，不带括弧的数值用于 HPB300 级钢筋，括号中的数值用于 HRB335 级、HRB400 级及 RRB400 级钢筋。

2. 电阻点焊时，适用范围内的钢筋直径系指较小钢筋的直径。

（二）钢筋焊接施工准备

（1）根据钢筋品种、规格、位置选定适宜的焊接工艺。

（2）检查参与该项施焊的焊工的上岗证书，确认其具备上岗资质。在工程开工或每批钢筋正式焊接之前，应进行现场条件下的焊接工艺试验，经试验合格后，方可正式焊接。

（3）钢筋焊接施工之前，应清除钢筋或钢板焊接部位和与电极接触的钢筋表面上的锈斑、油污、杂物等；钢筋端部若有弯折、扭曲时，应予以矫直或切除。

（4）焊机应经常维护保养和定期检修，确保正常使用。施焊前必须认真检查机具设备是否处于正常状态。焊机要按规定的方法正确接通电源，并检查其电压、电流是否符合施焊的要求。

（5）检查焊条、焊剂型号、牌号、干燥状态，确保符合施工工艺要求。

（6）带肋钢筋进行闪光对焊、电弧焊、电渣压力焊和气压焊时，宜将纵肋对纵肋安放和焊接。

（三）闪光对焊

钢筋闪光对焊是将两根钢筋安放成对接形式，利用焊接电流通过两根钢筋接触点产生的电阻热，使接触点金属熔化，产生强烈飞溅，形成闪光，迅速施加顶锻力完成的一种压焊方法，广泛应用于钢筋接长以及预应力钢筋与螺丝端杆的焊接。

1. 对焊设备

钢筋闪光对焊常用的对焊设备为 UN1-75 型手动对焊机，如图 1-14 所示；钢筋闪光对焊原理，如图 1-15 所示。

2. 对焊工艺

钢筋闪光对焊的焊接工艺可分为连续闪光焊、预热闪光焊和闪光-预热闪光焊等，根据钢筋品种、直径、焊机功率、施焊部位等因素选用。

（1）连续闪光焊　连续闪光焊的工艺过程包括：连续闪光和顶锻过程。施焊时，先闭合一次电路，使两根钢筋端面轻微接触，此时端面的间隙中即喷射出火花般熔化的金属微粒——闪光，接着徐徐移动钢筋使两端面仍保持轻微接触，形成连续闪光。当闪光到预定的长度，使钢筋端头加热到将近熔点时，就以一定的压力迅速进行顶锻，先带电顶锻，再无电顶锻到一定长度，焊接接头即告完成。

连续闪光焊所能焊接的钢筋上限直径，应根据焊机容量、钢筋牌号等具体情况而定，并应符合表 1-14 的规定。

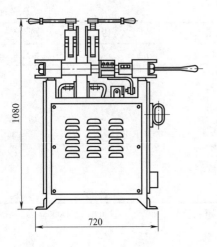

图 1-14　UN1-75 型手动对焊机

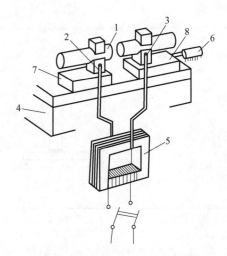

图 1-15　钢筋闪光对焊原理
1—焊接的钢筋；2—固定电极；3—可动电极；
4—机座；5—变压器；6—平动顶压机构；
7—固定支座；8—滑动支座

表 1-14　连续闪光焊钢筋上限直径

焊机容量/kV·A	钢筋牌号	钢筋直径/mm
160 (150)	HPB300	20
	HRB400	20
	RRB400	20
100	HPB300	20
	HRB400	16
	RRB400	16
80(75)	HPB300	16
	HRB400	12
	RRB400	12
40	HPB300 Q235 HRB400 RRB400	10

（2）预热闪光焊　当钢筋直径超过表 1-14 中规定，且钢筋端面较平整，宜采用预热闪光焊。预热闪光焊是在连续闪光焊前增加一次预热过程，以扩大焊接热影响区。其工艺过程包括预热、闪光和顶锻过程。施焊时先闭合电源，然后使两根钢筋端面交替地接触和分开，这时钢筋端面的间隙中即发出断续的闪光，而形成预热过程。当钢筋达到预热温度后进入闪光阶段，随后顶锻而成。

（3）闪光-预热闪光焊　当钢筋直径超过表 1-14 中规定，且钢筋端面不平整，宜采用闪光-预热闪光焊。闪光-预热闪光焊是在预热闪光焊前加一次闪光过程，目的是使不平整的钢筋端面烧化平整，使预热均匀。其工艺过程包括：一次闪光、预热、二次闪光及顶锻过程。施焊时首先连续闪光，使钢筋端部闪平，接下来的工艺过程与预热闪光焊相同。

3. 对焊接头质量检验

钢筋闪光对焊后，要按规范对接头进行外观检查、抗拉强度和冷弯试验。

(1) 取样数量 在同一台班内，由同一焊工，按同一焊接参数完成的 300 个同类型接头作为一批。一周内连续焊接时，可以累计计算。一周内累计不足 300 个接头时，也按一批计算。

钢筋闪光对焊接头的外观检查，每批抽查 10% 的接头，且不得少于 10 个。

钢筋闪光对焊接头的力学性能试验包括拉伸试验和弯曲试验，应从每批成品中切取 6 个试件，3 个进行拉伸试验，3 个进行弯曲试验。

(2) 外观检查 钢筋闪光对焊接头的外观检查，应符合下列要求：

① 接头处不得有横向裂纹。

② 与电极接触处的钢筋表面，不得有明显的烧伤。

③ 接头处的弯折，不得大于 4°。

④ 接头处的钢筋轴线偏移 a，不得大于钢筋直径的 0.1 倍，且不得大于 2mm；其测量方法如图 1-16 所示。

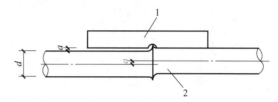

图 1-16 对焊接头轴线偏移测量方法
1—测量尺；2—对焊接头

当有一个接头不符合要求时，应对全部接头进行检查，剔出不合格接头，切除热影响区后重新焊接。

(3) 拉伸试验 钢筋对焊接头拉伸试验时，应符合下列要求：

① 三个试件的抗拉强度均不得低于该级别钢筋的抗拉强度标准值。

② 至少有两个试样断于焊缝之外，并呈塑性断裂。

当检验结果有一个试件的抗拉强度低于规定指标，或有两个试件在焊缝或热影响区发生脆性断裂时，应取双倍数量的试件进行复验。复验结果，若仍有一个试件的抗拉强度低于规定指标，或有三个试件呈脆性断裂，则该批接头即为不合格品。

模拟试件的检验结果不符合要求时，复验应从成品中切取试件，其数量和要求与初试时相同。

(4) 弯曲试验 钢筋闪光对焊接头弯曲试验时，应将受压面的金属毛刺和镦粗变形部分去掉，与母材的外表齐平。

弯曲试验可在万能试验机、手动或电动液压弯曲机上进行，焊缝应处于弯曲的中心点，弯曲直径见表 1-15。弯曲至 90° 时，至少有 2 个试件不得发生破断。

表 1-15 钢筋对接接头弯曲试验指标

钢筋级别	弯曲直径/mm	弯曲角/(°)
HPB300 级	2d	90
HRB400 级	5d	90

注：1. d 为钢筋直径。

2. 直径大于 25mm 的钢筋对焊接头，作弯曲试验时弯芯直径应增加一个钢筋直径。

当试验结果，有 2 个试件发生破断时，应再取 6 个试件进行复验。复验结果，当仍有 3 个试件发生破断，应确认该批接头为不合格品。

(四) 电阻点焊

钢筋电阻点焊是将两根钢筋安放成交叉叠接形式，压紧于两电极之间，利用电阻热熔化母材金属，加压形成焊点的一种压焊方法。电阻点焊主要用于焊接钢筋网片、钢筋骨架等，钢筋焊接骨架和钢筋焊接网可由 HPB300、HRB400 钢筋制成。当焊接两根直径不同的钢筋时：焊接网较小钢筋直径不得小于较大钢筋直径的 0.6 倍；焊接骨架大、小钢筋直径之比不宜大于 2。

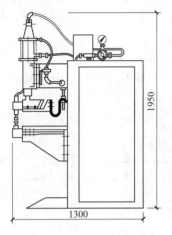

图 1-17 DN3-75 型气压
传动式单点点焊机

1. 点焊设备

点焊机有单点点焊机、多点点焊机和悬挂式点焊机，施工现场还可采用手提式点焊机，常用的单点点焊机如图 1-17 所示。

2. 点焊工艺

点焊过程可分为预压、通电、锻压三个阶段。在通电开始一段时间内，接触点扩大，固态金属因加热膨胀，在焊接压力作用下，焊接处金属产生塑性变形，并挤向工件间隙缝中；继续加热后，开始出现熔化点，并逐渐扩大成所要求的核心尺寸时切断电流。焊点的压入深度应为较小钢筋直径的 18%～25%。电阻点焊的主要工艺参数为：电流强度、通电时间和电极压力。

焊接施工时应根据钢筋牌号、直径及焊机性能等具体情况，选择合适的参数。点焊过程中，应随时检查制品的外观质量，当发现焊接缺陷时，应查找原因，采取措施及时消除。

用于结构受力的钢筋网片、钢筋骨架，其焊点除应进行外观检查、拉伸试验和弯曲试验外，还应进行抗剪试验。

（五）电弧焊

钢筋电弧焊是以焊条作为一极、钢筋为另一极，利用焊接电流通过产生的电弧热进行焊接的一种熔焊方法。

钢筋电弧焊包括帮条焊、搭接焊、剖口焊和熔槽帮条焊等接头型式。

1. 一般要求

（1）应根据钢筋牌号、直径、接头形式和焊接位置，选择焊条、焊接工艺和焊接参数。

（2）焊接时，引弧应在垫板、帮条或形成焊缝的部位进行，不得烧伤主筋。

（3）焊接地线与钢筋应接触紧密。

（4）焊接过程中应及时清渣，焊缝表面应光滑，焊缝余高应平缓过渡，弧坑应填满。

2. 帮条焊和搭接焊

帮条焊和搭接焊的规格与尺寸，见表 1-13。帮条焊和搭接焊宜采用双面焊。当不能进行双面焊时，可采用单面焊。当帮条级别与主筋相同时，帮条直径可与主筋相同或小一个规格；当帮条直径与主筋相同时，帮条级别可与主筋相同或低一个级别。

（1）施焊前，钢筋的装配与定位，应符合下列要求：

① 采用帮条焊时，两主筋端面之间的间隙应为 2～5mm。

② 采用搭接焊时，焊接端钢筋应预弯，并应使两钢筋的轴线在一直线上。

③ 帮条和主筋之间应采用四点定位焊固定，如图 1-18(a) 所示；搭接焊时，应采用两点固定，如图 1-18(b) 所示；定位焊缝与帮条端部或搭接端部的距离应大于或等于 20mm。

（2）施焊时，应在帮条焊或搭接焊形成的焊缝中引弧；在端头收弧前应填满弧坑，并应使主焊缝与定位焊缝的始端和终端熔合。

（3）帮条焊或搭接焊的焊缝厚度 h 不应小于主筋直径的 0.3 倍，焊缝宽度 b 不应小于主筋直径的 0.8 倍，如图 1-19 所示。

（4）钢筋与钢板搭接焊时，搭接长度见表 1-13。焊缝宽度不得小于钢筋直径的 0.5 倍，焊缝厚度不得小于钢筋直径的 0.35 倍。

3. 剖口焊

（1）剖口焊也称坡口焊，施焊前的准备工作，应符合下列要求：

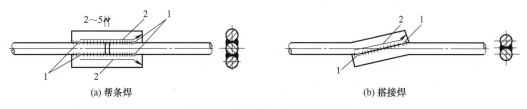

图 1-18　帮条焊与搭接焊的定位
1—定位焊缝；2—弧坑拉出方位

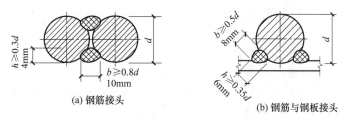

图 1-19　焊缝尺寸

① 钢筋坡口面应平顺，切口边缘不得有裂纹、钝边和缺棱。

② 钢筋坡口平焊时，V形坡口角度宜为 55°～65°，如图 1-20（a）所示；坡口立焊时，坡口角度宜为 40°～55°，其中下钢筋为 0～10°，上钢筋为 35°～45°，如图 1-20（b）所示。

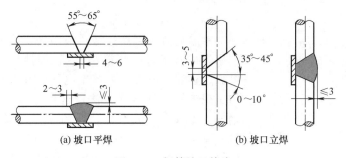

图 1-20　钢筋坡口接头

③ 钢垫板的长度宜为 40～60mm，厚度宜为 4～6mm；坡口平焊时，垫板宽度应为钢筋直径加 10mm；立焊时，垫板宽度宜等于钢筋直径。

④ 钢筋根部间隙，坡口平焊时宜为 4～6mm；立焊时，宜为 3～5mm；其最大间隙均不宜超过 10mm。

（2）坡口焊工艺，应符合下列要求：

① 焊缝根部、坡口端面以及钢筋与钢板之间均应熔合，焊接过程中应经常清渣，钢筋与钢垫板之间，应加焊 2～3 层侧面焊缝。

② 宜采用几个接头轮流进行施焊。

③ 焊缝的宽度应大于 V 形坡口的边缘 2～3mm，焊缝余高不得大于 3mm，并宜平缓过渡至钢筋表面。

④ 当发现接头中有弧坑、气孔及咬边等缺陷时，应立即补焊。HRB400 级钢筋接头冷却后补焊时，应采用氧-乙炔焰预热。

4. 电弧焊接头质量检验

（1）取样数量　电弧焊接头外观检查，应在清渣后逐个进行目测或量测。当进行力学性能试验时，应按下列规定抽取试件：

以 300 个同一接头形式、同一钢筋牌号的接头作为一批，从成品中每批随机切取 3 个接头进行拉伸试验；

在装配式结构中，可按生产条件制作模拟试件。

（2）外观检查　钢筋电弧焊接头外观检查结果，应符合下列要求：

① 焊缝表面应平整，不得有凹陷或焊瘤。

② 焊接接头区域不得有裂纹。

③ 焊接接头尺寸的允许偏差及咬边深度、气孔、夹渣等缺陷允许值，应符合相关规定。

④ 坡口焊、熔槽帮条焊接头的焊缝余高不得大于 3mm。

⑤ 预埋件 T 字接头的钢筋间距偏差不应大于 10mm，钢筋相对钢板的直角偏差不得大于 4°。

外观检查不合格的接头，经修整或补强后，可提交二次验收。

（3）拉伸试验　钢筋电弧焊接头拉伸试验结果，应符合下列要求：

① 3 个热轧钢筋接头试件的抗拉强度均不得小于该级别钢筋规定的抗拉强度；

② 3 个接头试件均应断于焊缝之外，并应至少有 2 个试件呈延性断裂。

当试验结果，有一个试件的抗拉强度小于规定值，或有 1 个试件断于焊缝，或有 2 个试件发生脆性断裂时，应再取 6 个试件进行复验。复验结果当有一个试件抗拉强度小于规定值，或有一个试件断于焊缝，或有 3 个试件呈脆性断裂时，应确认该批接头为不合格品。

模拟试件试验结果不符合要求时，复验应再从成品中切取，其数量和要求应与初始试验时相同。

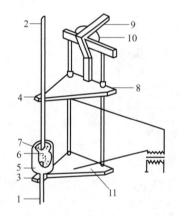

图 1-21　电渣压力焊构造示意图
1,2—钢筋；3—固定电极；4—活动电极；
5—药盒；6—导电剂；7—焊药；8—滑动
架；9—手柄；10—支架；11—固定架

（六）电渣压力焊

钢筋电渣压力焊是将两根钢筋安放成竖向对接形式，利用焊接电流通过两根钢筋端面间隙，在焊剂层下形成电弧过程和电渣过程，产生电弧热和电阻热，熔化钢筋，加压完成的一种压焊方法。这种焊接方法比电弧焊节省钢材、工效高、成本低，适用于柱、墙、烟囱等现浇钢筋混凝土结构中竖向受力钢筋的连接；但不得用于梁、板等构件中水平钢筋的连接。在供电条件差、电压不稳、雨季或防火要求高的场合应慎用电渣压力焊。

1. 焊接设备

电渣压力焊设备包括：电源、控制箱、焊接夹具、焊剂盒。电渣压力焊设备构造示意图如图 1-21 所示。

焊接夹具应具有足够刚度，在最大允许荷载下应移动灵活，操作便利；上下钳口同心以保证上下钢筋轴线一致；电压表、时间显示器应配备齐全。焊剂盒宜与焊接机头分开。当焊接完成后，先拆机头，待焊接接头保温一段时间后再拆焊剂盒。特别是在环境温度较低时，可避免发生冷淬现象。

2. 焊接工艺

施焊前，焊接夹具的上、下钳口应夹紧在上、下钢筋上；钢筋一经夹紧，不得晃动。电渣压力焊的工艺过程包括：引弧、电弧、电渣和顶压过程，施工时各个过程应连续进行。

（1）引弧过程：宜采用铁丝圈引弧法，也可采用直接引弧法。

铁丝圈引弧法是将铁丝圈放在上、下钢筋端头之间，高约 10mm，电流通过铁丝圈与上、下钢筋端面的接触点形成短路引弧。

直接引弧法是在通电后迅速将上钢筋提起，使两端头之间的距离为 2～4mm 引弧。当钢筋端头夹杂不导电物质或过于平滑造成引弧困难时，可以多次把上钢筋移下与下钢筋短接后再提起，达到引弧目的。

（2）电弧过程：靠电弧的高温作用，将钢筋端头的凸出部分不断烧化；同时将接口周围的焊剂充分熔化，形成一定深度的渣池。

（3）电渣过程：渣池形成一定深度后，将上钢筋缓缓插入渣池中，此时电弧熄灭，进入电渣过程。由于电流直接通过渣池，产生大量的电阻热，使渣池温度升到近 2000℃，将钢筋端头迅速而均匀熔化。

（4）顶压过程：当钢筋端头达到全截面熔化时，迅速将上钢筋向下顶压，将熔化的金属、熔渣及氧化物等杂质全部挤出结合面，同时切断电源，焊接即告结束。

电渣压力焊的参数为焊接电流、渣池电压和焊接通电时间，它们均根据钢筋直径选择。

接头焊毕，应稍作停歇，方可回收焊剂和卸下焊接夹具，敲去渣壳后，四周焊包凸出钢筋表面的高度不得小于 4mm。

3. 电渣压力焊接头质量检验

电渣压力焊的接头，应按规范规定的方法检查外观质量和进行拉力试验。

（1）取样数量　电渣压力焊接头应逐个进行外观检查。当进行力学性能试验时，应从每批接头中随机切取 3 个试件做拉伸试验，且应按下列规定抽取试件。

在一般构筑物中，应以 300 个同牌号钢筋接头作为一批；

在现浇钢筋混凝土多层结构中，应以每一楼层或施工区段中 300 个同牌号钢筋接头作为一批，不足 300 个接头仍应作为一批。

（2）外观检查　电渣压力焊接头外观检查结果应符合下列要求：

① 四周焊包凸出钢筋表面的高度应大于或等于 4mm。

② 钢筋与电极接触处，应无烧伤缺陷。

③ 接头处的弯折角不得大于 4°。

④ 接头处的轴线偏移不得大于钢筋直径 0.1 倍，且不得大于 2mm。

外观检查不合格的接头应切除重焊，或采用补强焊接措施。

（3）拉伸试验　电渣压力焊接头拉伸试验结果，3 个试件的抗拉强度均不得小于该牌号钢筋规定的抗拉强度。

当试验结果有 1 个试件的抗拉强度低于规定值，应再取 6 个试件进行复验。复验结果，当仍有 1 个试件的抗拉强度小于规定值，应确认该批接头为不合格品。

（七）气压焊

气压焊是采用氧-乙炔火焰或其他火焰对两钢筋对接处加热，使其达到熔融状态，加压

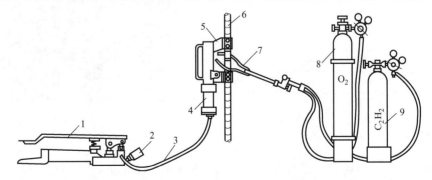

图 1-22　气压焊设备工作简图

1—脚踏液压泵；2—压力表；3—液压胶管；4—活动油缸；5—钢筋卡具；
6—被焊接钢筋；7—多火口烤枪；8—氧气瓶；9—乙炔瓶

完成的一种压焊方法。具有以下特点：焊接设备轻巧，使用灵活，效率高，节省电能，焊接成本低。可用于钢筋在垂直位置、水平位置或倾斜位置的对接焊接。但施焊前要求两钢筋端面应切平、打磨、清理，使其露出金属光泽，当两钢筋直径不同时，其两直径之差不得大于7mm。

钢筋气压设备包括氧、乙炔供气设备、加热器、加压器及钢筋卡具等，见图1-22、图1-23。

图 1-23　气压焊工作图

供气装置应包括氧气瓶、溶解乙炔气瓶或液化石油气瓶、干式回火防止器、减压器及胶管等。加热器由混合气管和多火口烤枪组成，为使钢筋接头能均匀受热，烤枪应设计成环状钳形。烤枪的火口数多少决定于钢筋直径大小。加压器由液压泵、压力表、液压胶管和活动油缸组成。在钢筋气压焊接作业中，加压器作为压力源，通过钢筋卡具对钢筋施加压力。钢筋卡具由可动卡子与固定卡子组成，用于卡紧、调整和压接钢筋。

二、钢筋的机械连接

钢筋机械连接是指通过连接件的机械咬合作用或钢筋端面的承压作用，将一根钢筋中的力传递至另一根钢筋的连接方法。它具有以下优点：接头质量稳定可靠，不受钢筋化学成分的影响，人为因素的影响也小；操作简便，施工速度快，且不受气候条件影响；无污染、无火灾隐患，施工安全等。钢筋机械连接有钢筋套筒挤压连接、钢筋锥螺纹套筒连接、钢筋滚压直螺纹套筒连接三种形式。

（一）钢筋套筒挤压连接

带肋钢筋套筒挤压连接是将两根待接钢筋插入钢套筒内，用挤压连接设备侧向挤压钢套筒，使之产生塑性变形，钢套筒变形后与被连接钢筋纵、横肋产生的机械咬合成为整体的钢筋连接方法，如图1-24、图1-25所示。它适用于竖向、横向及其他方向的较大直径带肋钢筋的连接。

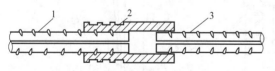

图 1-24　钢筋套筒挤压连接示意
1—已挤压的钢筋；2—钢套筒；3—未挤压的钢筋

图 1-25　钢筋套筒挤压连接实物

这种接头质量稳定性好，可与母材等强，但操作工人工作强度大，有时液压油污染钢筋，综合成本较高。钢筋挤压连接操作时对钢筋的间距有一定要求。钢套筒的材料宜选用强度适中、延性好的优质钢材，钢套筒的尺寸与材料应与一定的挤压工艺配套，必须经生产厂型式检验认定。施工单位采用经过型式检验认定的套筒及挤压工艺进行施工，不要求对套筒原材料进行力学性能检验，但必须有钢套筒材料质量证明书。

（二）钢筋锥螺纹套筒连接

钢筋锥螺纹套筒连接是将两根待接钢筋端头用套丝机做出锥形外丝，然后用带锥形内丝的套筒将钢筋两端拧紧的钢筋连接方法，如图 1-26 所示。

钢筋套筒锥螺纹连接施工速度快、不受气候影响、质量稳定、对中性好。锥螺纹套筒的内壁在工厂内用专用机床加工锥螺纹，接头尺寸没有统一的规定，必须经技术单位提供型式检验认定。钢筋的对接端头一般在施工现场或钢筋加工厂内用套丝机加工与套筒匹配的螺纹，如图 1-27 所示。要求钢筋丝扣的牙形必须与牙形规吻合，丝扣完整牙数不得小于规定值。不合格的丝扣，要切掉后重新套丝。然后再由质检员按 10% 的比例抽检，如有 1 根不合格，要加倍抽检。

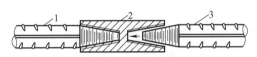

图 1-26　钢筋锥螺纹套筒连接　　　　图 1-27　套丝机加工锥螺纹钢筋对接端头
1—已连接的钢筋；2—锥螺纹套筒；3—待连接的钢筋

（三）钢筋滚压直螺纹套筒连接

钢筋滚压直螺纹套筒连接是将钢筋连接端头用滚轧加工工艺滚轧成规整的直螺纹，再用相配套的直螺纹套筒将两钢筋相对拧紧，实现连接。钢筋直螺纹套筒连接质量好，强度高；钢筋连接操作方便，速度快；无明火作业，可全天候施工；适用于水平、竖直等各种不同位置钢筋的连接。目前在大直径钢筋连接中得到广泛应用。

1. 滚压直螺纹成型方式

根据滚压直螺纹成型方式，又分为直接滚压直螺纹、挤压肋滚压直螺纹和剥肋滚压直螺纹三种。

（1）直接滚压直螺纹：采用钢筋滚丝机直接滚压螺纹。此法螺纹加工简单，设备投入少；但螺纹精度差，由于钢筋粗细不均导致螺纹直径差异，施工受影响。

（2）挤压肋滚压直螺纹：采用专用挤压设备滚轮先将钢筋的横肋和纵肋进行预压平处理，然后再滚压螺纹。其目的是减轻钢筋肋对成型螺纹的影响。此法对螺纹精度有一定提高，但仍不能从根本上解决钢筋直径差异对螺纹精度的影响，而且螺纹加工需要二套设备。

（3）剥肋滚压直螺纹：是将钢筋的横肋和纵肋进行剥切处理，使钢筋滚丝前的柱体圆度精度高，达到同一尺寸，然后再进行螺纹滚压成型，从剥肋到滚压直螺纹成型过程由专用套丝机一次完成。剥肋滚压直螺纹的精度高，操作简便，性能稳定，耗材量少。

2. 滚压直螺纹接头处理

滚压直螺纹接头用连接套筒，应采用优质碳素结构钢。连接套筒的类型有标准型、正反丝扣型、变径型、可调型等。

（1）连接钢筋时，钢筋规格和套筒的规格必须一致，钢筋和套筒的丝扣应干净、完好无损。

（2）采用预埋接头时，连接套筒的位置、规格和数量应符合设计要求。带连接套筒的钢筋应固定牢靠，连接套筒的外露端应有保护盖。

（3）滚压直螺纹接头应使用扭力扳手或管钳进行施工，将两个钢筋丝头在套筒中间位置相互顶紧，接头拧紧力矩应符合相关规定，扭力扳手的精度为±5％。

（4）经拧紧后的滚压直螺纹接头应做出标记。

（5）根据待接钢筋所在部位及转动难易情况，选用不同的套筒类型，采取不同的安装方法，如图1-28～图1-31所示。

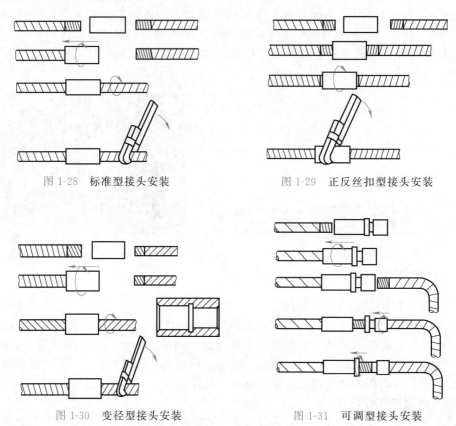

图 1-28　标准型接头安装　　　　　　　图 1-29　正反丝扣型接头安装

图 1-30　变径型接头安装　　　　　　　图 1-31　可调型接头安装

三、钢筋配料

钢筋配料是根据钢筋混凝土构件配筋图，先绘出各种形状和规格的单根钢筋简图并加以编号，然后分别计算钢筋下料长度和根数，填写配料单，申请加工。

（一）钢筋下料长度计算

钢筋混凝土构件中的钢筋，由于设计及规范要求，有的需在中间弯折一定角度，有的则要求在两端做各种角度的弯钩。在加工有弯折或有弯钩的钢筋时，若仅是简单按照设计图纸

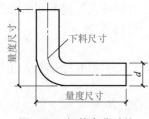

图 1-32　钢筋弯曲时的
量度方法

中钢筋的标注尺寸（在施工中也称量度尺寸）逐段相加，并以此值作为下料长度，那么加工成型后的钢筋长短是不合适的，造成这种情况的原因：一是弯曲后钢筋在弯曲处内皮收缩、外皮延伸，而轴线长度不变；二是在弯曲处形成圆弧。而实际上无论是施工图中钢筋的标注尺寸，还是在施工中钢筋放样的量度方式均针对钢筋的外包尺寸，如图1-32所示（注：箍筋有时也标注内皮尺寸），因此，弯起钢筋的量度尺寸大于轴线尺寸，两者之间的差值称为弯曲调整值，弯曲调整值在钢筋长度计算

中是一个应该扣除的值。施工现场所说的钢筋下料尺寸是专指钢筋轴线尺寸。

1. 钢筋弯曲调整值及弯钩增加长度

（1）钢筋弯曲直径的有关规定

① 受力钢筋　根据《混凝土结构工程施工质量验收规范》（GB 50204—2015）要求，HPB300 级钢筋末端做 180°弯钩，弯弧内直径 D 不应小于钢筋直径 d 的 2.5 倍，弯钩的弯后平直部分长度不应小于钢筋直径 d 的 3 倍。

当钢筋作不大于 90°的弯折时，弯折处的弯弧内直径 D 不应小于钢筋直径 d 的 5 倍。如图 1-33（a）所示。

当设计要求钢筋末端作 135°弯折时，HPB300 级钢筋弯弧内直径 D 不宜小于钢筋直径 d 的 2.5 倍，HRB335 级、HRB400 级钢筋的弯弧内直径 D 不宜小于钢筋直径 d 的 4 倍，弯钩的弯后平直部分长度应符合设计要求。如图 1-33（b）所示。

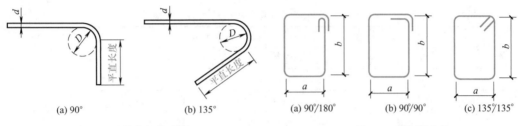

图 1-33　受力钢筋弯折　　　　　　　　　　图 1-34　箍筋示意

② 箍筋　根据《混凝土结构工程施工质量验收规范》（GB 50204—2015）要求，除焊接封闭环式箍筋外，箍筋末端应作弯钩，弯钩形式应符合设计要求；当设计无具体要求时，应符合下面规定：

箍筋弯钩的弯弧内直径除应满足上述①中的规定外，尚应不小于受力纵向钢筋直径。箍筋弯钩的弯折角度，对一般结构，不应小于 90°；对有抗震要求的结构，应为 135°，如图 1-34所示。箍筋弯后平直部分的长度，对一般结构，不宜小于箍筋直径的 5 倍；对有抗震要求的结构，不应小于箍筋直径的 10 倍。

（2）钢筋弯折各种角度时的弯曲调整值

① 钢筋弯折 90°时的弯曲调整值，如图 1-35 所示：

设弯曲调整值为 Δ，则有：$\Delta = A'B' + B'D' - \overset{\frown}{A°B°}$

由于：$A'B' = B'D'$

故：$\Delta = 2A'B' - \overset{\frown}{A°B°}$

又有：$A'B' = D/2 + d$，$\overset{\frown}{A°B°} = (D+d)\pi/4$

所以：$\Delta = 2(D/2+d) - (D+d)\pi/4 = 0.215D + 1.215d$　　　　　　　　(1-3)

不同级别钢筋弯折 90°时的弯曲调整值，见表 1-16。

② 钢筋弯折 135°时的弯曲调整值，如图 1-36 所示。

弯曲调整值 Δ 为：$\Delta = AB + DE - \overset{\frown}{A°D°}$

其中：$AB = DE \approx D/2 + d$，$\overset{\frown}{A°D°} = 135\pi(D+d)/360$

故：$\Delta = 2(D/2+d) - 135\pi(D+d)/360 = 0.822d - 0.178D$　　　　　　(1-4)

不同级别钢筋弯折 135°时的弯曲调整值，见表 1-16。

③ 钢筋弯折 30°、45°、60°时的弯曲调整值，见表 1-16。

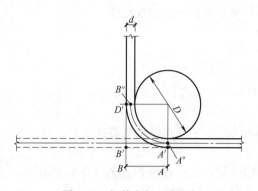

图 1-35　钢筋弯折 90°时的
弯曲调整值计算简图

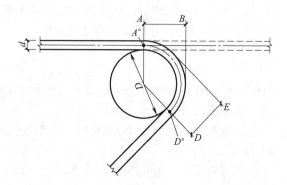

图 1-36　钢筋弯折 135°时的
弯曲调整值计算简图

表 1-16　钢筋弯折常见角度时的弯曲调整值

弯曲角度	钢筋级别	弯曲调整值 Δ		弯弧直径
		计算式	取值	
30°	HPB300 HRB335 HRB400	$\Delta=0.006D+0.274d$	$0.3d$	$D=5d$
45°		$\Delta=0.022D+0.436d$	$0.55d$	
60°		$\Delta=0.054D+0.631d$	$0.9d$	
90°		$\Delta=0.215D+1.215d$	$2.29d$	
135°	HPB300	$\Delta=0.822d-0.178D$	$0.38d$	$D=2.5d$
	HRB335 HRB400		$0.11d$ $0.11d$	$D=4d$

　　虽然表 1-16 给出了钢筋弯折时常见角度的弯曲调整值,但过于散乱,不便于操作工人记忆,为提高工作效率,在钢筋加工实际操作中,可以对上述钢筋弯曲调整值进行规整,规整后的数值见表 1-17。

表 1-17　规整后的钢筋弯曲调整值

钢筋弯曲角度	30°	45°	60°	90°	135°
钢筋弯曲调整值	$0.35d$	$0.5d$	$0.85d$	$2d$	$0.4d$

　　注:钢筋弯曲角度为 135°时,一般常见于 HPB300 级钢筋,故钢筋弯曲调整值近似取 $0.4d$。

　　表 1-17 所列的弯曲调整值是根据理论计算并结合实践经验规整后得出的,在选用钢筋弯曲调整值时建议优先采用,这样既可以简化钢筋下料长度计算,也便于操作人员记忆。

　　(3) 钢筋弯折 180°弯钩长度增加值

　　根据规定,HPB300 级钢筋两端做 180°弯钩,其弯曲直径 $D=2.5d$、平直部分长度为 $3d$,如图 1-37 所示。度量方法为以外包尺寸度量,其每个弯钩的加长长度为:

$$E'F=\overset{\frown}{ABC}+EC-AF=(D+d)\pi/2+3d-(D/2+d)$$
$$=(2.5d+d)\pi/2+3d-(2.5d/2+d)=6.25d$$

　　在轻骨料混凝土中,HPB300 级钢筋平直部分长度为 $5d$,则其每个弯钩增加长度为 $8.25d$。

2. 常用钢筋的下料长度计算公式

　　当钢筋标注尺寸均为外包尺寸时,几种常见形式钢筋的下料长度计算公式如下:

（1）直钢筋下料长度＝构件长度－混凝土保护层厚度＋弯钩增加长度

（2）弯起钢筋下料长度＝直段长度＋斜段长度＋弯钩增加长度－弯曲调整值

（3）箍筋下料长度＝直段长度＋弯钩增加长度－弯曲调整值

3. 箍筋下料长度的计算

（1）箍筋型式　箍筋的型式一般三种，即：半圆弯钩（180°）型、直弯钩（90°）型、斜弯钩（135°）型，如图 1-34(a)、(b)、(c) 所示。半圆弯钩型、直弯钩目前应用较少；斜弯钩型是有抗震要求和受扭构件的箍筋，是目前应用较多的箍筋型式。

（2）箍筋弯钩长度增加值的计算　这里只介绍斜弯钩（135°）箍筋的弯钩长度增加值的计算过程，如图 1-38 所示。斜弯钩（135°）箍筋弯钩增加长度的计算如下：

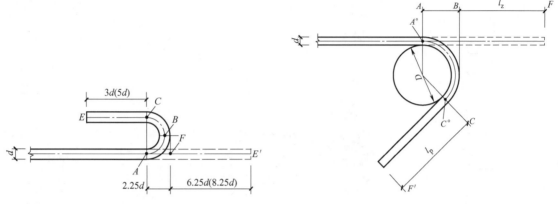

图 1-37　钢筋弯折 180°弯钩长度
　　　　　增加值计算简图

图 1-38　箍筋端部 135°弯钩计算简图

弯钩增加长度：$l_z = AF - AB$

根据计算图有：$AF = \overset{\frown}{A^\circ C^\circ} + l_p = 135\pi(D+d)/360 + l_p = 1.178(D+d) + l_p$

$AB \approx D/2 + d$

所以：$l_z = AF - AB = 1.178(D+d) + l_p - (D/2 + d) = 0.678D + 0.178d + l_p$　　　(1-5)

式中　D——弯钩的弯曲直径；

　　　d——箍筋直径；

　　　l_p——箍筋弯钩平直段的长度。

同理，可计算出箍筋半圆弯钩（180°）、直弯钩（90°）的弯钩长度增加值，当 l_p 不同取值时，箍筋弯钩增加长度 l_z 的计算结果见表 1-18。

表 1-18　箍筋弯钩增加长度 l_z 计算表

弯钩形式	弯钩增加长度计算公式（l_z）	l_p 取值	HPB300 级钢筋 l_z 值	HRB400 级钢筋 l_z 值
半圆弯钩（180°）	$l_z = 1.071D + 0.571d + l_p$	$5d$	$8.25d$	—
直弯钩（90°）	$l_z = 0.285D + 0.215d + l_p$	$5d$	$6.2d$	$6.2d$
斜弯钩（135°）	$l_z = 0.678D + 0.178d + l_p$	$10d$	$12d$	—

注：表中 90°弯钩：HPB300 级、HRB400 级钢筋均取 $D = 5d$；135°、180°弯钩 HPB300 级钢筋取 $D = 2.5d$。

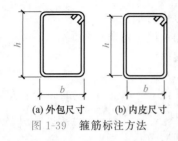

(a) 外包尺寸　(b) 内皮尺寸

图 1-39　箍筋标注方法

（3）箍筋的下料长度计算　箍筋尺寸的标注一般有外包尺寸、内皮尺寸两种，如图 1-39 所示。

箍筋下料长度＝外包直段长度＋弯钩增加长度－弯曲调整值

故若标注的是内皮尺寸，则每边加上 d 即可转换成外包尺寸，根据前面的公式，可以得到各种类型箍筋的下料长度 l_x，见表 1-19。

表 1-19　各种类型箍筋下料长度计算式

序号	简图	钢筋级别	弯钩类型	下料长度计算式 l_x
1		HPB300 级	180°/180°	$l_x = a + 2b + (6 - 2 \times 2.29 + 2 \times 8.25)d$ 或 $l_x = a + 2b + 17.9d$
2			90°/180°	$l_x = 2a + 2b + (8 - 3 \times 2.29 + 8.25 + 6.2)d$ 或 $l_x = 2a + 2b + 15.6d$
3			90°/90°	$l_x = 2a + 2b + (8 - 3 \times 2.29 + 2 \times 6.2)d$ 或 $l_x = 2a + 2b + 13.5d$
4			135°/135°	$l_x = 2a + 2b + (8 - 3 \times 2.29 + 2 \times 12)d$ 或 $l_x = 2a + 2b + 25.1d$
5		HRB335 级 HRB400 级		$l_x = (a + 2b) + (4 - 2 \times 2.29)d$ 或 $l_x = a + 2b + 0.6d$
6			90°/90°	$l_x = 2a + 2b + (8 - 3 \times 2.29 + 2 \times 6.2)d$ 或 $l_x = 2a + 2b + 13.5d$

注：表中 a、b 为箍筋内皮尺寸。

（二）配料计算实例

【例 1-1】　已知某综合楼钢筋混凝土框架梁 KL1 的截面尺寸与配筋，如图 1-40 所示，共计 5 根。混凝土强度等级为 C25，结构抗震等级为四级，环境类别为一类，次梁宽 250mm。求各钢筋下料长度。

【解】　1. 绘制钢筋翻样图

根据《混凝土结构施工图平面整体表示方法制图规则和构造详图》（16 G101—1）和表 1-28～表 1-30，得出：

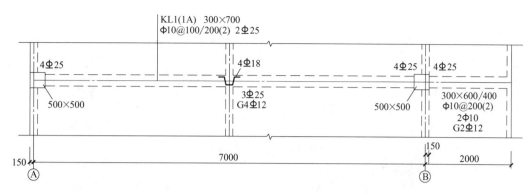

图 1-40　钢筋混凝土框架梁 KL1 平法施工图

（1）C25 混凝土纵向受力钢筋端头的混凝土保护层厚取 $20+5=25$mm。

（2）框架梁纵向受力钢筋 $\Phi25$ 的锚固长度为 $33d$，即 $33\times25=825$(mm)。为避开柱筋，取梁顶纵筋伸入柱内时距柱外侧 100mm，即伸入柱内的长度为 $500-100=400$(mm)；梁底纵筋距柱外侧 150mm，即伸入柱内的长度为 $500-150=350$(mm)；$0.4l_a=0.4\times825=330$(mm)，梁纵筋均满足弯锚时水平锚固长度大于 $0.4l_a$ 的要求；弯锚需要向上（下）弯 $15d$，即 $15\times25=375$(mm)，实取 380mm。

（3）吊筋底部宽度为次梁宽 $+2\times50$mm，按 45°向上弯至梁顶部，再水平延伸 $20d$，即 $20\times18=360$(mm)。

（4）箍筋及拉筋弯钩平直段为 $10d$，即 $10\times10=100$(mm)，箍筋内皮尺寸：$a=300-2\times25-2\times10=230$(mm)，$b=700-2\times25-2\times10=630$(mm)；拉筋内皮尺寸：$a+2\times10=250$(mm)，拉筋要求紧靠纵向钢筋并勾住箍筋。

（5）梁腰构造钢筋锚入支座 $15d$，即 $15\times12=180$(mm)。

（6）悬挑梁下部架立钢筋锚入支座 $15d$，即 $15\times10=150$(mm)。

对照 KL1 尺寸与上述构造要求，绘制单根钢筋简图，如图 1-41 所示和见表 1-20。

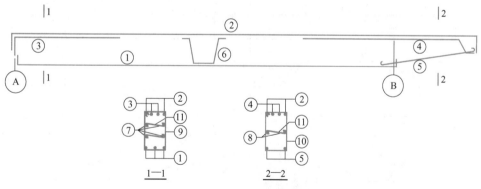

图 1-41　KL1 框架梁钢筋翻样简图

2. 计算钢筋下料长度

①号受力钢筋下料长度为：
$$7000+2\times380-2\times2\times25=7660\text{(mm)}$$

②号受力钢筋长度为：
$$9025+380+300-2\times2\times25=9605\text{(mm)}$$

③号受力钢筋下料长度为：
$$2100+400+380-2\times25=2830\text{(mm)}$$

④号受力钢筋下料长度为：

$$3845+465+250-2\times0.5\times25=4535(\text{mm})$$

⑤号受力钢筋下料长度为：

$$1975+2\times6.25\times10=2100(\text{mm})$$

⑥号吊筋长度为：

$$(360+890)\times2+350-4\times0.5\times18=2814(\text{mm})$$

⑦号构造筋下料长度为：

$$6300+2\times15\times12=6660(\text{mm})$$

⑧号构造筋下料长度为：

$$2000-150+15\times12-25=2005(\text{mm})$$

⑨号箍筋下料长度为：

$$(230+630)\times2+25.1\times10=1971(\text{mm})$$

⑩号箍筋下料长度，由于梁高变化，因此要先出箍筋高差 Δ。

箍筋根数 $n=(1850-100)/200+1\approx10$，箍筋高差 $\Delta=(570-370)/(10-1)\approx22(\text{mm})$。参考⑨号箍筋计算方法，具体长度列于表1-20中。

⑪号拉筋下料长度为：

$$230+2\times10+2\times12\times8=442(\text{mm})$$

表 1-20 钢筋配料单

钢筋编号	简图	钢号	直径/mm	下料长度/mm	单位根数/根	合计根数/根	重量/kg
①	380 ⌐7000⌐ 380	Φ	25	7660	3	15	443
②	380 ⌐9025⌐ 300	Φ	25	9605	2	10	370
③	380 ⌐2500	Φ	25	2830	2	10	109
④	3845 465 250	Φ	25	4535	2	10	175
⑤	1975	Φ	10	2100	2	10	13
⑥	360 360 45° 890 350 890 45°	Φ	18	2814	4	20	113
⑦	6660	Φ	12	6660	4	20	118
⑧	2005	Φ	12	2005	2	10	18
⑨	230 630	Φ	10	1971	40	200	243

续表

钢筋编号	简图	钢号	直径/mm	下料长度/mm	单位根数/根	合计根数/根	重量/kg
⑩₁	530 / 230	Φ	10	1711	1	5	
⑩₂	508×230	Φ	10	1727	1	5	
⑩₃	486×230	Φ	10	1683	1	5	
⑩₄	464×230	Φ	10	1639	1	5	49
⑩₅	442×230	Φ	10	1595	1	5	
⑩₆	420×230	Φ	10	1551	1	5	
⑩₇	398×230	Φ	10	1507	1	5	
⑩₈	376×230	Φ	10	1463	1	5	
⑩₉	354×230	Φ	10	1419	1	5	
⑩₁₀	332×230	Φ	10	1375	1	5	
⑪	250	Φ	8	442	50	250	44
							总重 1695kg

注：表中箍筋均为内皮尺寸。

（三）配料单与料牌

钢筋配料计算完毕，填写配料单，详见表 1-20。列入加工计划的配料单，须对应每一编号的钢筋制作一块料牌，作为钢筋加工的依据与钢筋安装的标志，如图 1-42 所示。

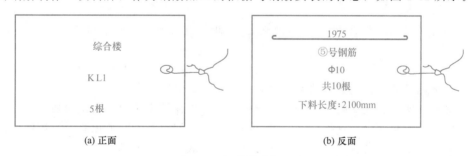

图 1-42　钢筋料牌的形式

钢筋配料单和料牌，应严格校核，必须准确无误，以免返工浪费。

四、钢筋代换

（一）代换原则

施工中，征得设计单位的同意并办理设计变更文件后，可以进行钢筋代换。应严格遵守国家现行设计规范和施工验收规范及有关技术规定，代换后，仍能满足各类极限状态的有关计算要求以及配筋构造规定。

当施工中遇有钢筋的品种或规格与设计要求不符时，可参照以下原则进行钢筋代换。

（1）等强度代换：当构件受强度控制时，钢筋可按强度相等原则进行代换。

（2）等面积代换：当构件按最小配筋率配筋时，钢筋可按面积相等原则进行代换。

（3）当构件受裂缝宽度或挠度控制时，代换后应进行裂缝宽度或挠度验算。

（二）等强代换方法

计算公式

$$n_2 \geqslant \frac{n_1 d_1^2 f_{y1}}{d_2^2 f_{y2}} \tag{1-6}$$

式中　n_2——代换钢筋根数；

　　　　n_1——原设计钢筋根数；

　　　　d_2——代换钢筋直径；

　　　　d_1——原设计钢筋直径；

　　　　f_{y2}——代换钢筋抗拉强度设计值；

　　　　f_{y1}——原设计钢筋抗拉强度设计值。

上式有两种特例：

（1）设计强度相同、直径不同的钢筋代换：

$$n_2 \geqslant n_1 \frac{d_1^2}{d_2^2} \tag{1-7}$$

（2）直径相同、强度设计值不同的钢筋代换：

$$n_2 \geqslant n_1 \frac{f_{y1}}{f_{y2}} \tag{1-8}$$

（三）代换注意事项

钢筋代换时，必须充分了解设计意图和代换材料性能，并严格遵守各项规定：

（1）对抗裂性要求高的构件（如吊车梁、薄腹梁、屋架下弦等），不宜用 HPB300 级钢筋代换 HRB400、HRB500 级带肋钢筋，以免裂缝开展过宽。当构件受裂缝宽度控制时，代换后应进行裂缝宽度验算。如代换后裂缝宽度有一定增大（但不超过允许的最大裂缝宽度），还应对构件做挠度验算。

（2）钢筋代换后，应满足配筋构造规定，如钢筋的最小直径、间距、根数、锚固长度等。

（3）同一截面内，可同时配有不同种类和直径的代换钢筋，但每根钢筋的拉力差不应过大（如同品种钢筋的直径差值一般不大于 5mm），以免构件受力不匀。

（4）梁的纵向受力钢筋与弯起钢筋应分别代换，以保证正截面与斜截面强度。

（5）偏心受压构件（如框架柱、有吊车厂房柱、桁架上弦等）或偏心受拉构件作钢筋代换时，不取整个截面配筋量计算，应按受力面（受压或受拉）分别代换。

（6）进行钢筋代换，除应考虑代换后满足结构各项技术性能要求之外，同时还要保证用料的经济性和加工操作的方便。

（四）钢筋代换实例

【例 1-2】　今有一块 5m 宽的现浇混凝土楼板，原设计的底部纵向受力钢筋采用 HPB300 级Φ10 钢筋＠100mm，共计 51 根。现拟改用 HRB400 级Φ10 钢筋，求所需Φ10 钢筋根数及其间距。

【解】　本题属于直径相同、强度等级不同的钢筋代换，采用公式（1-8）计算：

$n_2 = 51 \times 270/360 \approx 38$（根），共有 37 个间距。

间距宽＝$5000/37 \approx 135.13$（mm），取 135mm。

【例 1-3】　今有一根 300mm 宽的现浇混凝土梁，原设计的底部纵向受力钢筋采用

HRB335 级⌀22 钢筋，共计 7 根，分二排布置，底排为 5 根，上排为 2 根。现拟改用 HRB400 级⌀25 钢筋，求所需⌀25 钢筋根数及其布置。

【解】　本题属于直径不同、强度等级不同的钢筋代换，采用公式（1-6）计算：

$$n_2 = 7 \times \frac{22^2 \times 300}{25^2 \times 360} \approx 4.52（根），取 5 根。$$

按一排布置，则钢筋间距 $s = \dfrac{300 - (25 \times 5 + 25 \times 2)}{4} = 31.25(mm) > 25mm$，可行。

五、钢筋加工

（一）钢筋除锈

在自然环境中，钢筋由于与水、空气等接触，表面易锈蚀和受到污染，若不进行处理，会影响钢筋与混凝土共同受力工作、降低钢筋混凝土结构的安全性。《混凝土结构工程施工质量验收规范》（GB 50204—2015）5.2.4 规定："钢筋应平直、无损伤、表面不得有裂纹、油污、颗粒状或片状老锈"。故钢筋的表面应洁净，油渍、漆污和用锤敲击时能剥落的浮皮、铁锈等应在使用前清除干净；在焊接前，焊点处的水锈应清除干净。

钢筋的除锈工作应在调直后、弯曲前进行，并应尽量利用冷拉和调直工序进行除锈。钢筋除锈的方法有多种，常用的有人工除锈、机械除锈、酸洗除锈等方法。在除锈过程中若发现钢筋表面的氧化铁皮鳞落现象严重并已损伤钢筋截面、或在除锈后钢筋表面有严重的麻坑、斑点伤蚀截面时，应降级使用或剔除不用。

1. 人工除锈

人工除锈的方法一般是用钢丝刷、砂盘、麻袋布等轻擦或将钢筋在砂堆上来回拉动除锈。砂盘除锈，如图 1-43 所示。

2. 机械除锈

机械除锈又可分为除锈机除锈和喷砂法除锈两种。

（1）除锈机除锈　对直径较细的盘条钢筋，通过冷拉和调直过程可以自动去锈；对粗钢筋采用圆盘状钢丝刷除锈机除锈。钢筋除锈机有固定式和移动式两种，一般由钢筋加工单位自制，是由动力带动圆盘状钢丝刷高速旋转，来清刷钢筋上的铁锈，如图 1-44 所示。

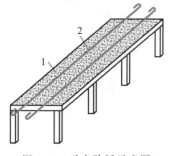

图 1-43　砂盘除锈示意图
1—砂盘；2—钢筋

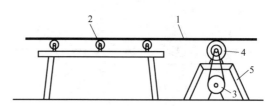

图 1-44　固定式钢筋除锈机
1—钢筋；2—滚道；3—发动机；4—钢丝刷；5—机架

（2）喷砂法除锈　喷砂法除锈的主要设备是空压机、储砂罐、喷砂管和喷头等，其原理是利用空压机产生的强大气流形成高压砂流除锈，适用于大批量钢筋的除锈工作，除锈效率较高、效果也较好。

3. 酸洗除锈

当钢筋需要进行冷拔加工时，用酸洗法除锈。酸洗除锈是将圆盘钢筋放入硫酸或盐酸溶液中，经化学反应去除铁锈；但在酸洗除锈前，通常先进行机械除锈，这样可以缩短 50%

酸洗时间，节约 80％以上的酸液。

（二）钢筋调直

《混凝土结构工程施工质量验收规范》（GB 50204—2015）的 5.2.4"条文说明"明确规定："弯折钢筋不得敲直后作为受力钢筋使用"。因此，应加强钢筋在运输、加工、安装过程中的保护，除直径在 10mm 以下的盘条钢筋外，其他经弯折后再调直的钢筋只能作为非受力筋使用。钢筋一般采用机械调直。

1. 钢筋调直机

钢筋调直机的技术性能，见表 1-21。图 1-45 为 GT3/8 型钢筋调直机外形。

表 1-21　钢筋调直机技术性能

机械型号	钢筋直径/mm	调直速度/(m/min)	断料长度/mm	电机功率/kW	外形尺寸（长×宽×高）/mm×mm×mm	机重/kg
GT3/8	3～8	40、65	300～6500	9.25	1854×741×1400	1280
GT6/12	6～12	36、54、72	300～6500	12.6	1770×535×1457	1230

注：表中所列的钢筋调直机断料长度误差均≤3mm。

2. 数控钢筋调直切断机

数控钢筋调直切断机是在原有调直机的基础上应用电子控制仪，准确控制钢筋断料长度，并自动计数。该机的工作原理，如图 1-46 所示。在该机摩擦轮（周长 100mm）的同轴上装有一个穿孔光电盘（分为 100 等分），光电盘的一侧装有一只小灯泡，另一侧装有一只光电管。当钢筋通过摩擦轮带动光电盘时，灯泡光线通过每个小孔照射光电管，就被光电管接收而产生脉冲信号（每次讯号为钢筋长 1mm），控制仪长度部位数字上立即示出相应读数。当信号积累到给定数字（即钢筋调直到所指定长度）时，控制仪立即发出指令，使切断装置切断钢筋。与此同时长度部位数字回到零，根

图 1-45　GT3/8 型钢筋调直机

数部位数字显示出根数，这样连续作业，当根数信号积累至给定数字时，即自动切断电源，停止运转。

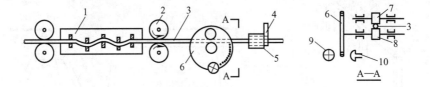

图 1-46　数控钢筋调直切断机工作原理

1—调直装置；2—牵引轮；3—钢筋；4—上刀口；5—下刀口；
6—光电盘；7—压轮；8—摩擦轮；9—灯泡；10—光电管

（三）钢筋切断

钢筋线材和盘条钢筋经调直后，即可按下料长度进行切断。钢筋切断前，应认真做好下料方案，确保钢筋的品种、规格、尺寸、外形符合设计要求。切断时，要精打细算，长料长用，短料短用，使下脚料的长度最短。切剩的短料可作为电焊接头的绑条或其他辅助短钢筋

使用，尽量减少钢筋的损耗。

1. 切断前的准备工作

（1）复核。根据钢筋配料单，复核料牌上所标注的钢筋直径、尺寸、根数是否正确。

（2）制定下料方案。根据所购置的钢筋长短情况和钢筋接头位置的规范要求制定下料方案，长短搭配，合理使用，减少损耗。

（3）量度准确。避免使用短尺量长料，防止产生累计误差。

（4）试切钢筋。调试好切断设备，试切1～2根，尺寸无误后再成批加工。

2. 钢筋切断机

钢筋切断机的技术性能，见表1-22。外形如图1-47、图1-48所示。

表 1-22　钢筋切断机技术性能

机械型号	钢筋直径/mm	每分钟切断次数	切断力/kN	工作压力/(N/mm²)	电机功率/kW	外形尺寸(长×宽×高)/mm×mm×mm	重量/kg
GQ40	6～40	40	—	—	3.0	1150×430×750	600
GQ40B	6～40	40	—	—	3.0	1200×490×570	450
GQ50	6～50	30	—	—	5.5	1600×690×915	950
DYQ32B	6～32	—	320	45.5	3.0	900×340×380	145

图 1-47　GQ40B 型钢筋切断机

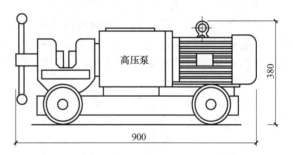

图 1-48　DYQ32B 电动液压切断机

3. 便携式液压钢筋切断器

便携式液压钢筋切断器又可分为手动和电动两类，如图1-49所示。便携式液压钢筋切断器可切断直径16mm以下的钢筋。具有体积小、重量轻，操作简单，便于携带等优点。

(a)手动式　　　　　　　　　　　　(b)电动式

图 1-49　便携式液压钢筋切断器

4. 钢筋切断注意事项

（1）检查。使用前应检查刀片安装是否牢固，润滑油是否充足，并应在开机空转正常以后再进行操作。

（2）切断。钢筋应调直以后再切断，钢筋与刀口应垂直。

（3）安全。断料时应握紧钢筋，待活动刀片后退时及时将钢筋送进刀口，不要在活动刀片已开始向前推进时，向刀口送料，以免断料不准，甚至发生机械及人身事故；长度在30cm以内的短料，不能直接用手送料切断；禁止切断超过切断机技术性能规定的钢材以及超过刀片硬度或烧红的钢筋；切断钢筋后，刀口处的屑渣不能直接用手清除或用嘴吹，而应用毛刷刷干净。

（四）钢筋弯曲成型

弯曲成型是将已切断、配好料的钢筋按照施工图纸的要求加工成规定的形状尺寸。钢筋弯曲成型的顺序是：准备工作→划线→样件试弯→弯曲成型。弯曲成型可分为人工弯曲和机械弯曲两种方式。

1. 准备工作

（1）配料单的制备　钢筋弯曲成什么样的形状，各部分的尺寸是多少，主要依据钢筋配料单，这是最基本的操作依据。配料单是钢筋加工的凭证和钢筋成型质量的保证，配料单应包括钢筋规格、式样、根数以及下料长度等内容。配料单主要是依据结构施工图上的钢筋材料表；若是采用"平法"表示的结构施工图，则应首先根据图纸标注和构造要求逐条绘出钢筋简图，并进行编号，然后计算出各直段的尺寸并标注在钢筋简图上，这一过程也称为"抽筋"。

将钢筋简图的各直段尺寸相加，再减去钢筋的弯曲调整值，并加上弯钩增加值后得到的长度即为钢筋的下料长度，这一过程也称为"下料长度计算"。将下料长度实量在拟截断的钢筋上并裁切出来，这一过程也称为"钢筋下料"。

（2）料牌的制备　用木板、纤维板或其他板状材料制成，将每一编号钢筋的有关信息，包括工程名称、结构构件名称、钢筋编号、根数、规格、式样以及下料长度等标注在料牌的两面，最后将加工好的钢筋系上料牌，以免错用，并妥善保管存放。

2. 划线

钢筋弯曲前，对形状复杂的钢筋，如弯起钢筋、带弯钩的钢筋等，应根据钢筋料牌上标明的尺寸，用粉笔将各弯曲中点位置在拟弯钢筋上划出，作为钢筋加工弯曲的控制点，这个过程称为划线。划线时应注意：

（1）根据不同的弯曲角度扣除弯曲调整值，其扣法是从相邻两段长度中各扣一半；

（2）钢筋端部带半圆弯钩（180°）时，该段长度划线时增加 $0.5d$，即弯曲中点到弯钩端的长度为 $5.75d$（即 $6.25d-0.5d=5.75d$）；

（3）钢筋端部带斜弯钩（135°）时，该段长度划线时减去 $0.2d$；

（4）划线工作宜从钢筋中线开始向两边进行；两边不对称的钢筋，也可从钢筋一端开始划线，若划到另一端有误差出现、则应重新调整。

【例1-4】　以例1-1中KL1的①、⑤、⑥、⑨号钢筋为例，进行划线（注：划线计算时精确到 mm）。

【解】　①号钢筋需加工成型的形状和尺寸如图1-50所示。划线方法如下：

第一步：在钢筋中心线上划第一道线；

第二步：自中线向端头位置量取 $7000/2-2d/2=3475$(mm)，划第二道线。

⑤号钢筋需加工成型的形状和尺寸如图1-51所示。划线方法如下：

第一步：在钢筋中心线上划第一道线；

第二步：自中线向端头位置量取 $1975/2+0.5d=992$(mm)，划第二道线。

⑥号钢筋需加工成型的形状和尺寸如图1-52所示。划线方法如下：

第一步：在钢筋中心线上划第一道线；

第二步：自中线向端头位置量取 $350/2-0.5d/2=171$(mm)，划第二道线；

图 1-50　KL1①号钢筋划线

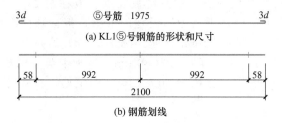

图 1-51　KL1⑤号钢筋划线

第三步：自第二道线取斜段 $890-2\times0.5d/2=881$（mm），划第三道线。

⑨号钢筋需加工成型的形状和尺寸如图 1-53 所示（图上所示尺寸为内皮尺寸）。划线方法如下：

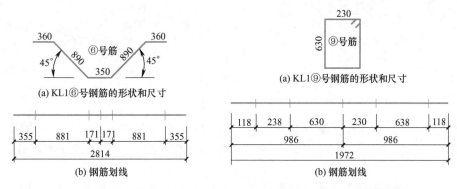

图 1-52　KL1⑥号钢筋划线　　　图 1-53　KL1⑨号钢筋划线

第一步：在钢筋中心线上划第一道线；

第二步：

一边自中线向端头量取 $230+2d-2\times2d/2=230$（mm），划第二道线；

另一边自中线向端头位置量取 $630+2d-2\times2d/2=630$（mm），划第二道线；

第三步：

一边自第二道线向端头量取 $650-d-0.2d=638$（mm），划第三道线；

另一边自第二道线向端头量取 $250-d-0.2d=238$（mm），划第三道线。

3. 样件试弯

弯曲钢筋划线后，即可试弯 1 根，以检查加工成型的钢筋是否符合设计要求。如不符合，应对划线点、弯曲顺序、弯曲工艺等进行调整，调整后继续试弯，待试弯的样件合格后方可成批弯制。

4. 弯曲成型

（1）人工弯曲成型

1）工具和设备

① 工作台。钢筋弯曲应在工作台上进行。工作台的宽度通常为800mm。长度视钢筋种类而定，弯细钢筋时一般为4000mm，弯粗钢筋时可为8000mm。台高一般为900～1000mm。

② 手摇扳。手摇扳的外形，如图1-54所示。它由钢板底盘、扳柱、扳手组成，用来弯制直径在12mm以下的钢筋，操作前应将底盘固定在工作台上，其底盘表面应与工作台面平直。图1-54（a）所示是弯单根钢筋的手摇扳，图1-54（b）所示是可以同时弯制多根钢筋的手摇扳。

③ 卡盘。卡盘用来弯制粗钢筋，它由钢板底盘和扳柱组成。扳柱焊在底盘上，底盘需固定在工作台上。图1-55（a）所示为四扳柱的卡盘，扳柱顺向净距约为100mm，横向净距约为34mm，可弯曲直径为32mm钢筋。图1-55（b）所示为三扳柱的卡盘，扳柱的两斜边净距为100mm左右，底边净距约为80mm。这种卡盘不需配钢套，扳柱的直径视所弯钢筋的粗细而定。一般弯曲直径为20～25mm的钢筋，可用厚12mm的钢板制作卡盘底板。

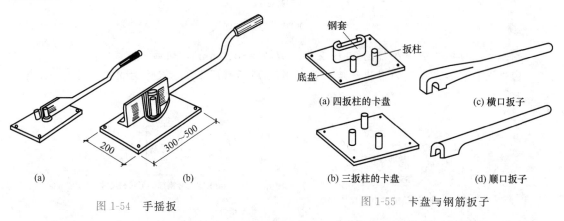

图1-54　手摇扳　　　　　　　　　　图1-55　卡盘与钢筋扳子

④ 钢筋扳子。钢筋扳子是弯制钢筋的工具，它主要与卡盘配合使用，分为横口扳子和顺口扳子两种，如图1-55（c）、（d）所示。钢筋扳子的扳口尺寸比弯制的钢筋直径大2mm较为合适。

2）钢筋弯曲成型工艺　不同钢筋的弯曲步骤基本相同。下面以箍筋为例介绍钢筋的弯曲步骤：

箍筋弯曲成型步骤，分为五步，如图1-56所示。在操作前，首先要在手摇扳的左侧工作台上标出钢筋1/2长、箍筋长边内侧长和短边内侧长（也可以标长边外侧长和短边外侧长）三个标志。

第一步在钢筋1/2长处弯折90°；第二步弯折短边90°；第三步弯长边135°弯钩；第四步弯短边90°弯折；第五步弯短边135°弯钩。因为第三、五步的弯钩角度大，所以要比第二、四步操作时多预留一些长度，以免箍筋不方正。

（2）机械弯曲成型

1）钢筋弯曲机　GW-40型钢筋弯曲机为常用的钢筋弯曲机，可弯曲的钢筋最大公称直径为40mm，如图1-57所示。其他还有GW-12、GW-20、GW-25、GW-32、GW-50、GW-65等型号，钢筋弯曲机的技术性能见表1-23，表1-24为GW-40型钢筋弯曲机每次弯曲根数。

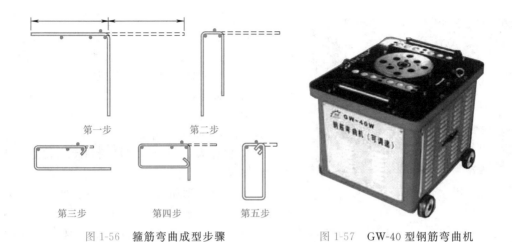

图 1-56　箍筋弯曲成型步骤　　　　图 1-57　GW-40 型钢筋弯曲机

表 1-23　钢筋弯曲机技术性能

弯曲机类型	钢筋直径/mm	弯曲速度 /(r/min)	电机功率 /kW	外形尺寸(长×宽×高) /mm×mm×mm	重量/kg
GW-32	6～32	10/20	2.2	875×615×945	340
GW-40	6～40	5	3.0	1050×740×865	400
GW-50	25～50	2.5	4.0	1450×760×800	580

表 1-24　GW-40 型钢筋弯曲机每次弯曲根数

钢筋直径/mm	10～12	14～16	18～20	22～40
每次弯曲根数	4～6	3～4	2～3	1

2）钢筋机械弯曲成型技术　钢筋在弯曲机上成型时，如图 1-58 所示，心轴直径应是钢筋直径的 2.5～5.0 倍，成型轴宜加偏心轴套，以便适应不同直径的钢筋弯曲需要。弯曲细钢筋时，为保证非弯曲段钢筋保持平直，钢筋挡架宜做成可变式挡架，若为固定式挡架，则应根据拟弯曲钢筋直径加垫铁板来调整间隙。

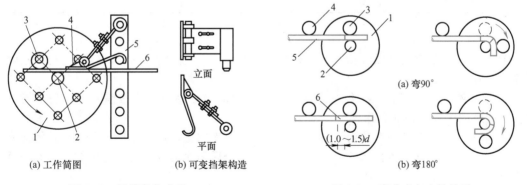

图 1-58　钢筋弯曲成型
1—工作盘；2—心轴；3—成型轴；4—可变挡架；
5—挡架支托；6—钢筋

图 1-59　弯曲点与心轴关系
1—工作盘；2—心轴；3—成型轴；4—挡铁轴；
5—钢筋；6—弯曲点

钢筋弯曲点与心轴的关系，如图 1-59 所示。由于成型轴和心轴在同时转动，就会带动

图 1-60　钢筋弯曲加工

钢筋向前滑移。因此，钢筋弯 90°时，弯曲点约与心轴内边缘齐；弯 180°时，弯曲点距心轴内边缘为（1.0～1.5）d（钢筋硬时取大值）。注意：对 HRB335 与 HRB400 钢筋，不能弯过头再弯回来，以免钢筋弯曲点处发生裂纹。图 1-60 所示为工人正在进行钢筋弯曲加工。

3）钢筋弯曲机使用要点

① 对操作人员进行岗前培训和岗位教育，严格执行操作规程。

② 操作前要对机械各部件进行全面检查以及试运转，并查点齿轮、轴套等设备是否齐全。

③ 要熟悉倒顺开关的使用方法以及所控制的工作盘旋转方向，使钢筋的放置与成型轴、挡铁轴的位置相应配合。

④ 使用钢筋弯曲机时，应先做试弯以摸索规律。

⑤ 钢筋在弯曲机上进行弯曲时，其形成的圆弧弯曲直径是借助于心轴直径实现的，因此要根据钢筋粗细和所要求的圆弧弯曲直径大小随时更换轴套。

⑥ 为了适应钢筋直径和心轴直径的变化，应在成型轴上加一个偏心套，以调节心轴、钢筋和成型轴三者之间的间隙。

⑦ 严禁在机械运转过程中更换心轴、成型轴、挡铁轴，或进行清扫、注油。

⑧ 弯曲较长的钢筋应有专人帮助扶持，帮助人员应听从指挥，不得任意推送。

5. 钢筋成品管理

（1）质量控制　加工操作人员必须对弯曲成型的钢筋成品进行自检；进入成品区存放的钢筋应通过专职质量检查人员的复检，合格后方能挂牌待用。钢筋加工的允许偏差应符合表 1-25的规定。

表 1-25　钢筋加工的允许偏差

项目	允许偏差/mm
受力钢筋顺长度方向全长的净尺寸	±10
弯起钢筋的弯折位置	±20
箍筋内的净尺寸、钢筋外廓尺寸	±5

（2）管理要点

① 弯曲成型的钢筋必须轻抬轻放，避免产生变形；经过验收检查合格后，成品应按编号拴挂料牌。

② 清点某一编号钢筋成品数量无误后，在指定的堆放地点，要按编号分堆整齐存放，并标识所属的工程、构件名称。

③ 钢筋成品应存放在有防雨、防水措施的库房或库棚里，地面保持干燥，并做好支垫。

④ 应按工程名称、构件部位、钢筋编号、需用先后顺序堆放，防止先用的被压在下面，使用时因翻垛而造成钢筋变形。

任务三 ▶ 钢筋安装与结构基本构造

一、钢筋的绑扎与安装

钢筋的绑扎与安装是钢筋工程施工的重要工序。钢筋绑扎不牢固在浇捣混凝土时就会容易造成偏位；钢筋安装位置如果不正确：轻者会造成钢筋混凝土结构承载能力下降，重者可能导致结构垮塌。故应重视钢筋的绑扎与安装工作，加强管理做好预控。

（一）准备工作

1. 熟悉施工图

施工图是钢筋绑扎安装的依据。熟悉施工图的目的是弄清各个编号钢筋形状、标高、细部尺寸、安装部位，钢筋的相互关系，确定各类结构钢筋正确合理的绑扎顺序。同时若发现施工图有错漏或不明确的地方，应及时与有关部门联系解决。

2. 核对成品钢筋

核对已加工好的成品钢筋的钢号、直径、形状、尺寸和数量等是否与料单料牌相符、与施工图相符。如有错漏，应纠正增补。

3. 准备绑扎料具

（1）绑扎材料准备：绑扎材料即绑扎用的铁丝，可采用20～22号铁丝，其中22号铁丝只用于绑扎直径12mm以下的钢筋。铁丝长度可参考表1-26的数值采用。因铁丝是成盘供应的，故习惯上是按每盘铁丝周长的几分之一来切断。

表 1-26　钢筋绑扎铁丝长度参考表　　　　　　　　　　　单位：mm

钢筋直径	3～5	6～8	10～12	14～16	18～20	22	25	28	32
3～5	120	130	150	170	190				
6～8		150	170	190	220	250	270	290	320
10～12			190	220	250	270	290	310	340
14～16				250	270	290	310	330	360
18～20					290	310	330	350	380
22						330	350	370	400

（2）绑扎工具准备：绑扎工具即钢筋钩、带扳口的小撬棍、绑扎架等。钢筋钩基本形式如图1-61、图1-62所示，常用直径为12～16mm、长度为160～200mm的光圆钢筋加工而成，根据工程需要还可以在其尾部加上套筒或小扳口。小撬棍主要作用是用来调整钢筋间距、矫直钢筋的局部弯曲和安放钢筋保护层垫块等，其形式如图1-63所示。

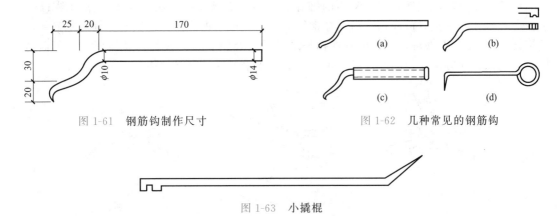

图 1-61　钢筋钩制作尺寸　　　　　　　　图 1-62　几种常见的钢筋钩

图 1-63　小撬棍

4. 准备控制混凝土保护层用的水泥砂浆垫块或塑料卡

（1）水泥砂浆垫块的厚度，应等于保护层厚度。垫块的平面尺寸：当保护层厚度等于或小于20mm时为30mm×30mm；当保护层厚度大于20mm时采用50mm×50mm。当在垂

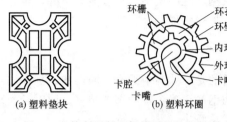

图 1-64 控制混凝土保护层用的塑料卡

直方向使用垫块时，可在垫块中埋入 20 号铁丝。

（2）塑料卡的形状有两种：塑料垫块和塑料环圈，见图 1-64。塑料垫块用于水平构件（如梁、板），在两个方向均有凹槽，以便适应两种保护层厚度。塑料环圈用于垂直构件（如柱、墙），使用时钢筋从卡嘴进入卡腔；由于塑料环圈有弹性，可使卡腔的大小能适应钢筋直径的变化。

5. 制定钢筋穿插就位的安装方案

对于绑扎形式复杂的主次梁交结处、柱子节点等结构部位时，应先研究钢筋逐排穿插就位的顺序，制定出钢筋穿插就位的安装方案，必要时可与编制模板支模方案一并综合考虑，模板安装与钢筋绑扎紧密配合、协调进行，以减少绑扎困难。

（二）钢筋绑扎安装程序

钢筋的一般安装程序为：标定钢筋安放位置→摆筋→穿箍→绑扎→安放钢筋保护层垫块。具体方法如下。

1. 标定钢筋安放位置

楼板的钢筋，在模板上划线；柱的箍筋，在两根对角线主筋上划点；剪力墙的水平筋，在竖向筋上划点；梁的箍筋，则在梁的上部纵筋上划点；基础的钢筋，在两向各取一根钢筋划点或在垫层上划线。

2. 摆筋

板类构件摆筋顺序一般先排主筋，后排负筋；梁类构件摆筋一般先排纵筋，后排箍筋。排放有焊接接头和绑扎接头的钢筋时，注意接头位置应符合规范规定。若有变截面的箍筋，应事先将箍筋顺序排列，然后安装纵向钢筋。

3. 穿箍

除设计有特殊要求外，箍筋应与梁和柱受力筋垂直设置。箍筋的接头（弯钩叠合处）应按设计规定有序错开间隔布置。

4. 绑扎

钢筋的交点须用铁丝扎牢。常用的绑扎方法为一面顺扣操作法，具体操作如图 1-65 所示。绑扎时先将铁丝对折成扣然后下穿钢筋交叉点，再用钢筋钩勾住铁丝并旋转钢筋钩，一般旋转 1.5～2.5 圈即可，伸出的铁丝扣长度应适中，便于少转快扎，既能绑牢又可提高工作效率。该绑扎方法操作简便，绑点牢靠，适用于钢筋网、钢筋架体各部位的绑扎。

图 1-65 钢筋一面顺扣绑扎法

5. 安放钢筋保护层垫块

水泥砂浆垫块必须有足够的强度来支顶钢筋网片或钢筋架体，碎裂的水泥砂浆垫块不能使用；垂直方向使用垫块，应把垫块绑在钢筋上；水泥砂浆垫块和塑料垫块的布点间距应以确保结构钢筋保护层厚度为原则。

（三）基础钢筋绑扎

（1）钢筋网的绑扎。四周两行钢筋交叉点应每点扎牢，中间部分的相交点可间隔交错扎牢，但必须保证受力钢筋不位移；双向均为受力筋的钢筋网，则须将全部钢筋相交点扎牢；绑扎时应注意相邻绑扎点的铁丝扣要布置成八字形，以免网片歪斜变形，如图 1-66 所示。

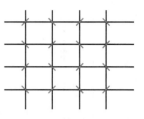

图 1-66　绑扎钢筋网片

（2）基础底板采用双层钢筋网时，在上层钢筋网下面应设置钢筋撑脚，以保证上排钢筋位置正确。

钢筋撑脚的形式与尺寸如图 1-67 所示，每隔 1m 放置一个。其直径选用：当板厚 h ≤300mm 时为 8～10mm；当板厚 h 为 300～500mm 时为 12～14mm；当板厚 h 为 500～1000mm 时为 16～18mm；当板厚 h＞1000mm 时为 22～25mm 或进行专项设计。

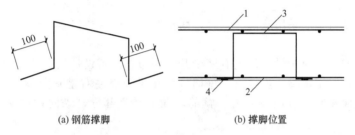

(a) 钢筋撑脚　　　　(b) 撑脚位置

图 1-67　钢筋撑脚

1—上层钢筋网；2—下层钢筋网；3—撑脚；4—水泥垫块

（3）下层钢筋网钢筋的弯钩应朝上，不要倒向一边；双层钢筋网的上层钢筋弯钩应朝下。

（4）独立柱基础板筋为双向受力弯曲，其基础板短边的钢筋应放在长边钢筋的上面。

（5）现浇柱、墙与基础连接用的插筋，锚入基础的长度必须满足规范要求，插筋位置一定要固定牢靠，以免造成柱轴线偏移。

（6）对较厚片筏的上部钢筋网片绑扎，可采用钢管临时支撑体系。在上部钢筋网片绑扎完毕后，用经过加固的高脚钢筋撑置换出钢管临时支撑。

（四）柱钢筋绑扎

（1）柱中的竖向钢筋搭接时，角部钢筋的弯钩应与模板成 45°（多边形柱为模板内角的平分角，圆形柱应与模板切线垂直），中间钢筋的弯钩应与模板成 90°。

（2）箍筋的接头应在柱四角顺序错开间隔布置。箍筋转角与纵向钢筋交叉点均必须绑扎牢固，而且绑扣相互间应成八字形。若无设计特别注明，箍筋平直部分与纵向钢筋交叉点可间隔扎牢。

（3）当设有拉筋时，拉筋应紧靠竖向钢筋并拉住箍筋，且绑扎牢固。

（4）当柱截面有变化时，其下层柱扩大部位的钢筋，若须延伸到上层，则必须在节点内按要求的比例收缩完成。

（5）框架梁、牛腿及柱帽等钢筋，应放在柱的纵向钢筋内侧。

（6）柱钢筋的绑扎，应在模板安装前进行。

（五）墙钢筋绑扎

（1）墙（包括水塔壁、烟囱筒身、池壁等）的垂直钢筋每段高度不宜超过 4m（钢筋直径≤12mm）或 6m（直径＞12mm），水平钢筋每段长度不宜超过 8m，以利绑扎。

（2）墙的水平钢筋与竖向钢筋相交点须全部扎牢，而且绑扣相互间应成八字形，钢筋的弯钩应朝向混凝土内。

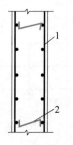

图 1-68　墙钢筋的撑铁
1—钢筋网；2—撑铁

（3）设有拉筋时，拉筋应紧靠竖向钢筋并拉住水平钢筋，且绑扎牢固。

（4）采用双层钢筋网时，在两层钢筋间应设置撑铁，以固定钢筋间距。撑铁可用直径 6～10mm 的钢筋制成，长度等于两层网片的净距（图 1-68），间距约为 1m，相互错开排列。

（5）墙钢筋的绑扎，应在模板安装前进行。

（六）板、梁钢筋绑扎

（1）板的钢筋网绑扎：四周两行钢筋交叉点应每点扎牢，中间部分的相交点可间隔交错扎牢，而且绑扣相互间应成八字形，但必须保证受力钢筋不位移，必要时应逐点绑扎。须注意板的上部受力筋，要防止被踩下；特别是雨篷、挑檐、阳台等悬臂板，要严格控制上部受力筋位置，以免拆模后断裂。

（2）梁纵向受力钢筋采用双层排列时，两排钢筋之间应垫以直径≥25mm 的短钢筋，以保持其设计距离。

（3）梁箍筋的接头应按设计规定有序错开间隔布置。若设计没有特别规定，箍筋接头可按一般要求布置：对于单梁、连续梁，箍筋接头在梁顶面左右错开间隔布置；对于悬挑梁，箍筋接头在梁底面左右错开间隔布置。箍筋转角、平直部分与纵向钢筋交叉点均必须绑扎牢固。

（4）当设有拉筋时，拉筋应紧靠纵向钢筋并拉住箍筋，且绑扎牢固。

（5）板、次梁与主梁交叉处，板的钢筋在上，次梁的钢筋居中，主梁的钢筋在下，如图 1-69 所示；当有圈梁或垫梁时，主梁的钢筋在上，如图 1-70 所示。

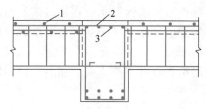

图 1-69　板、次梁与主梁交叉处钢筋
1—板的钢筋；2—次梁钢筋；3—主梁钢筋

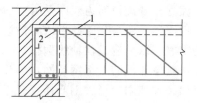

图 1-70　主梁与垫梁交叉处钢筋
1—主梁钢筋；2—垫梁钢筋

（6）框架节点处钢筋穿插十分稠密时，应特别注意梁顶面主筋间的净距要有 30mm，以利浇筑混凝土。

（7）梁钢筋的绑扎与模板安装之间的配合关系：当梁的高度较小时，梁的钢筋可架空在梁模上绑扎，然后再落位；梁的高度较大（≥1.0m）时，梁的钢筋宜在梁底模上绑扎，其两侧模或一侧模后装。

（8）板、梁钢筋绑扎时应防止水电管线将钢筋抬起或压下。

二、钢筋混凝土结构配筋基本构造

作为现场施工人员，不但要求能够正确识读施工图、按图施工，更应掌握基本的结构构造知识，唯有如此，才能保证结构的安全可靠。

（一）一般规定

1. 混凝土保护层

（1）混凝土结构的环境类别　混凝土保护层厚度与结构所处的环境类别有直接关系，环境类别的划分可按表 1-27 确定。

表 1-27　环境类别分类

环境类别	条件
一	室内干燥环境；无侵蚀性静水浸没环境
二 a	室内潮湿环境；非严寒和非寒冷地区的露天环境；非严寒和非寒冷地区与无侵蚀的水或土壤直接接触的环境；严寒和寒冷地区的冰冻线以下与无侵蚀的水或土壤直接接触的环境
二 b	干湿交替环境；水位频繁变动环境；严寒和寒冷地区的露天环境；严寒和寒冷地区的冰冻线以上与无侵蚀的水或土壤直接接触的环境
三 a	严寒和寒冷地区冬季水位变动区环境；受除冰盐影响环境；海风环境
三 b	盐渍土环境；受除冰盐作用环境；海岸环境
四	海水环境
五	受人为或自然的侵蚀性物质影响的环境

（2）混凝土保护层的最小厚度　混凝土保护层的最小厚度取决于构件的耐久性要求。最小厚度可按表 1-28 确定。

表 1-28　混凝土保护层最小厚度　　　　　　　　　单位：mm

环境类别	板、墙、壳	梁、柱、杆
一	15	20
二 a	20	25
二 b	25	35
三 a	30	40
三 b	40	50

注：1. 表中混凝土保护层厚度指最外层钢筋外边缘至混凝土表面的距离，适用于设计使用年限为 50 年的混凝土结构。

2. 构件中受力钢筋的保护层厚度不应小于钢筋的公称直径。

3. 设计使用年限为 100 年的混凝土结构，一类环境中，最外层钢筋的保护层厚度不应小于表中数值的 1.4 倍；二、三类环境中，应采取专门的有效措施。

4. 混凝土强度等级不大于 C25 时，表中保护层厚度数值应增加 5mm。

5. 基础底面钢筋的保护层厚度，有混凝土垫层时应从垫层顶面算起，且不应小于 40mm。

2. 钢筋锚固

（1）当计算中充分利用钢筋的抗拉强度时，普通受拉钢筋的基本锚固长度按公式 $l_{ab} = \alpha \dfrac{f_y}{f_t} d$ 计算；纵向受拉钢筋的抗震基本锚固长度 l_{abE}：对一、二级抗震等级为 $1.15 l_{ab}$，对三级抗震等级为 $1.05 l_{ab}$，对四级抗震等级为 l_{ab}。详见表 1-29。

（2）纵向受拉钢筋的锚固长度 $l_a = \zeta_a l_{ab}$，ζ_a 见表 1-30。且在任何情况下，纵向受拉钢筋的锚固长度 l_a 不应小于 200mm。纵向受拉钢筋的抗震锚固长度 l_{aE}：对一、二级抗震等级为 $1.15 l_a$，对三级抗震等级为 $1.05 l_a$，对四级抗震等级为 l_a。

表 1-29　受拉钢筋基本锚固长度 l_{ab}、l_{abE}　　　　　　单位：mm

钢筋种类	抗震等级	混凝土强度等级								
		C20	C25	C30	C35	C40	C45	C50	C55	≥C60
HPB300	一、二级(l_{abE})	45d	39d	35d	32d	29d	28d	26d	25d	24d
	三级(l_{abE})	41d	36d	32d	29d	26d	25d	24d	23d	22d
	四级(l_{abE}) 非抗震(l_{ab})	39d	34d	30d	28d	25d	24d	23d	22d	21d
HRB335 HRBF335	一、二级(l_{abE})	44d	38d	33d	31d	29d	26d	25d	24d	24d
	三级(l_{abE})	40d	35d	31d	28d	26d	24d	23d	22d	22d
	四级(l_{abE}) 非抗震(l_{ab})	38d	33d	29d	27d	25d	23d	22d	21d	21d
HRB400 HRBF400	一、二级(l_{abE})	—	46d	40d	37d	33d	32d	31d	30d	29d
	三级(l_{abE})	—	42d	37d	34d	30d	29d	28d	27d	26d
	四级(l_{abE}) 非抗震(l_{ab})	—	40d	35d	32d	29d	28d	27d	26d	25d
HRB500 HRBF500	一、二级(l_{abE})	—	55d	49d	45d	41d	39d	37d	36d	35d
	三级(l_{abE})	—	50d	45d	41d	38d	36d	34d	33d	32d
	四级(l_{abE}) 非抗震(l_{ab})	—	48d	43d	39d	36d	34d	32d	31d	30d

注：HPB300 钢筋为受拉时，其末端应做 180°弯钩，弯钩平直段长度不应小于 3d。当为受压时，可不做弯钩。

表 1-30　受拉钢筋锚固长度修正系数 ζ_a

锚固条件		ζ_a
带肋钢筋的公称直径大于 25mm		1.10
环氧树脂涂层带肋钢筋		1.25
施工过程中易受扰动的钢筋		1.10
锚固区保护层厚度	3d	0.80
	5d	0.70

注：中间时按内插值，d 为锚固钢筋直径。

（3）当计算充分利用纵向钢筋的抗压强度时，其锚固长度不应小于受拉钢筋锚固长度的 0.7 倍。

（4）在抗震设计中，箍筋的末端应做成 135°弯钩，弯钩端头平直段长度不应小于箍筋直径的 10 倍，且不小于 75mm；在纵向受力钢筋搭接长度范围内的箍筋，其直径不应小于搭接钢筋较大直径的 0.25 倍，其间距不应大于搭接钢筋较小直径的 5 倍，且不应大于 100mm。

3. 钢筋连接

钢筋连接方式，可分为绑扎搭接、焊接、机械连接等。由于钢筋通过连接接头传力的性能不如整根钢筋，因此设置钢筋连接原则为：钢筋接头宜设置在受力较小处，同一根钢筋上宜少设接头，同一构件中的纵向受力钢筋接头宜相互错开。

（1）接头使用规定

1）直径大于 12mm 以上的钢筋，应优先采用焊接接头或机械连接接头。

2）当受拉钢筋的直径大于 25mm 及受压钢筋的直径大于 28mm 时，不宜采用绑扎搭接接头。

3）轴心受拉及小偏心受拉杆件（如桁架和拱的拉杆）的纵向受力钢筋不得采用绑扎搭接接头。

4）直接承受动力荷载的结构构件中，其纵向受拉钢筋不得采用绑扎搭接接头。

（2）接头面积允许百分率

同一连接区段内，纵向钢筋接头面积百分率为该连接区段内有接头的纵向受力钢筋截面面积与全部纵向受力钢筋截面面积的比值。

1）钢筋绑扎搭接接头连接区段的长度为 $1.3l_1$（l_1 为搭接长度），凡搭接接头中点位于该连接区段长度内的搭接接头均属于同一连接区段，如图 1-71 所示。同一连接区段内，纵向受压钢筋搭接接头面积百分率，不宜大于 50%；纵向受拉钢筋搭接接头面积百分率应符合设计要求，当设计无具体要求时，应符合下列规定：

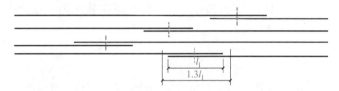

图 1-71　同一连接区段内的纵向受拉钢筋绑扎搭接接头

① 对梁、板类及墙类构件，不宜大于 25%。

② 对柱类构件，不宜大于 50%。

③ 当工程中确有必要增大接头面积百分率时，对梁类构件不应大于 50%；对其他构件，可根据实际情况放宽。

2）钢筋机械连接接头连接区段的长度为 35d（d 为纵向受力钢筋的较大直径）；钢筋焊接接头连接区段的长度为 35d（d 为纵向受力钢筋的较大直径），且不小于 500mm。同一连接区段内，纵向受力钢筋的接头面积百分率应符合设计要求；当设计无具体要求时，应符合下列规定：

① 受拉区不宜大于 50%；受压区不受限制。

② 在抗震要求中，纵向受力钢筋连接接头的位置宜避开梁端、柱端箍筋加密区；当无法避开时，应采用满足等强度要求的高质量机械连接接头，且钢筋接头面积百分率不应超过 50%。

③ 直接承受动力荷载的结构构件中，不宜采用焊接接头；当采用机械连接接头时，不应大于 50%。

（3）绑扎搭接接头长度

1）纵向受拉钢筋绑扎搭接接头的搭接长度应根据位于同一连接区段内的钢筋搭接接头面积百分率按下列公式计算：

$$l_l = \xi l_a$$

式中　l_a——纵向受拉钢筋的锚固长度；

ξ——纵向受拉钢筋搭接长度修正系数，按表 1-31 取用。

表 1-31 纵向受拉钢筋搭接长度修正系数

纵向钢筋搭接接头面积百分率/%	≤25	50	100
ξ	1.2	1.4	1.6

2）构件中的纵向受压钢筋，当采用搭接连接时，其受压搭接长度不应小于纵向受拉钢筋搭接长度的 0.7 倍，且在任何情况下不应小于 200mm。

3）采用搭接接头时，纵向受拉钢筋的抗震搭接长度 l_{lE}，应按下列公式计算：

$$l_{lE} = \xi l_{aE}$$

式中 l_{aE}——抗震时纵向受拉钢筋的锚固长度；

ξ——纵向受拉钢筋搭接长度修正系数，见表 1-31。

（4）在梁、柱类构件的纵向受力钢筋搭接长度范围内，应按设计要求配置箍筋。当设计无具体要求时，应符合下列规定：

① 箍筋直径不应小于搭接钢筋较大直径的 0.25 倍。

② 受拉搭接区段的箍筋间距不应大于搭接钢筋较小直径的 5 倍，且不应大于 100mm。

③ 受压搭接区段的箍筋的间距不应大于搭接钢筋较小直径的 10 倍，且不应大于 200mm。

④ 当柱中纵向受力钢筋直径大于 25mm 时，应在搭接接头两个端面外 100mm 范围内各设置两个箍筋，其间距宜为 50mm。

（二）梁

1. 受力钢筋

（1）梁纵向受力钢筋的直径：当梁高 $h \geq 300mm$ 时，不应小于 10mm；当梁高 $h < 300mm$ 时，不应小于 8mm。

二维码 1.6

（2）梁纵向受力钢筋水平方向的净间距（图 1-72）：对上部钢筋不应小于 30mm 和 $1.5d$（d 为钢筋的最大直径）；对下部钢筋不应小于 25mm 和 d。梁的下部纵向钢筋配置多于两层时，两层以上钢筋水平方向的中距应比下面两层的中距增大一倍。各层钢筋之间的净间距不应小于 25mm 和 d。

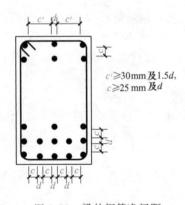

$c' \geq 30mm$ 和 $1.5d$,
$c \geq 25mm$ 及 d

图 1-72 梁的钢筋净间距

（3）简支梁和连续梁简支端的下部纵向受力钢筋伸入支座的锚固长度 l_{as} 应符合下列规定：当梁中混凝土能担负全部剪力时，$l_{as} \geq 5d$；当梁端剪力大于混凝土担负能力时，对带肋钢筋 $l_{as} \geq 12d$，对光圆钢筋 $l_{as} \geq 15d$。当下部纵向受力钢筋伸至梁端尚不足 l_{as} 时，应采取在钢筋上加焊锚固钢板或将钢筋焊接在梁端预埋件上等有效锚固措施。

（4）沿梁截面周边布置的受扭纵向钢筋的间距不应大于 200mm 和梁截面短边长度；除应在梁截面四角设置受扭纵向钢筋外，其余受扭纵向钢筋宜沿截面周边均匀对称布置。受扭钢筋应按受拉钢筋锚固在支座内。

（5）在非抗震结构中，框架梁纵向钢筋构造要求如图 1-73 所示。

（6）在悬臂梁中，应有不少于两根上部钢筋伸至悬臂梁外端，并向下弯折不小于 $12d$；其余钢筋不应在梁的上部截断，而应按规定的弯起点位置向下弯折，锚固在梁的下边。钢筋构造要求如图 1-74 所示。

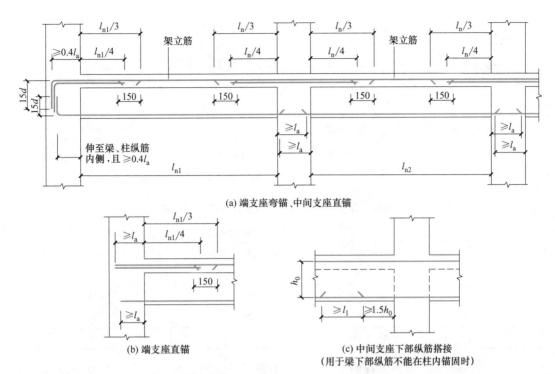

图 1-73　非抗震楼层框架梁纵向钢筋构造（注：l_n 取本跨与相邻跨的大值）

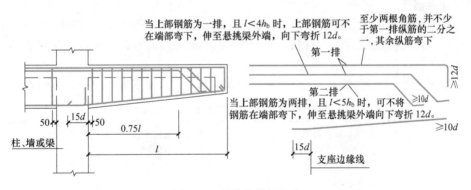

图 1-74　悬臂梁钢筋构造

（7）抗震结构中，框架梁纵向钢筋构造要求如图 1-75 所示。

2. 箍筋

（1）梁的箍筋设置：对梁高＞300mm，应沿梁全长设置；对梁高为 150～300mm，可仅在构件两端各 1/4 跨度范围内设置，但当在构件中部 1/2 跨度范围内有集中荷载作用时，则应沿梁全长设置；对梁高＜150mm，可不设置。

（2）梁中箍筋的直径：对梁高≤800mm，不宜小于 6mm；对梁高＞800mm，不宜小于 8mm。梁中配有计算需要的纵向受压钢筋时，箍筋直径还不应小于纵向受压钢筋最大直径的 0.25 倍。

（3）梁中箍筋的最大间距：宜符合表 1-32 的规定。当梁中配有按计算需要的纵向受压钢筋时，箍筋的间距不应大于 15d（d 为纵向受压钢筋的最小直径）；当一层内的纵向受压钢筋多于 5 根且直径大于 18mm 时，箍筋的间距不应大于 10d。

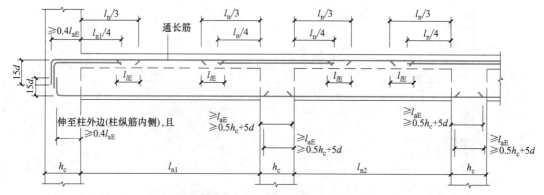

图 1-75 抗震（一至四级）楼层框架梁纵向钢筋构造（注：l_n 取本跨和相邻跨的大值）

表 1-32 梁中箍筋的最大间距

项次	梁高/mm	按计算配置箍筋/mm	按构造配置箍筋/mm
1	150～300	150	200
2	300～500	200	300
3	500～800	250	350
4	>800	300	400

（4）箍筋的形式与肢数：箍筋基本形式为双肢箍筋。当梁的宽度不大于 400mm 但一层内的纵向受压钢筋多于 4 根或梁的宽度大于 400mm，且一层内的纵向受压钢筋多于 3 根，应设置复合箍筋。

（5）抗扭箍筋应做成封闭式，且应沿截面周边布置；当采用复合箍筋时，位于截面内部的箍筋不应计入抗扭箍筋面积。抗扭箍筋的末端应做成 135°弯钩，弯钩端头平直段长度不应小于 $10d$。

（6）梁端箍筋的加密区长度、箍筋最大间距和箍筋最小直径应按表 1-33 采用。

表 1-33 梁端箍筋加密区的构造要求

抗震等级	箍筋加密区长度 （二者取大值）/mm	箍筋最大间距 （三者取最小值）/mm	箍筋最小直径/mm
一	$2h_b$、500	$6d$、$h_b/4$、100	10
二	1.5h_b、500	$8d$、$h_b/4$、100	8
三（四）		$8d$、$h_b/4$、150	8(6)

注：d 为纵向钢筋直径；h_b 为梁的高度。梁端纵向钢筋配筋率>2%时，箍筋最小直径增加 2mm。

（7）梁箍筋加密区长度内的箍筋肢距，对一级抗震等级，不宜大于 200mm 和 20 倍箍筋直径的较大值；对二、三级抗震等级，不宜大于 250mm 和 20 倍箍筋直径的较大值；对四级抗震等级，不宜大于 300mm。

（8）梁端设置的第一个箍筋应距框架节点边缘不大于 50mm；非加密区的箍筋间距不宜大于加密区间距的 2 倍。

（9）非抗震结构中，框架梁箍筋构造要求如图 1-76 所示。

（10）抗震结构中，一级抗震等级框架梁箍筋构造要求如图 1-77 所示。

（11）抗震结构中，二至四级抗震等级框架梁箍筋构造要求如图 1-78 所示。

3. 纵向构造钢筋

（1）梁中架立钢筋的直径：当梁的跨度小于 4m 时，不宜小于 8mm；当梁的跨度为 4～

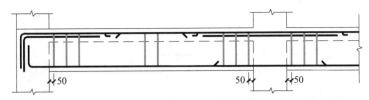

图 1-76　非抗震框架梁箍筋构造

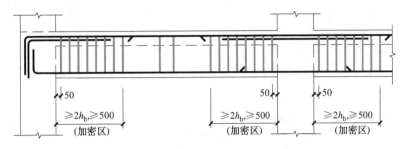

图 1-77　一级抗震等级框架梁箍筋构造

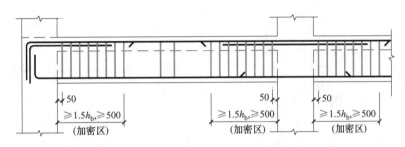

图 1-78　二至四级抗震等级框架梁箍筋构造

6m 时，不宜小于 10mm；当梁的跨度大于 6m 时，不宜小于 12mm。架立钢筋锚入支座长度 $\geq 12d$。

（2）当梁扣除翼缘厚度后截面高度 h_w 不小于 450mm 时，梁侧应沿高度配置纵向构造钢筋（腰筋）。构造钢筋每侧截面面积不应小于翼缘以下梁截面面积 bh_w 的 0.1%，且其间距不宜大于 200mm。构造钢筋锚入支座长度 $\geq 15d$。

（3）梁的两侧纵向构造钢筋宜用拉筋联系。拉筋直径一般与箍筋相同，其间距一般为箍筋间距的两倍。拉筋要求紧靠纵向钢筋并勾住箍筋。

4. 附加横向钢筋

在梁下部或截面高度范围内有集中荷载作用时，应在该处设置附加横向钢筋（吊筋、箍筋）承担。附加横向钢筋应布置在长度 s（$s = 2h_1 + 3b$）的范围内，附加箍筋及吊筋构造要求如图 1-79 所示。

（三）柱

1. 纵向受力钢筋

（1）柱中纵向受力钢筋的配置，应符合下列规定：

① 纵向受力钢筋的直径不宜小于 12mm，全部纵向钢筋的配筋率不宜大于 5%；圆柱中纵向钢筋宜沿周边均匀布置，根数不宜少于 8 根，且不应少于 6 根。

二维码 1.7　　二维码 1.8

② 柱中纵向受力钢筋的净间距不应小于 50mm；对水平浇筑的预制柱，其纵向钢筋的最小净间距可按梁的有关规定取用。

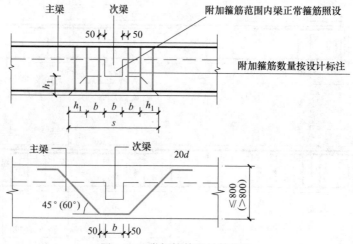

图 1-79 附加箍筋及吊筋构造

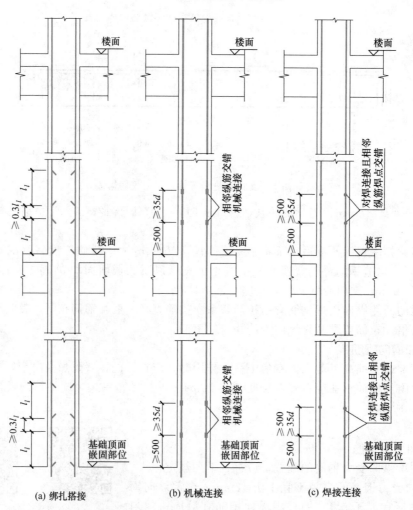

(a) 绑扎搭接   (b) 机械连接   (c) 焊接连接

图 1-80 非抗震框架柱纵向钢筋连接构造

注：1. 柱纵向钢筋连接接头相互错开。在同一截面内的钢筋接头面积百分率：对于绑扎搭接和机械连接不宜大于 50%；对于焊接连接不应大于 50%。

2. 框架柱纵向钢筋 $d>28$mm 时，不宜采用绑扎搭接接头。

③ 在偏心受压柱中，垂直于弯矩作用平面的侧面上的纵向受力钢筋以及轴心受压柱中各边的纵向受力钢筋，其中距不宜大于300mm。

④ 当偏心受压柱的截面高度 $h > 600mm$ 时，在柱的侧面上应设置直径为 $10 \sim 16mm$ 的纵向构造钢筋，并相应设置复合箍筋或拉筋。

（2）现浇柱中纵向钢筋的接头，应优先采用焊接或机械连接。接头宜设置在柱的弯矩较小区段。对于非抗震框架柱应符合图1-80构造要求。

（3）对于抗震框架柱应符合图1-81构造要求。

（4）顶层中柱纵向钢筋的锚固，应符合下列规定：

① 顶层中间节点的柱纵向钢筋及顶层端节点的内侧柱纵向钢筋可用直线方式锚入顶层节点，其自梁底标高算起的锚固长度不应小于 $l_a(l_{aE})$，且柱纵向钢筋必须伸至柱顶[图1-82（a）]。当顶层节点处梁截面高度不足时，柱纵向钢筋应伸至柱顶并向节点内水平弯折[图1-82（b）]；当柱顶有现浇板且板厚不小于100mm时，柱纵向钢筋也可向外弯折[图1-82（c）]，弯折后的水平投影长度不宜小于12d（d为纵向钢筋直径）。

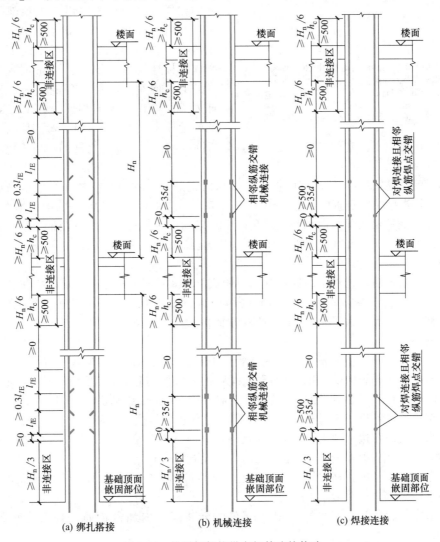

图 1-81　抗震框架柱纵向钢筋连接构造

② 框架顶层端节点处，可将柱外侧纵向钢筋的相应部分弯入梁内作梁上部纵向钢筋使

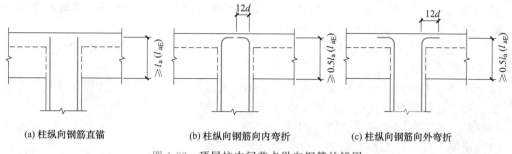

(a) 柱纵向钢筋直锚 　　(b) 柱纵向钢筋向内弯折 　　(c) 柱纵向钢筋向外弯折

图 1-82　顶层柱中间节点纵向钢筋的锚固

用。也可将梁上部纵向钢筋与柱外侧纵向钢筋在节点外侧及梁端顶部区域搭接 [图 1-83(a)]，

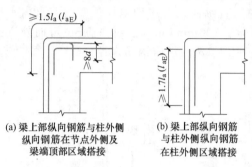

(a) 梁上部纵向钢筋与柱外侧纵向钢筋在节点外侧及梁端顶部区域搭接　　(b) 梁上部纵向钢筋与柱外侧纵向钢筋在柱外侧区域搭接

图 1-83　顶层端节点梁柱纵向钢筋的搭接

其搭接长度不应小于 $1.5l_a$（l_{aE}）；其中，伸入梁内的外侧纵向钢筋截面面积不宜小于外侧纵向钢筋全部截面面积的 65%。梁宽范围以外的柱外侧纵向钢筋宜沿节点顶部伸至柱内边，并向下弯折不小于 $8d$ 后截断；当柱纵向钢筋位于柱顶第二层时，可不向下弯折。当有现浇板且板厚不小于 100mm 时，梁宽范围以外的纵向钢筋可伸入现浇板内，其长度与伸入梁的柱纵向钢筋相同。当梁上部纵向钢筋的配筋率大于 1.2% 时，弯入梁内的柱外侧纵向钢筋应满足以上规定的搭接长度，且宜分两批截断，其截断点之间的距离不宜小于 $20d$（d 为梁上部纵向钢筋直径）。

③ 框架梁顶层端节点处，也可将梁上部纵向钢筋弯入柱内与柱外侧纵向钢筋搭接 [图 1-83(b)]，其搭接长度竖直段不应小于 $1.7l_a$（l_{aE}）。当梁上部纵向钢筋的配筋率大于 1.2% 时，弯入柱外侧的梁上部纵向钢筋应满足以上规定的搭接长度，且宜分两批截断，其截断点之间的距离不宜小于 $20d$（d 为梁上部纵向钢筋直径）。

2. 箍筋

（1）柱及其他受压构件中的周边箍筋应做成封闭式；对圆柱中的箍筋，搭接长度不应小于锚固长度 l_a，且末端应做成 135° 弯钩，弯钩末段平直段长度不应小于箍筋直径的 5 倍。

（2）箍筋间距不应大于 400mm 及构件截面的短边尺寸，且不应大于 $15d$（d 为纵向受力钢筋的最小直径）。

（3）箍筋直径不应小于 $d/4$，且不应小于 6mm（d 为纵向钢筋的最大直径）。

（4）当柱中全部纵向受力钢筋的配筋率大于 3% 时，箍筋直径不应小于 8mm，间距不应大于纵向受力钢筋最小直径的 10 倍；且不应大于 200mm；箍筋末端应做成 135° 弯钩且弯钩末端平直段长度不应小于箍筋直径的 10 倍；箍筋也可焊成封闭环式。

（5）当柱截面短边尺寸大于 400mm 且各边纵向钢筋多于 3 根时，或当柱截面短边尺寸不大于 400mm 但各边纵向钢筋多于 4 根时，应设置复合箍筋。

（6）在抗震设计中，框架柱与框支柱上、下两端箍筋应加密。加密区的箍筋最大间距和箍筋最小直径应符合表 1-34 的规定。

（7）框支柱和剪跨比≤2 的框架柱应在柱全高范围内加密箍筋，且箍筋间距不应大于 100mm。

（8）一级框架柱的箍筋直径大于 12mm 且箍筋肢距不大于 150mm 及二级框架柱的箍筋直径不小于 10mm 且肢距不大于 200mm 时，除柱根外，箍筋间距应允许采用 150mm；三

表 1-34　柱端箍筋加密区的构造要求

抗震等级	箍筋最大间距（两者取最小值）/mm	箍筋最小直径/mm
一	$6d$,100	10
二	$8d$,100	8
三	$8d$,150（柱根 100）	8
四	$8d$,150（柱根 100）	6（柱根 8）

注：底层柱的柱根系指地下室的顶面或无地下室情况的基础顶面；柱根加密区长度应取不小于该层柱净高的 1/3；当有刚性地面时，除柱端箍筋加密区外尚应在刚性地面上、下各 500mm 的高度范围内加密箍筋。d 为纵向钢筋直径。

级抗震等级框架柱的截面尺寸不大于 400mm 时，箍筋最小直径应允许采用 6mm；四级抗震等级框架柱剪跨比不大于 2 时，箍筋直径不应小于 8mm。

（9）抗震框架柱的箍筋加密区长度，应取柱截面长边尺寸（或圆形截面直径）、柱净高的 1/6 和 500mm 中的最大值。一、二级抗震等级的角柱应沿柱全高加密箍筋。

（10）柱箍加密区内的箍筋肢距：一级抗震等级不宜大于 200mm；二、三级抗震等级不宜大于 250mm 和 20 倍箍筋直径中的较大值；四级抗震等级不宜大于 300mm。此外，每隔一根纵向钢筋宜在两个方向有箍筋或拉筋约束；当采用拉筋时，拉筋宜紧靠纵向钢筋并勾住封闭箍筋。

（11）抗震框架柱在箍筋加密区外，箍筋的体积配筋率不宜小于加密区配筋率的 1/2；对一、二级抗震等级，箍筋间距不应大于 10d；对三、四级抗震等级，箍筋间距不应大于 15d（d 为纵向钢筋直径）。

（12）框架柱箍筋构造要求如图 1-84 所示。

（四）剪力墙

（1）钢筋混凝土剪力墙水平及竖向分布钢筋的直径不应小于 8mm，间距不应大于 300mm。

（2）厚度大于 160mm 的剪力墙应配置双排分布钢筋网；结构中重要部位的剪力墙，当其厚度不大于 160mm 时，也宜配置双排分布钢筋网。双排分布钢筋网应沿墙的两个侧面布置，且应采用拉筋连系；拉筋直径不宜小于 6mm，间距不宜大于 600mm。

（3）剪力墙水平分布钢筋的搭接长度不应小于 1.2l_a（或 1.2l_{aE}）。同排水平分布钢筋的搭接接头之间以及上、下相邻水平分布钢筋的搭接接头之间沿水平方向的净间距不宜小于 500mm。

（4）剪力墙水平分布钢筋应伸至墙端，并向内水平弯折 10d 后截断（d 为水平分布钢筋直径）。当剪力墙端部有翼墙或转角墙时，内墙两侧的水平分布钢筋和外墙内侧的水平分布钢筋应伸至翼墙或转角墙外边，并分别向两侧水平弯折 15d 后截断。在转角墙处，外墙外侧的水平分布钢筋应在墙端外角处弯入翼墙，并与翼墙外侧水平分布钢筋搭接。带边框的剪力墙，其水平和竖向分布钢筋宜分别贯穿柱、梁或锚固在柱、梁内。

（5）剪力墙墙肢两端的竖向受力钢筋不宜少于 4Φ12 的钢筋或 2Φ16 的钢筋；沿该竖向钢筋方向宜配置直径不小于 6mm、间距为 250mm 的拉筋。

（6）剪力墙洞口上、下两边的水平纵向钢筋截面面积分别不宜小于洞口截断的水平分布钢筋总面积的 1/2。纵向钢筋自洞口边伸入墙内的长度不应小于受拉钢筋的锚固长度。剪力墙洞口连梁应沿全长配置箍筋。箍筋直径不宜小于 6mm，间距不宜大于 150mm。在顶层洞口连梁纵向钢筋伸入墙内的锚固长度范围内，应设置相同的箍筋。门窗洞边的竖向钢筋应按受拉钢筋锚固在顶层连梁高度范围内。

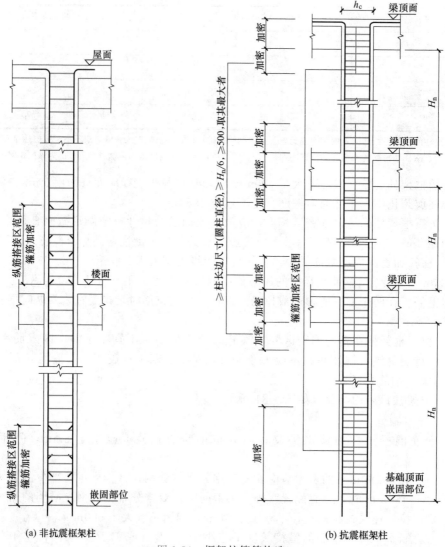

(a) 非抗震框架柱   (b) 抗震框架柱

图 1-84　框架柱箍筋构造

（7）钢筋混凝土剪力墙的水平和竖向分布钢筋的配筋率不应小于 0.2%。结构中重要部位的剪力墙，其水平和竖向分布钢筋的配筋率宜适当提高。剪力墙中温度、收缩应力较大的部位，水平分布钢筋的配筋率可适当提高。

（8）在抗震设计中，对于剪力墙有如下规定：

① 一、二、三级抗震等级的剪力墙的水平和竖向分布钢筋配筋率均不应小于 0.25%；四级抗震等级剪力墙不应小于 0.2%，分布钢筋间距不应大于 300mm；其直径不应小于 8mm；部分框支剪力墙结构的剪力墙加强部位，水平和竖向分布钢筋配筋率不应小于 0.3%，钢筋间距不应大于 200mm。

② 剪力墙厚度大于 140mm 时，其竖向和水平分布钢筋应采用双排钢筋；双排分布钢筋间拉筋的间距不应大于 600mm，且直径不应小于 6mm。在底部加强部位、边缘构件以外的墙体中，拉筋间距应适当加密。

（9）剪力墙身竖向钢筋构造要求如图 1-85 所示。

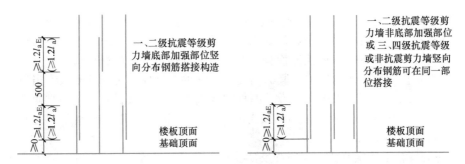

图 1-85　剪力墙身竖向钢筋构造

三、钢筋工程质量检查验收

钢筋工程在《混凝土结构工程施工质量验收规范》（GB 50204—2015）中称为钢筋分项工程，是普通钢筋进场检验、钢筋加工、钢筋连接、钢筋安装等一系列技术工作和完成实体的总称。钢筋分项工程的质量检验分主控项目、一般项目，按规定的检查方法进行验收。钢筋分项工程的质量验收应在所含检验批验收合格的基础上进行，所含的检验批可根据施工工序和验收的需要确定。检验批合格质量应符合下列规定：

（1）主控项目的质量经抽样检验合格。

（2）一般项目的质量经抽样检验合格；当采用计数检验时，除有专门要求外，一般项目的合格点率应达到 80% 及以上，且不得有严重缺陷。

（3）应具有完整质量检验记录，重要工序应具有完整的施工操作记录。

（一）钢筋分项工程质量检查验收一般规定

（1）当钢筋的牌号、级别或规格需作变更时，应办理设计变更文件。

说明：在施工过程中，当施工单位缺乏设计所要求的钢筋牌号、级别或规格时，可进行钢筋代换。为了保证对设计意图的理解不产生偏差，规定当需要作钢筋代换时应办理设计变更文件，以确保满足原结构设计的要求。

（2）在浇筑混凝土之前，应进行钢筋隐蔽工程验收，其内容包括：

① 纵向受力钢筋的牌号、规格、数量、位置等。

② 钢筋的连接方式、接头位置、接头数量、接头面积百分率、搭接长度、锚固长度和锚固方式等。

③ 箍筋、横向钢筋的品种、规格、数量、间距、位置、箍筋弯钩的弯折角度及平直段长度等。

④ 预埋件的规格、数量、位置等。

说明：钢筋隐蔽工程反映钢筋分项工程施工的综合质量，在浇混凝土之前验收是为了确保受力钢筋等的加工、连接和安装满足设计要求，并在结构中发挥其应有的作用。

（二）原材料质量检查验收

1. 主控项目

（1）钢筋进场时，应按国家现行相关标准的规定抽取试件作力学性能、弯曲性能和重量偏差等检验，检验结果必须符合有关标准的规定。

检查数量：按进场的批次和产品的抽样检验方案确定。

检验方法：检查产品合格证、出厂检验报告和进场复验报告。

说明：钢筋对混凝土结构构件的承载力至关重要，对其质量应从严要求。普通钢筋应符合现行国家标准《钢筋混凝土用钢　第 2 部分：热轧带肋钢筋》（GB/T 1499.2—2018）、《钢筋混凝土用钢　第 1 部分：热轧光圆钢筋》（GB/T 1499.1—2017）和《钢筋混凝土用余热处理钢筋》（GB 13014—2013）的要求。钢筋进场时，应检查产品合格证和出厂检验报告，并按规定进行抽样检验：每批抽取 5 个试件，先进行重量偏差检验，再取其中 2 个试件进行力学性能检验、另 2 个试件进行弯曲性能检验。本条为强制性条文，应严格执行。

（2）对有抗震设防要求的结构，其纵向受力钢筋的强度应满足设计要求；当设计无具体要求时，对一、二、三级抗震等级，设计的框架和斜撑构件（含梯段）中的纵向受力钢筋应采用 HRB400E、HRB500E、HRBF400E 或 HRBF500E 钢筋，其强度和最大力下总伸长率的实测值应符合下列规定：

① 钢筋的抗拉强度实测值与屈服强度实测值的比值不应小于 1.25。

② 钢筋的屈服强度实测值与屈服强度标准值的比值不应大于 1.3。

③ 钢筋的最大力下总伸长率不应小于 9％。

检查数量：按进场的批次和产品抽样检验方案确定。

检验方法：检查进场复验报告。

说明：根据现行国家标准《混凝土结构设计规范》（2015 年版）（GB 50010—2010）、《建筑抗震设计规范》（2016 年版）（GB 50011—2010）的规定，本条提出了针对部分框架、斜撑构件（含梯段）中的纵向受力钢筋强度、伸长率的规定，其目的是保证重要结构构件的抗震性能。本条第①款中抗拉强度实测值与屈服强度实测值的比值工程中习惯称为"强屈比"，第②款中屈服强度实测值与屈服强度标准值的比值工程中习惯称为"超强比"或"超屈比"，第③款中最大力下总伸长率习惯称为"均匀伸长率"。本条中的框架包括各类混凝土结构中的框架梁、框架柱、框支梁、框支柱及板柱-抗震墙的柱等，其抗震等级应根据国家现行相关标准有设计确定；斜撑构件包括伸臂桁架的斜撑、楼梯的梯段等，相关标准中未对斜撑构件规定抗震等级，所有斜撑构件均应满足本条规定。牌号带"E"的钢筋是专门为满足本条性能要求生产的钢筋，其表面轧有专用标志。本条为强制性条文，应严格执行。

（3）当发现钢筋脆断、焊接性能不良或力学性能显著不正常等现象时，应对该批钢筋进行化学成分检验或其他专项检验。

检验方法：检查化学成分等专项检验报告。

说明：在钢筋分项工程施工过程中，若发现钢筋性能异常，应立即停止使用，并对同批钢筋进行专项检验。

2. 一般项目

钢筋应平直、无损伤，表面不得有裂纹、油污、颗粒状或片状老锈。

检查数量：进场时和使用前全数检查。

检验方法：观察。

（三）钢筋加工质量检查验收

1. 主控项目

（1）受力钢筋的弯钩和弯折应符合下列规定：

① HPB300 级钢筋末端应作 180°弯钩，其弯弧内直径不应小于钢筋直径的 2.5 倍，弯钩的弯后平直部分长度不应小于钢筋直径的 3 倍。

② 当设计要求钢筋末端需作 135°弯钩时，HRB335 级、HRB400 级钢筋的弯弧内直径不应小于钢筋直径的 4 倍，弯钩的弯后平直部分长度应符合设计要求。

③ 钢筋作不大于 90°的弯折时，弯折处的弯弧内直径不应小于钢筋直径的 5 倍。

检查数量：按每工作班同一类型钢筋、同一加工设备抽查不应少于 3 件。

检验方法：钢尺检查。

（2）除焊接封闭式箍筋外，箍筋的末端应作弯钩，弯钩形式应符合设计要求；当设计无具体要求时，应符合下列规定：

① 箍筋弯钩的弯弧内直径除应满足上述规定外，尚应不小于受力钢筋直径。

② 箍筋弯钩的弯折角度：对一般结构，不应小于 90°；对有抗震等要求的结构，应为 135°。

③ 箍筋弯后平直部分长度：对一般结构，不应小于箍筋直径的 5 倍；对有抗震等要求的结构，不应小于箍筋直径的 10 倍。

检查数量：按每工作班同一类型钢筋、同一加工设备抽查不应少于 3 件。

检验方法：钢尺检查。

说明：（1）（2）对各种级别普通钢筋弯钩、弯折和箍筋的弯弧内直径、弯折角度、弯后平直部分长度分别提出了要求。受力钢筋弯钩、弯折的形状和尺寸，对于保证钢筋与混凝土协同受力非常重要。根据构件受力性能的不同要求，合理配置箍筋有利于保证混凝土构件的承载力，特别是对配筋率较高的柱、受扭的梁和有抗震设防要求的结构构件更为重要。

（3）钢筋调直后应进行力学性能和重量偏差的检验，其强度应符合有关标准的规定。盘卷钢筋和直条钢筋调直后的断后伸长率、重量负偏差应符合表 1-35 的规定。采用无延伸功能的机械设备调直的钢筋，可不进行本条规定的检验。

表 1-35　盘卷钢筋和直条钢筋调直后的断后伸长率、重量负偏差要求

钢筋牌号	断后伸长率 A/%	重量负偏差/%		
		直径 6～12mm	直径 14～16mm	直径 18～50mm
HPB300	≥21	≤10	—	—
HRB335、HRBF335	≥16			
HRB400、HRBF400	≥15	≤8	≤6	≤5
RRB400	≥13			
HRB500、HRBF500	≥14			

注：1. 断后伸长率 A 的量测标距为 5 倍钢筋公称直径。

2. 重量负偏差（%）按公式 $(W_0-W_d)/W_0 \times 100$ 计算，其中 W_0 为钢筋理论重量（kg/m），W_d 为调直后钢筋的实际重量（kg/m）。

3. 对直径为 28～40mm 的带肋钢筋，表中断后伸长率可降低 1%；对直径大于 40mm 的带肋钢筋，表中断后伸长率可降低 2%。

检查数量：同一厂家、同一牌号、同一规格调直钢筋，重量不大于 30t 为一批；每批见证取 3 件试件。

检验方法：3 个试件先进行重量偏差检验，再取其中 2 个试件经时效处理后进行力学性能检验。检验重量偏差时，试件切口应平滑且与长度方向垂直，且长度不应小于 500mm，长度和重量的量测精度分别不应低于 1mm 和 1g。

2. 一般项目

（1）钢筋宜采用无延伸功能的机械设备进行调直，也可采用冷拉方法调直。当采用冷拉方法调直钢筋时，HPB300 光圆钢筋的冷拉率不宜大于 4%，HRB335、HRB400、HRB500、HRBF335、HRBF400、HRBF500 及 RRB400 带肋钢筋的冷拉率不宜大于 1%。

检查数量：按每工作班同一类型钢筋、同一加工设备抽查不应少于 3 件。

检验方法：观察、钢尺检查。

（2）钢筋加工的形状、尺寸应符合设计要求，其偏差应符合表 1-27 的规定。

检查数量：按每工作班同一类型钢筋、同一加工设备抽查不应少于 3 件。

检验方法：钢尺检查。

（四）钢筋连接质量检查验收

1. 主控项目

（1）钢筋的连接方式应符合设计要求。

检查数量：全数检查。

检验方法：观察。

说明：本条提出了钢筋连接方式的基本要求，这是保证钢筋应力传递及结构构件的受力性能所必需的。目前，钢筋的连接方式已有多种，应按设计要求采用。

（2）在施工现场，应按国家现行标准的规定抽取钢筋机械连接接头、焊接接头试件作力学性能检验，其质量应符合有关规程的规定，接头试件应从工程实体中截取。

检查数量：按有关规程确定。

检验方法：检查产品合格证、接头力学性能试验报告。

说明：近年来，钢筋机械连接和焊接的技术发展较快，国家现行标准《钢筋机械连接技术规程》（JGJ 107—2016）、《钢筋焊接及验收规程》（JGJ 18—2012）对其应用、质量验收等都有明确的规定，验收时应遵照执行。

（3）钢筋采用机械连接时，螺纹接头应检验拧紧扭矩值，压接头应量测压痕直径，检验结果应符合现行行业标准《钢筋机械连接技术规程》（JGJ 107—2016）的相关规定。

检查数量：按现行行业标准《钢筋机械连接技术规程》（JGJ 107—2016）的规定确定。

检验方法：采用专用扭力扳手或专用量规检查。

2. 一般项目

（1）钢筋的接头宜设置在受力较小处。同一纵向受力钢筋不宜设置两个或两个以上接头。

钢筋接头的位置应符合设计和施工方案要求。有抗震设防要求的结构中，梁端、柱端箍筋加密区范围内不应进行钢筋搭接。接头末端至钢筋弯起点的距离不应小于钢筋直径的10倍。

检查数量：全数检查。

检验方法：观察，钢尺检查。

（2）在施工现场，应按国家现行标准《钢筋机械连接技术规程》（JGJ 107—2016）、《钢筋焊接及验收规程》（JGJ 18—2012）的规定对钢筋机械连接接头、焊接接头的外观进行检查，其质量应符合有关规程的规定。

检查数量：全数检查。

检验方法：观察，钢尺检查。

（3）当受力钢筋采用机械连接接头或焊接接头时，设置在同一构件内的接头宜相互错开。

纵向受力钢筋机械连接接头及焊接接头连接区段的长度为 $35d$（d 为纵向受力钢筋的较小直径）且不小于 500mm，凡接头中点位于该连接区段长度内的接头均属于同一连接区段。同一连接区段内，纵向受力钢筋机械连接及焊接的接头面积百分率为该区段内有接头的纵向受力钢筋截面面积与全部纵向受力钢筋截面面积的比值。

同一连接区段内，纵向受力钢筋的接头面积百分率应符合设计要求；当设计无具体要求时，应符合下列规定：

① 受拉接头，不宜大于50%；受压接头，可不受限制。

② 直接承受动力荷载的结构构件中，不宜采用焊接接头；当采用机械连接接头时，不应大于50%。

检查数量：在同一检验批内，对梁、柱和独立基础，应抽查构件数量的10%，且不应少于 3 件；对墙和板，应按有代表性的自然间抽查 10% 且不应少于 3 间；对大空间结构，墙可按相邻轴线间高度 5m 左右划分检查面，板可按纵横轴线划分检查面，抽查 10%，且均不应少于 3 面。

检验方法：观察，钢尺检查。

（4）同一构件中相邻纵向受力钢筋的绑扎搭接接头宜相互错开。绑扎搭接接头中钢筋的横向净距不应小于钢筋直径，且不应小于 25mm。

钢筋绑扎搭接接头连接区段的长度为 $1.3l_l$（l_l 为搭接长度），凡搭接接头中点位于该连接区段长度内的搭接接头均属于同一连接区段。同一连接区段内，纵向钢筋搭接接头面积百分率为该区段内有搭接接头的纵向受力钢筋截面面积与全部纵向受力钢筋截面面积的比值，如图 1-72 所示。

同一连接区段内，纵向受拉钢筋搭接接头面积百分率应符合设计要求；当设计无具体要求时，应符合下列规定：

① 对梁类、板类及墙类构件，不宜大于 25%；基础筏板，不宜大于 50%。

② 对柱类构件，不宜大于 50%。

③ 当工程中确有必要增大接头面积百分率时，对梁类构件，不应大于 50%；对其他构件，可根据实际情况放宽。

纵向受力钢筋绑扎搭接接头的最小搭接长度应符合本单元中的规定。

检查数量：在同一检验批内，对梁、柱和独立基础，应抽查构件数量的 10%，且不应少于 3 件；对墙和板，应按有代表性的自然间抽查 10%，且不应少于 3 间；对大空间结构，墙可按相邻轴线间高度 5m 左右划分检查面，板可按纵、横轴线划分检查面，抽查 10%，且均不应少于 3 面。

检验方法：观察，钢尺检查

（5）在梁、柱类构件的纵向受力钢筋搭接长度范围内，应按设计要求配置箍筋。当设计无具体要求时，应符合下列规定：

① 箍筋直径不应小于搭接钢筋较大直径的 0.25 倍。

② 受拉搭接区段的箍筋间距不应大于搭接钢筋较小直径的 5 倍，且不应大于 100mm。

③ 受压搭接区段的箍筋间距不应大于搭接钢筋较小直径的 10 倍，且不应大于 200mm。

④ 当柱中纵向受力钢筋直径大于 25mm 时，应在搭接接头两个端面外 100mm 范围内各设置两个箍筋，其间距宜为 50mm。

检查数量：在同一检验批内，应抽查构件数量的 10%，且不应少于 3 件。

检验方法：钢尺检查。

（五）钢筋安装质量检查验收

1. 主控项目

（1）钢筋安装时，受力钢筋的牌号、规格和数量必须符合设计要求。

检查数量：全数检查。

检验方法：观察，钢尺检查。

说明：受力钢筋的牌号、规格和数量对结构构件的受力性能有重要影响，必须符合设计要求。本条为强制性条文，应严格执行。

（2）钢筋应安装牢固。受力钢筋的安装位置、锚固方式应符合设计要求。

检查数量：全数检查。

检验方法：观察，钢尺检查。

2. 一般项目

钢筋安装位置的偏差应符合表 1-36 的规定。

表 1-36　钢筋安装位置的允许偏差和检验方法

项目		允许偏差/mm	检验方法
绑扎钢筋网	长、宽	±10	钢尺检查
	网眼尺寸	±20	钢尺量连续三档,取最大值
绑扎钢筋骨架	长	±10	钢尺检查
	宽、高	±5	钢尺检查
纵向受力钢筋	间距	±10	钢尺量两端、中间各一点,取最大值
	排距	±5	
	保护层厚度　基础	±10	钢尺检查
	保护层厚度　柱、梁	±5	钢尺检查
	保护层厚度　板、墙、壳	±3	钢尺检查
绑扎箍筋、横向钢筋间距		±20	钢尺量连接三档,取最大值
钢筋弯起点位置		20	钢尺检查
预埋件	中心线位置	5	钢尺检查
	水平高差	+3,0	钢尺和塞尺检查

注: 1. 检查预埋件中心线位置时,应沿纵、横两个方向量测,并取其中的较大值。

2. 表中梁类、板类构件上部纵向受力钢筋保护层厚度的合格点率应达到 90% 及以上,且不得有超过表中数值 1.5 倍的尺寸偏差。

3. 纵向受力钢筋的锚固长度不得少于设计长度 20mm。

检查数量:在同一检验批内,对梁、柱和独立基础,应抽查构件数量的 10%,且不应少于 3 件;对墙和板,应按有代表性的自然间抽查 10%,且不应少于 3 间;对大空间结构,墙可按相邻轴线间高度 5m 左右划分检查面,板可按纵、横轴线划分检查面,抽查 10%,且均不应少于 3 面。

表 1-37　钢筋工程原材料、钢筋加工检验批质量验收记录

工程名称			子分部工程名称		验收部位	
施工单位					项目经理	
施工执行标准名称及编号					专业工长	
质量验收规范的规定			检查方法和数量	施工单位检查评定记录		监理(建设)单位验收记录
原材料						
主控项目	钢筋合格证、出厂检验报告			全数检查		
	力学性能检验	质量符合有关标准规定		按进场批次和产品抽样检验方案确定		
	抗震设防结构纵向受力钢筋强度	满足设计要求				
		无设计要求的一、二、三级抗震设防	$f_t^0 : f_y^0 \not< 1.25$			
			$A_{gt} \not< 9\%$			
			$f_y^0 : f_{yk} \not> 1.3$			
	有脆断、焊接性能不良、力学性能显著不正常的,作化学成分或专项检验			检查化学成分等专项检查报告		

续表

一般项目	外观质量	平直、无损伤、表面不得有裂纹、油污、颗粒状或片状老锈				进场时或使用前全数检查	
施工班组长				专业质检员		监理工程师（员）	

钢筋加工

主控项目	1	受力钢筋弯钩弯折	HPB300	$\alpha=180°$ $r\not<2.5d$ $l\not<3d$			用钢尺检查，按每工作班同一类型的钢筋同一加工设备抽查，不应少于3件	
			HRB335 HRB400	若设计末端做135°弯钩 $r\not<4d,l$ 按设计				
			当 $\alpha\not>90°$	$r\not<5d$				
	2	箍筋末端弯钩	设计要求	符合设计要求				
			设计无要求	$r\not<d$ 并满足"钢筋加工"第1项				
				抗震设防	$\alpha=135°$ $r\not<10d_1$			
				一般结构	$\alpha\not<90°$ $r\not<5d_1$			
	3	盘卷钢筋和直条钢筋钢筋调直检查	钢筋牌号	断后伸长率	重量负偏差/%			3个试件先进行重量偏差检验，再取其中2个试件经时效处理后进行力学性能检验。同一厂家、同一牌号、同一规格调直钢筋，重量不大于30t为一批；每批见证取3件试件
					直径6～12mm	直径14～20mm	直径22～50mm	
			HPB300	$A\geqslant21\%$	≤10	—	—	
			HRB335、HRBF335	$A\geqslant16\%$	≤8	≤6	≤5	
			HRB400、HRBF400	$A\geqslant15\%$				
			RRB400	$A\geqslant13\%$				
			HRB500、HRBF500	$A\geqslant14\%$				
一般项目	1	调直冷拉率	HPB300	$\not>4\%$			用钢尺检查，按每工作班同一类型的钢筋、同一加工设备抽查，不应少于3件	
			HRB335、HRBF335 HRB400、HRBF400 HRB500、HRBF500 RRB400	$\not>1\%$				
	2	加工偏差	受力钢筋长	±10mm				
	3		弯起钢筋弯起位置	±20mm				
	4		箍筋内径尺寸	±5mm				
施工班组长				专业质检员		监理工程师（员）	

注：1. 表中字母含义：α—弯曲角；r—弯弧内径；l—弯后平直长度，d—纵向受力钢筋直径；d_1—箍筋直径；f_t^0—钢筋抗拉强度实测值；f_y^0—钢筋屈服强度实测值；f_{yk}—钢筋屈服强度标准值；A_{gt}—最大力总伸长率；A—断后伸长率。

2. 若主控项目3采用无延伸功能的机械设备调直的钢筋，可不进行调直后检验。

表 1-38　钢筋工程钢筋连接检验批质量验收记录

质量验收规范的规定				检查方法和数量	施工单位检查评定记录	监理(建设)单位验收记录
主控项目	1	受力筋连接方式	符合设计要求	观察方法全数检查		
	2	机械连接及焊接接头力学性能检验	质量符合有关规程的规定	检查产品合格证及按 JGJ 107、JGJ 18 规程所作力学性能试验报告		
一般项目	1	钢筋接头	位置应符合设计和施工方案要求	以观察、钢尺方法全数检查		
			同一受力筋不适宜设两个及以上接头			
			接头末端距钢筋弯起点≮10d			
	2	机械连接或焊接接头	外观质量检查	按 JGJ 107、JGJ 18 规程观察方法全数检查		
			在同一构件内错开设置	同一检验批梁、柱、独立基础,应抽查构件数量的10%,且不少于 3 件;墙、板应按有代表性自然间抽查10%,且不少于3间;对大空间结构,墙可按相邻轴线高度5m左右划分检查面,板可按纵、横轴线划分检查面,且均不少于3面		
		同一连接区段内受力接头面积率 设计要求	符合设计要求			
		设计无要求	受拉区≯50%			
			抗震设防的框架梁端、柱端的箍筋加密区不应进行钢筋搭接			
			直接承受动载,不宜焊接,采用机械接头时≯50%			
	3	搭接接头	在同一构件内错开设置			
		同一连接区段内受力接头面积率 设计要求	符合设计要求			
		设计无要求	梁、板、墙≯25%			
			柱≯50%,基础线板≯50%			
			确有必要增多接头的,梁≯50%,其他酌情放宽			
	4	梁、柱受力钢筋搭接范围内箍筋配置 设计要求	符合设计要求			
		设计无要求	d_1≮搭接筋较大直径 0.25 倍			
			S≯搭接筋较小直径 5 倍且≯100mm			
			S'≯搭接筋较小直径 10 倍且≯200mm			
			柱 d>25mm 时,在搭接接头两端面外 100mm 范围各设 2 箍筋,箍筋距 50mm			
施工班组长				专业质检员		监理工程师(员)

注：1. 表中字母含义：d—纵向受力钢筋直径；d_1—箍筋直径；S—受拉搭接区箍筋间距；S'—受压搭接区箍筋间距。

2. 连接区段的图示见表 1-39 图一、图二。

3. 接头面积率：同一连接区段内,有接头的纵向受力钢筋截面面积与全部纵向受力钢筋截面面积的比例。

表 1-39 **钢筋工程钢筋安装检验批质量验收记录**

质量验收规范的规定			检查方法	施工单位检查评定记录	监理(建设)单位验收记录
主控项目	钢筋牌号、规格、数量	符合设计要求/mm	观察、钢尺全数检查		
一般项目 钢筋安装位置现浇结构尺寸允许偏差/mm	绑扎钢筋网 长、宽	±10	钢尺检查		
	绑扎钢筋网 网眼尺寸	±20	钢尺量连续三档,取最大值		
	绑扎箍筋、横向钢筋间距	±20			
	绑扎钢筋骨架 长	±10	钢尺检查		
	绑扎钢筋骨架 宽、高	±5			
	纵向受力钢筋 锚固长度	−20	钢尺检查		
	纵向受力钢筋 间距	±10	钢尺量两端、中间各一点,取最大值		
	纵向受力钢筋 排距	±5			
	保护层厚度 基础	±10	钢尺检查		
	保护层厚度 柱、梁	±5			
	保护层厚度 板、墙、壳	3			
	钢筋弯起点位置	20			
	预埋件 中心线位置	5	钢尺和塞尺检查		
	预埋件 水平高差	+3,0			
	墙柱拉结筋	应符合设计要求			
施工班组长			专业质检员	监理工程师(员)	

施工单位检查评定结果	项目专业质量检查员: 年 月 日	监理(建设)单位验收结论	监理工程师: (建设单位项目专业技术负责人) 年 月 日

注:1. 钢筋安装一般项目的检查数量:同一检验批,梁、柱、独立基础,应抽查构件数量的 10%,且不应少于 3 件;墙、板应按有代表性自然间抽查 10%,且不应少于 3 间;对大空间结构,墙按可相邻轴线高度 5m 左右划分检查面,板可按纵、横轴线划分检查面,抽查 10%,且均不应少于 3 面。

2. 检查预埋件中心线位置时,应沿纵、横两个方向量测,取大值。

3. 表中梁类、板类构件上部纵向受力钢筋保护层厚度的合格点率应达到 90% 及以上,且不得有超过表中数值 1.5 倍的尺寸偏差。

4. 表中允许偏差的实测数据填入"施工单位检查评定记录"栏,在允许值内的数值填光身数字,如 5 等;超出允许值的数值打上圈,如 ⑤ 等。

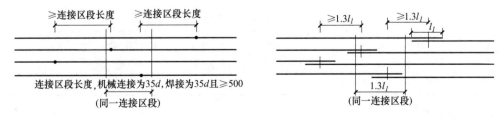

图一 机械连接或焊接接头连接区段示意图   图二 绑扎接头连接区段示意图

（六）钢筋分项工程质量检验实务

根据钢筋分项工程上述质量检验的相关规定，施工单位和项目监理机构应使用表 1-37《钢筋工程原材料、钢筋加工检验批质量验收记录》、表 1-38《钢筋工程钢筋连接检验批质量验收记录》、表 1-39《钢筋工程钢筋安装检验批质量验收记录》，对钢筋原材料、钢筋加工、钢筋连接、钢筋安装进行检查监控，若发现错误应当及时纠正。

小结

本单元介绍了钢筋的材料性能、平法施工图识读基础知识；主要介绍了钢筋制作加工工艺、钢筋的连接方法、钢筋的配料计算等相关知识和要求；重点介绍了钢筋绑扎安装的方法、结构构件配筋的基本构造要求；突出介绍了钢筋分项工程质量检验的规范规定和运用相关表格对钢筋原材料、钢筋加工、钢筋连接、钢筋安装进行检查验收的具体实务。

能力训练

一、思考题

1. 热轧钢筋质量控制包括哪些内容？钢筋如何划分批次？如何判断进场的钢筋质量是否合格？

2. 钢筋闪光对焊工艺有几种？如何选用？

3. 钢筋闪光对焊接头质量检查包括哪些内容？

4. 钢筋电弧焊接头有哪几种形式？如何选用？质量检查内容有哪些？

5. 怎样计算钢筋下料长度及编制钢筋配料单？

6. 简述钢筋加工工序和绑扎、安装要求。

7. 钢筋工程检查验收包括哪几方面？应注意哪些问题？

8. 钢筋代换的原则是什么？如何代换？

9. 框架梁在边支座弯锚时长度为 $0.45l_{aE}+15d$，可否通过增加直锚长度来代替弯钩长度？

10. 梁集中标注的内容有哪五项必注值及一项选注值？梁原位标注有哪些规定？

11. 柱列表注写方式包括哪些内容？柱截面注写方式包括哪些内容？

12. 柱的钢筋焊接部位一定要箍筋加密吗？柱钢筋在绑扎部位是否箍筋加密？

13. 剪力墙由哪几类构件组成？

14. 四级抗震剪力墙，墙身竖向分布钢筋采用搭接，搭接长度是多少？

二、习题

1. 某楼盖框架梁抗震等级为二级，梁的平法配筋图如图 1-86 所示。已知混凝土强度等级为 C30，环境类别为一类。试计算每根钢筋长度，编制钢筋配料单，并进行钢筋划线。

2. 某框架柱的平法施工图采用列表注写方式表示。已知某柱的列表注写如表 1-40 所示，试按列表注写的内容画出该柱截面配筋图，并标出柱的截面尺寸。

表 1-40　某柱的列表注写

柱号	截面尺寸 ($b×h$)/mm	角筋	b 边一侧 中部筋	h 边一侧 中部筋	箍筋 类型号	箍筋
KZ1	500×600	4Φ20	3Φ20	2Φ18	1(3×4)	Φ8@100/200

三、实训项目

由指导教师带队安排学生到一个正在进行钢筋工程施工的建设项目，现场讲解钢筋工程钢筋从原材料

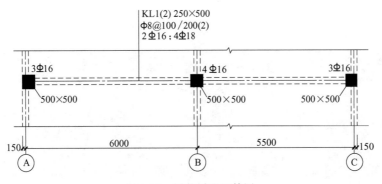

图 1-86　梁的平法配筋图

验收到加工、安装的相关知识和要求，指导学生应用表 1-37《钢筋工程原材料、钢筋加工检验批质量验收记录》、表 1-38《钢筋工程钢筋连接检验批质量验收记录》、表 1-39《钢筋工程钢筋安装检验批质量验收记录》，对钢筋原材料、钢筋加工、钢筋连接、钢筋安装进行检查验收。

学训单元二

模板工程安装

02

知识目标

- 了解现浇混凝土结构施工中模板工程的组成、类型及其特点
- 掌握现浇混凝土结构施工中各种结构构件模板安装、拆除施工的工艺及要求
- 掌握模板工程的质量验收标准及检测方法

能力目标

- 能解释模板工程安装的施工要求
- 能处理模板安装施工中遇到的问题
- 能应用相关检查工具对模板工程安装质量进行现场检查
- 能应用相关检查表格对模板工程安装质量进行检查验收

  模板是按设计要求塑造混凝土结构形状和尺寸的模具。模板必须有一定的承载能力和稳定性，此外模板的尺寸还必须精确，确保成型的混凝土结构有准确的形状、位置和尺寸。模板工程安装是钢筋混凝土结构工程施工中一项重要的工种工程，模板工程的安装质量，直接影响混凝土结构的施工质量。在现浇混凝土结构的施工过程中，模板工程约占混凝土结构工程总造价的 20％～30％、占劳动量的 30％～40％、占工期的 50％左右，决定着施工方法和施工机械的选择，直接影响工期和造价。因此，控制好模板工程安装的施工过程，对于提高工程质量、加快施工速度、提高劳动生产率、降低工程成本和实现安全文明施工，具有十分重要的意义。

任务一 ▶ 模板工程概述

  随着现浇混凝土结构在我国建筑领域的广泛应用，模板技术不断发展。目前现浇混凝土结构的模板工程，常用的模板材料除传统的木模板外，还有钢模板、木（竹）胶合板模板、塑料模板、玻璃钢模板等；模板安装工艺除常用的散支散拆之外，还有组合式、工具式和永久式等。无论采用何种材料和安装工艺，模板工程安装时都应遵守共通性的一般规定，本任务将概述模板工程的作用、分类、要求及安装的一般规定，并介绍几种常用模板的质量

要求。

一、模板的分类和安装要求

模板工程系统包括模板和支架两大部分，此外还有适量的紧固连接件。

狭义的模板一般指模型板或面板，是直接接触新浇混凝土的承力板，是使混凝土构件按所要求的几何尺寸成型的模型板。支架是支撑模板及作用在模板上荷载的承力杆件结构，包括：大楞（也称主楞）、小楞（也称次楞）、立柱（也称立杆）、连接件、斜撑、剪刀撑和水平拉杆等构件。

（一）模板及其支架的分类

（1）按面板（模型板）所用的材料不同可分为：木模板、钢模板、钢木模板、钢竹模板、竹（木）胶合板模板、塑料模板、玻璃钢模板、铝合金模板、预应力混凝土模板等。

（2）按结构构件的类型不同可分为：基础模板、柱模板、墙模板、梁模板、楼板模板、壳模板和筒体模板等。

（3）按形式及施工工艺不同可分为：组合式模板（如木模板、胶合板模板、组合钢模板）、工具模板（如大模板、滑模、爬模等）和永久性模板等。

（4）按模板规格型式不同可分为：定型模板（即定型组合模板，如小钢模）和非定型模板。

（5）模板支架，按其使用材料不同可分为：木支架、扣件式钢管支架、碗扣式钢管支架、框式（门式）钢管支架、格构式型钢支架等。

（二）模板及其支架的安装要求

（1）有足够的承载力、刚度和稳定性，能可靠地承受浇筑混凝土的重力、侧压力以及施工荷载。

（2）要保证工程结构和构件各部位形状尺寸以及相互位置的正确。

（3）构造简单，装拆方便。

（4）便于后续工序的开展，满足钢筋的绑扎与安装、混凝土的浇筑与养护等后续工序的施工工艺要求。

（5）接（拼）缝严密，不得漏浆，以保证混凝土施工质量。

（6）经济节约，有利于降低工程造价。

二、模板安装一般规定

（一）施工准备

（1）模板工程选型：根据工程结构特点、工程体量大小、现场施工场地、施工机具设备、模板及其支架材料供应等条件，进行综合比较，选定适宜的模板及支架材料与结构体系。

（2）施工顺序选择：根据混凝土结构体量大小（单层面积、长度、是否设缝）以及模板工程施工队组、周转材料准备等情况确定是否分段流水施工，如需要流水施工，确定各个流水段的施工顺序。

（3）同一流水段模板安装顺序一般为：柱模板、墙模板→梁模板→楼板模板、楼梯模板。

（4）模板工程专项施工方案编制：制定模板工程专项施工方案指导现场施工，模板工程专项施工方案需按规定由相关技术管理人员审批，如属于高大模板工程，还需要按有关规定组织专家审查；模板工程专项施工方案中应有模板设计计算书，对主要结构构件的模板体系，必须进行强度和稳定性验算以确保混凝土浇筑施工质量和施工安全；此外还应有模板安装及拆除的工艺过程、技术安全措施等指导施工作业的内容。

（5）技术交底：进行技术交底，确保施工作业人员熟悉模板工程专项施工方案并按照方案施工。

（6）备料：根据模板工程专项施工方案，结合流水段的划分与材料损耗等因素，综合考虑，确定模板、支架及连接紧固件的数量，组织材料进场并按规定进行检验；备齐操作所需的一切安全防护设施和器具。

（7）测量放线：按照设计图纸放出建筑纵横向轴线和各个构件模板安装的控制边线，弹好墨线，测量放出标高控制 500 线，定好标高控制点并做好标记，校核无误。

（8）模板按照要求涂刷脱模剂，并按指定的位置分类、分尺寸堆放整齐。

（9）为提高模板周转、安装效率，可事先按工程轴线位置、构件类型、尺寸将模板编号，以便定位循环使用；拆除后的模板按编号整理、堆放。

（二）模板安装

模板安装的质量直接影响混凝土成型的质量，因此在模板安装过程中必须注意下列事项。

（1）控制轴线位置。为确保现浇混凝土构件相互位置和几何尺寸的准确，模板必须按已经弹好的轴线或模板安装控制线就位。

（2）控制竖向构件模板垂直度。安装柱、墙等竖向构件的模板时，必须严格控制竖向构件模板垂直度；模板安装就位时，应吊线控制每一块模板垂直度，确认无误后，方可固定模板；模板拼装配合时，现场施工人员逐一检查模板垂直度，确保垂直度不超过规范允许的偏差。

（3）控制横向构件模板标高。安装梁底模、楼板底模支架前复核测量标高控制点，根据层高及板厚，在柱、墙周边弹出梁、楼板的底标高线，安装模板时按标高线严格控制。

（4）控制模板的变形

① 模板、楞木、夹木、螺栓、顶撑、斜撑设置合理，确保模板安装牢固不发生变形。

② 模板及其支架安装完成后，应拉水平、竖向通线，以便于浇筑混凝土时观察模板是否发生变形。

③ 混凝土浇筑前认真检查螺栓、顶撑及斜撑是否松动。

（5）模板及其支架在安装过程中，必须设置防倾覆的有效临时固定设施。

（6）模板的拼缝、接头。模板拼缝、接头处如果密封不严，在浇筑混凝土时会漏浆从而形成露石、蜂窝等缺陷，可用海绵密封条或粘贴封口胶堵塞，如果模板拼缝、接头处发生错位、变形，必须及时修整。

（7）洞口模板。在大的洞口模板（如剪力墙上留设的窗台模板）下口中间可留置排气孔，以防混凝土浇筑时产生窝气，造成混凝土浇筑不密实或出现空洞。

（8）留设清扫口。柱模板清扫口留设在柱模底部，楼梯模板清扫口留设在平台梁下口，杂物清理干净后，应将清扫口牢固封闭。

（9）起拱。为防止浇筑混凝土的荷载造成大跨度梁、板下垂变形，跨度大于 4m 的梁、板的底模应起拱，如设计无要求时，起拱高度宜为全跨长度的 (1～3)/1000。

（10）柱、墙等竖向构件模板合模前与钢筋、水、电安装等工种协调配合，确认各个工种所要求的作业全部完成后方可合模。

（11）模板工程安装完成后，混凝土浇筑施工前，进行模板工程检查验收。

（12）混凝土浇筑施工时，需安排专人专职检查模板及其支架，发现问题及时解决。

（三）模板拆除

混凝土达到要求的强度后，方可拆除模板及其支架；拆除作业时不得猛锤硬撬以免损伤混凝土或损坏模板。模板拆除的具体要求在本单元任务四详述。

三、常用模板构件及其质量要求

(一) 模板

目前在现浇混凝土结构施工中常用的模板（面板）材料有：木模板、定型组合钢模板、胶合板模板，均颁布有相应的质量标准。

1. 木模板

由于我国幅员辽阔，自然条件差异大，木材树种比较多，各地木材质量差异较大，为确保工程质量，《建筑施工模板安全技术规范》（JGJ 162—2008）规定：模板结构或构件的树种应根据各地区实际情况选择质量好的材料，不得使用有腐朽、霉变、虫蛀、折裂、枯节的木材；不得采用有脆性、严重扭曲和受潮后容易变形的木材。木材材质标准应符合现行国家标准《木结构设计标准》（GB 50005—2017）的规定。材质不宜低于Ⅲ等材，木材含水率应符合下列规定：①制作的原木、枋木结构，不应大于 25%；②板材和规格材，不应大于 20%；③受拉构件的连接板，不应大于 18%；④连接件，不应大于 15%。

木模板进场检验一般采用目测法观察检验，必要时对木材强度进行测试验证。

2. 定型组合钢模板

《组合钢模板技术规范》（GB/T 50214—2013）规定了组合钢模板的制作和检验标准，对组合钢模板的制造材料、制作、检验、标志与包装具体标准以及抽样检验与判定合格的标准等各个方面作出了比较详细的规定。

组合钢模板进场时应检查其产品合格证，观察检验外观质量，量测尺寸偏差，核对产品上的标志；如对产品质量有争议时，可按照规范规定的标准及检验方法进行复验。

3. 胶合板模板

《混凝土模板用胶合板》（GB/T 17656—2018）规定了对胶合板模板的要求，包括六个方面：尺寸和公差、板的结构、树种、胶黏剂、等级与允许缺陷、物理力学性能，并明确了试验方法、抽样检验规则以及标志、标签、包装、运输和贮存要求。

胶合板模板进场时应检查进场胶合板出厂合格证和检测报告来确认其技术性能必须符合质量标准，并且目测观察检验其外观质量，用钢卷尺或楔形塞尺等工具按规范给出的方法量测其尺寸误差。

(二) 支架

模板的支架多使用木材和钢材。近年来，一方面为了节约木材、保护环境，另一方面，为了增强支架承载力与稳定性，确保施工安全，不提倡使用木支架。《建筑施工模板安全技术规范》（JGJ 162—2008）规定：对模板的支架材料宜优先选用钢材。而直接支撑面板的楞梁既可采用木楞也可采用钢楞。

1. 木立柱

一般采用剥皮（或不剥皮）杉（松）木杆，要求梢径不得小于 80mm，材质不得有蛀眼、松脆等现象。材料进场时目测、尺量检验。

2. 楞木

楞木，一般为长度 1～2m 的枋木。楞木直接支撑面板，承受面板传来的施工荷载，应采用Ⅰ或Ⅱ等松木、杉木。材质标准应符合《木结构设计标准》（GB 50005—2017）中的有关规定。材料进场时目测、尺量检验。

3. 钢管

立柱钢管应符合现行国家标准《直缝电焊钢管》（GB/T 13793—2016）或《低压流体输送用焊接钢管》（GB/T 3091—2015）中规定的 Q235 普通钢管的要求，并应符合现行国家标准《碳素结构钢》（GB/T 700—2006）中 Q235A 级钢的规定。

钢管进场时观察检验外观质量，表面应平直光滑，有严重锈蚀、弯曲、压扁及裂纹的钢管不得使用。

新钢管要有出厂合格证。脚手架施工前必须将入场钢管取样，送有资质的试验单位进行钢管抗弯、抗拉等力学试验，试验结果满足设计要求后，方可在施工中使用。

（三）紧固连接件

1. 扣件

扣件应符合现行国家标准《钢管脚手架扣件》（GB 15831—2006）的要求，由有扣件生产许可证的生产厂家提供，不得有裂纹、气孔、缩松、砂眼等锻造缺陷。扣件的规格应与钢管相匹配，贴合面应平整，活动部位灵活，夹紧钢管时开口处最小距离不小于 5mm。钢管螺栓拧紧力矩达 70N·m 时不得破坏。如使用旧扣件时，扣件必须取样送有资质的试验单位，进行扣件抗滑力等试验，试验结果满足设计要求后方可在施工中使用。

扣件为杆件的连接件。有可锻铸铁铸造扣件和钢板压制扣件两种。扣件的基本形式有三种，如图 2-1(a)、(b)、(c) 和图 2-2 所示。

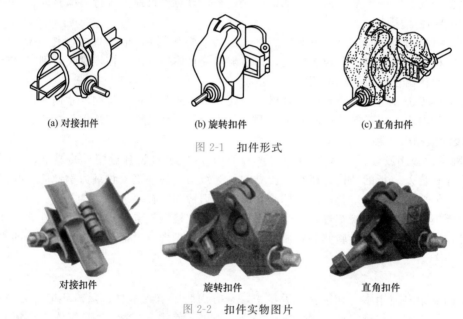

(a) 对接扣件　　　　　(b) 旋转扣件　　　　　(c) 直角扣件

图 2-1　扣件形式

对接扣件　　　　　旋转扣件　　　　　直角扣件

图 2-2　扣件实物图片

对接扣件：对接扣件用于两根钢管的对接连接；

旋转扣件：用于两根钢管呈任意角度交叉的连接；

直角扣件：用于两根钢管呈垂直交叉的连接。

2. 螺栓

连接用的普通螺栓应符合现行国家标准《六角头螺栓 C 级》（GB/T 5780—2016）和《六角头螺栓》（GB/T 5782—2016）的规定。其机械性能还应符合现行国家标准《紧固件机械性能 螺栓、螺钉和螺柱》（GB/T 3098.1—2010）的规定。

任务二 ▶ 木模板和胶合板模板

木模板是传统的模板材料，用原木锯裁成板条组拼而成。近年来，为了保护森林，节约木材，也由于现浇混凝土结构建筑层数增加，建筑开间、进深尺寸增大，促进了各种新型模板材料的研发，胶合板模板就是其中的一种。混凝土模板用的胶合板有木胶合模板和竹胶合模板两种。近年来，随着我国人工林种植面积增加，木材原料由以天然林为主向以人工林为主转变。人工种植速生木材已成为我国胶合板生产用材的主要资源。随着木胶合板模板的胶合性能和表面覆膜处理等技术的不断进步，这种模板已成为应用最广泛，使用量最多的模板型式。

一、木模板的基本构件

木模板及其支架系统一般在加工厂或现场木工棚制成基本组件（拼板），然后按照混凝土构件尺寸在现场拼装。如图 2-3 所示为模板基本组件拼板的构造。

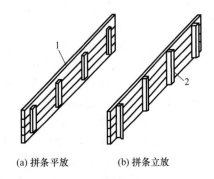

拼板由板条用拼条钉成，板条为木板，厚度一般为 25～50mm，宽度一般不超过 200mm（工具式模板不超过 150mm），以保证在干缩时缝隙均匀，浇水后易于密缝，受潮后不易翘曲，梁底的拼板由于承受较大的荷载要加厚至 40～50mm。拼板的拼条为不同尺寸的木楞，根据受力情况可以平放也可以立放，拼条的间距取决于新浇筑混凝土的侧压力大小和板条厚度，一般为 400～500mm。

(a) 拼条平放　(b) 拼条立放

图 2-3　拼板的构造
1—拼板；2—拼条

木模板安装就是以木模板的基本组件——拼板为面板，辅以支撑件和紧固件，安装固定面板，确保所浇筑的混凝土结构和构件按照设计所要求的几何尺寸成型。

二、胶合板模板的特性和优点

（一）胶合板模板的特性

1. 木胶合模板

常用木胶合模板通常由 5、7、9、11 层等奇数层单板经热压固化而胶合成形。相邻层的纹理方向相互垂直，通常最外层表板的纹理方向和胶合板板面的长向平行，如图 2-4 所示，因此，整张胶合板的长向为强方向，短向为弱方向，使用时必须加以注意。

图 2-4　木胶合板
（纹理方向与使用方式）
1—表板；2—芯板

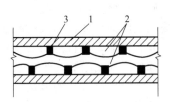

图 2-5　竹胶合板断面示意
1—竹席或薄木片面板；2—竹帘芯板；3—胶黏剂

2. 竹胶合模板

我国竹材资源丰富，且竹材具有生长快、生产周期短（一般 2～3 年成材）的特点。另外，一般竹材顺纹抗拉强度为 18N/mm²，约为松木顺级抗拉强度的 2.5 倍，红松顺级抗拉强度的 1.5 倍；横纹抗压强度为 6～8N/mm²，约为杉木横纹抗压强度的 1.5 倍，红松横纹抗压强度的 2.5 倍；静弯曲强度为 15～16N/mm²。因此，竹胶合板具有收缩率小、膨胀率和吸水率低，以及承载能力大的特点。

混凝土模板用竹胶合板，其面板与芯板所用材料既有不同，又有相同。不同的是芯板将竹子劈成竹条（称竹帘单板），宽 14～17mm，厚 3～5mm，在软化池中进行高温软化处理后，作烤青、烤黄、去竹衣及干燥等进一步处理。竹帘的编织可用人工或编织机编织。面板通常为编席单板，做法是竹子劈成篾片，由编工编成竹席，这种板材表面平整度较差，且胶黏剂用量较多。表面板还可采用薄木胶合板，这样既可利用竹材资源，又可兼有木胶合板的表面平整度。

竹胶合板断面构造，如图 2-5 所示。为了提高竹胶合板的耐水性、耐磨性和耐碱性，经试验证明，竹胶合板表面进行环氧树脂涂面的耐碱性较好，进行瓷釉涂料涂面的综合效果最佳。

（二）胶合板模板的优点

胶合板用作混凝土模板具有以下优点：

（1）板幅大，自重轻，板面平整。既可减少安装工作量，节省现场人工费用，又可减少混凝土外露表面的接缝，降低外露表面装饰及磨去接缝的费用。

（2）承载能力大。

（3）经表面处理后耐磨性好，能多次重复使用。

（4）材质轻，规格统一，模板的运输、堆放、使用和管理都较为方便。

（5）保温性能好，能防止温度变化过快，冬期施工有助于混凝土的保温。

（6）锯裁方便，便于按工程的需要弯曲成型，易加工成各种形状的模板。

因此，目前在全国各地大中城市的现浇混凝土结构施工中，胶合板模板得到普遍应用。

（三）胶合板模板配板

胶合板模板具有面积大，材质轻，可现场锯裁等优点，因此可现场根据混凝土结构构件的尺寸加工，故拼接较少，但由于板幅限制，仍需进行模板配制。

1. 配板要求

配模时应考虑模板能够周转灵活、拆装方便。能整张使用的尽量整张使用，锯裁时要合理规划用料，尽量减少锯裁，避免胶合板浪费。配制好的模板应在反面编号并写明规格，分别堆放保管，以免错用。

2. 配板方法

（1）按设计图纸尺寸直接配制模板。形体简单的结构构件，可根据结构施工图纸直接按尺寸列出模板规格和数量进行配制。

（2）采用放大样方法配制模板。形体复杂的结构构件，如楼梯、圆形水池等，可在平整的地坪上，按施工图的尺寸画出结构构件的实样，量出各部分模板的准确尺寸，同时确定模板及其安装的节点构造，进行模板的制作。

（3）用计算方法配制模板。形体复杂不易采用放大样方法，但有一定几何形体规律的构件，可用计算方法结合放大样的方法，进行模板的配制。

（4）采用结构表面展开法配制模板。一些由各种不同形体组成的复杂体型结构构件，如设备基础，其模板的配制，可先画出模板平面图和展开图，再进行配模设计和模板制作。

（四）胶合板模板使用注意事项

（1）胶合板常用规格为 1830mm×915mm×18mm，安装时其内、外楞的间距，应根据荷载的大小，通过设计计算进行调整。

（2）钉子长度应为胶合板厚度的 1.5～2.5 倍，每块胶合板与木楞相叠处至少钉 2 个钉子；第二块板的钉子要转向第一块模板方向斜钉，使拼缝严密。

（3）胶合板板面尽量不钻孔洞，遇有预留孔洞，可用普通木板拼补。

（4）模板拆除时，严禁抛扔，以免损伤板面处理层。

（5）脱模后应及时清洗板面浮浆，堆放整齐。

三、木模板和胶合板模板体系

面板材料确定后，支架体系根据结构、构件特点选择；次楞、主楞、支架立柱的间距，通过设计计算确定。具体的构造要求和设计计算方法将在后面的相应单元中详细介绍。

木模板或胶合板模板体系，目前常采用的支架体系为：次楞采用枋木，主楞采用枋木或钢管，采用木立柱或扣件式钢管支架、碗扣式钢管支架、框式（门式）钢管支架。

四、常见构件模板的构造和安装

不管是采用木模板还是胶合板模板，基础、柱、墙、梁、楼板、楼梯等结构构件模板的特点和构成基本一致，安装的一般工序及要点大同小异。

（一）基础模板

（1）基础的特点是高度不大而体积较大，一般上下分级且各级尺寸不同。如土质良好，阶梯形的最下一级可不用模板而进行原槽浇筑。

（2）基础模板包括各步阶的侧模和支撑，如图2-6、图2-7所示。

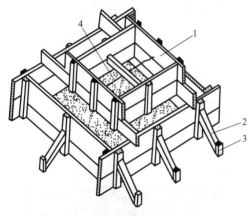

图 2-6 阶梯形基础模板
1—拼板；2—斜撑；3—木桩；4—铁丝

图 2-7 基础施工图片

（3）基础模板安装的一般工序：

平整基底至设计标高→施工混凝土垫层（如果设计有混凝土垫层时）→放出基础的轴线→弹出模板安装边线→按边线安装最下一步阶基础侧模板→定位后用斜撑固定好侧模板→安装上一步阶基础侧模板。

（4）采用木模板时侧模采用拼板支设，采用胶合板模板时侧模采用胶合板，一般各步阶侧模按步阶高度下料、基础梁侧模板按梁高度下料。

（5）安装时应保证上、下各步阶模板位置不发生相对位移，最下层步阶侧模一般用斜撑与木桩直接支撑在地基或基槽（坑），上一步阶侧模用轿杠布置在下一步阶侧模上口，或者在侧模上下用枋木或钢管锁口并固定，使其成为一个整体支撑体系，从而有效抵挡混凝土浇筑时的侧压力。

（6）带有地基梁的条形基础，梁轿杠布置在基础侧模上口，用斜撑、吊木将梁侧模吊在轿杠上。有杯口的基础，轿杠布置在基础侧模上口，用斜撑、吊木将杯口侧模吊在轿杠上。

（二）柱模板

（1）柱子是竖向构件，其特点是断面尺寸不大但比较高，安装施工时必须注意保证柱模板的竖向稳定和垂直度。

（2）柱模板由四面侧模及其支撑体系（柱箍、对拉螺栓、斜撑）构成。使用木模板时，四面侧模是由两块内拼板夹在两块外拼板之内组成（注意：柱模的内拼板宽度与该方向柱截面尺寸相同，外拼板宽度为该方向柱截面尺寸加两倍内拼板厚度），柱模顶部根据需要开有与梁模板连接的缺口，如图 2-8 所示。

（3）柱模板安装的一般工序：

放出柱的轴线→弹出柱模板安装边线→设置定位基准（根据边线和模板厚度钉柱脚边框，边框应牢固固定在基层上）→第一块模板安装就位→安装斜向支撑→邻侧第二块模板安装就位→连接两块模板并安装第二块模板斜向支撑→安装第三、四块模板及斜向支撑→调直纠偏→安装柱箍→全面检查校正→柱模整体固定→清除柱模内杂物、封闭清扫口。

（4）为承受混凝土的侧压力和保持模板形状，木模板拼板外面要设柱箍，胶合板模板外设竖楞，竖楞外设柱箍，如图 2-9 所示。竖楞一般选用木枋，柱箍可选用木枋、钢筋箍、钢管等材料，另相应设置对拉螺栓。柱箍具体间距、对拉螺栓规格型号及间距应根据计算确定，以确保浇筑混凝土施工时不会发生胀模变形，同时还应兼顾经济性和实用性；由于浇筑混凝土时，柱子底部混凝土侧压力较大，柱箍可以上疏下密；最下一道柱箍距基层一般不大于 300mm。

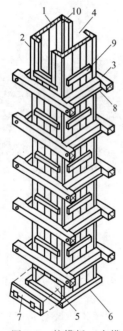

图 2-8 柱模板（木模板）

1—内拼板；2—外拼板；3—柱箍；4—梁缺口；
5—清理孔；6—木框；7—盖板；8—对拉螺栓；
9—拼条；10—三角木条

图 2-9 柱模板（胶合模板）

（5）如果柱模不设清扫口，则必须在模板安装前将柱底冲洗干净，不得有浮浆及残渣。

（6）柱模板的具体安装方法：

在楼地面上放出柱轴线，用墨斗弹出柱边线或底框，从柱边线向外量取一个面板厚度，钉好柱脚边框，先安装一侧柱模板，模板安装后临时斜向支顶，校正垂直度后，再安装相邻侧柱模板，校正垂直度后可斜向顶紧，然后再安装第三、四块侧模板，必要时，两相邻柱子间可用剪刀撑撑牢。斜撑与地面倾角宜为 45°～60°。

（7）柱模板必须支撑牢固，预埋件、预留孔洞严禁漏设且必须位置准确、安装稳固。柱模安装完成后，应全面复核模板的垂直度、对角线长度差及截面尺寸等指标。

（8）柱箍的安装应自下而上进行，安装柱中对拉螺栓时注意定位，确保螺栓安装垂直于面板。

（三）墙模板

（1）特点：墙是竖向构件，墙厚度一般为200～400mm，而高度和长度的尺寸远远大于其厚度，因此必须保证其整体竖向稳定性并防止新浇筑混凝土侧压力导致的胀模。采用胶合板作现浇混凝土墙体的模板可以减少模板组拼工作量，减少混凝土外露表面的接缝，浇筑的混凝土表面质量好。

（2）构成：由两侧模板及其支撑体系构成。见图2-10。

（3）墙模板安装一般工序：

检查、修整基层→放出墙的轴线→弹出墙模安装控制线→安装门窗洞口模板→安装就位一侧墙模→安装纵、横木（钢）楞和斜撑→插入穿墙

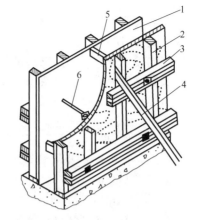

图2-10　采用胶合板面板的墙模板
1—胶合板；2—竖楞（立档）；3—大楞（横档）；
4—斜撑；5—撑头；6—穿墙螺栓

螺栓及套管→清理杂物→安装就位另一侧墙模板→安装纵、横木（钢）楞和斜撑→穿墙螺栓穿过另一侧墙模→检查调整模板位置→紧固穿墙螺栓→固定斜撑→与相邻模板连接。

（4）模板安装前，基底应平整，不平处用水泥砂浆补平；用墨斗弹出墙的轴线（或中线）和边线。

（5）从边线向外量一个模板厚度先立一侧模板，安放墙模板时要保持垂直，斜撑临时撑住，用线锤校正垂直；大块侧模组拼时，上下竖向拼缝要互相错开，先立两端，后立中间部分。安装纵横木楞（钢楞）和墙体对拉螺栓，再用斜撑（或平撑）固定。

（6）待钢筋绑扎后，清扫模内杂物；然后以同样方法安装就位另一侧墙模板，安装纵横木楞（钢楞），使穿墙螺栓穿过模板并在螺栓杆端戴上扣件和螺母，然后调整两块模板的位置和垂直度，与此同时调整斜撑角度，合格后，固定斜撑，紧固全部穿墙螺栓的螺母。为了保证墙体的厚度正确，在两侧模板之间可用小枋木撑头（小枋木长度等于墙厚），小枋木要随着浇筑混凝土逐个取出。

（7）为增强墙体中对拉螺栓的利用率，可采用同墙厚的硬塑料管套住螺栓，拆模后抽出塑料管中的对拉螺栓。若是位于地下室的墙体，需在模板施工前按照规定埋设止水钢板，螺栓不设套管并加焊止水环。

（8）模板安装完毕后，全面检查扣件、螺栓、斜撑是否紧固、稳定，模板拼缝及下口是否严密。

（四）梁模板

（1）梁的特点是跨度大而宽度不大，梁底一般是架空的。

（2）梁模板主要由底模、侧模、夹木、斜撑及支架系统组成，如图2-11所示。

（3）梁底模和侧模的关系一般为侧模包底模，底模拼板宽度为梁宽度。

（4）梁模板安装一般工序：

弹出梁轴线及标高控制线并复核→搭设梁模支架→安装梁底钢（木）楞或梁卡具→安装梁底模板→梁底起拱→安装侧梁模→安装另一侧梁模→安装梁侧模上下锁口楞（夹木）、斜撑楞、腰楞和对拉螺栓→复核梁模尺寸、位置→与相邻模板连接固定。

（5）安装梁模支架之前，首层为土壤地面时应平整夯实，支柱下脚要铺设垫板，并且上下楼层支柱应在一条直线上。

（6）在柱模板顶部与梁模板连接处预留的缺口外侧钉衬口档，以便把梁底模板搁置在衬

口档上。

（7）先立起靠近柱或墙的梁模支柱，再根据计算确定的支柱间距将梁长度等分，立中间部分支柱。支柱可加可调底座或在底部打入木楔调整标高，支柱下部和中间加设纵、横向拉结杆或纵横向剪刀撑，以保证支架的整体性和稳定性。

（8）安装梁底模板：底模要求平直，标高正确；若梁的跨度等于或大于4m，应使梁底模板中部略起拱，防止由于混凝土的重力使跨中下垂。如设计无规定时，起拱高度宜为全跨长度的1/1000～3/1000。

（9）安装梁侧模板：安装时应将梁侧模板紧靠底模放在支柱顶的小楞（横担）上，两头钉于衬口档上，在侧板底外侧铺钉夹木，再钉上斜撑和水平拉条。侧模安装要求垂直并撑牢。若梁高超过600mm，为抵抗混凝土的侧压力，还应设对拉螺栓加固。

（10）有主次梁时，要待主梁模板安装并校正后才能进行次梁模板安装，在主梁侧模相应位置处预留安装次梁的缺口，次梁的模板压在主梁上，见图2-11、图2-12。

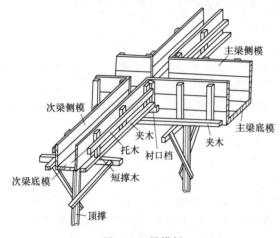

图 2-11　梁模板

图 2-12　主次梁交接处模板

（11）梁模板安装后再次拉线检查，复核各梁模板中心线位置是否正确。

（12）采用胶合板模板常用的支模方法是：用钢管搭设排架，在排架上铺枋木做小楞，在其上铺设梁底模。

（五）楼板模板

（1）楼板的特点是面积大而厚度比较薄，侧向压力小，板底架空。

（2）楼板模板包括板底模及其支架，主要承受钢筋、混凝土的自重及其施工荷载，楼板模板一般与梁模板连成一体，如图2-13所示。

（3）楼板模板安装一般工序：

搭设模板支架→安装横、纵向钢（木）楞→调整模板下皮标高并且按规定要求起拱→铺设模板→检查模板上皮标高、平整度。

（4）模板铺设前，应先在梁侧模外边立短撑木及托木，在托木上安装楞木。楞木安装要水平，不平时在楞木两侧加木锲调平。

（5）支架的支柱可从边跨一侧开始，依次逐排安装，同时安装纵、横拉杆，其间距按模板设计计算确定。支架搭设完毕后，要认真检查支架安装是否牢固。根据给定的水平线调节高度，将楞木调平，并固定。

（6）楞木调平后即铺放平板模板：先铺跨边并与墙模或梁模连接，然后向跨中铺设平板模板，最后对于不够整块拼板的模板和窄条缝，采用拼缝模或木条嵌补，模板接缝应平直，

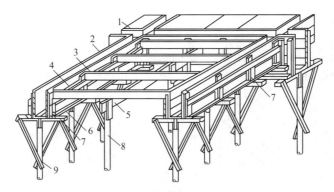

图 2-13　梁及楼板模板

1—楼板模板；2—梁侧模板；3—楞木；4—托木；5—杠木（或大楞）；6—夹木；
7—短撑木；8—杠木撑；9—琵琶撑

拼缝应严密，必要时接缝处可粘贴胶带以防止漏浆。

（7）楼板底模板铺设完毕后，检查楼板模板的平整度与楼板模板的标高，并进行校正。

（六）楼梯模板

（1）特点：楼梯梁模板构造与梁模板基本相同，休息平台模板和楼梯板模板的构造与楼板相似，不同点是楼梯板的模板要倾斜支设，且在楼梯板上还有踏步。

（2）楼梯模板包括：休息平台模板、楼梯梁模板、楼梯板模板及其支架系统，见图 2-14、图 2-15。

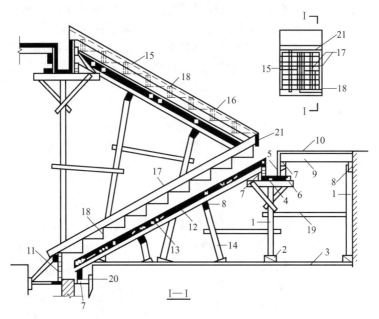

图 2-14　楼梯模板

1—支柱（顶撑）；2—木楔；3—垫板；4—平台梁底板；5—平台梁侧板；6—夹木；7—托木；8—杠木（或大楞）；
9—楞木；10—休息平台底板；11—梯基础侧板；12—斜楞木；13—楼梯板底模板；14—斜向顶撑；
15—外帮板；16—横档木；17—反三角板；18—踏步侧板；19—拉杆；20—木桩；21—轿杠

（3）楼梯模板一般安装顺序：先安装休息平台模板及楼梯梁模板，然后安装楼梯板模板。

图 2-15　楼梯模板施工图片

（4）休息平台模板安装与楼板模板安装方法基本相同。

（5）楼梯梁模板安装与梁模板安装方法基本相同。

（6）安装楼梯板底模时，应将其两端与楼梯梁侧模相连，坡度按放样线，下部用钢（木）撑架设支架系统，由于楼梯板是斜板，其支架立柱要斜向顶撑，楼梯板的侧模也要固定撑牢。

（7）安装踏步侧模时，首先根据放样线在楼梯板侧模上画出梯级线，并钉上梯级踏步侧模板，侧模用斜撑固定并保持垂直。

（8）安装踏步模板时，每阶踏步高度尺寸须一致，确定最下一步及最上一步踏步高度时必须考虑地面的装修层厚度的影响。

任务三 ▶ 其他形式的模板

由于模板工程在混凝土结构施工中的重要性，国内外都致力于研发新的模板材料和模板施工技术，各种新型模板以及模板施工技术不断出现，改进了模板支拆工艺，不断提高模板工程施工效率。本任务简单介绍其中的几种。

一、定型组合钢模板

20 世纪末，随着我国基本建设规模的迅速扩大，建筑模板的需要量也急剧增加。由于我国木材资源短缺，难以满足基本建设的需要，在"以钢代木"方针的推动下，借鉴其他国家的经验，研发定型组合钢模板施工技术，改革了模板施工工艺，节省了大量木材，取得了一定的经济效益。定型组合式钢模板，由钢模板、连接件和支撑件组成，按照模数制设计制作，能拼装成不同尺寸的面板和整体模架，在现浇钢筋混凝土结构施工中应用比较广泛。

（一）定型组合钢模板的优点

定型组合钢模板通过各种连接件和支撑件可组合成多种尺寸、结构和几何形状的模板，以适应各种类型建筑物的梁、柱、板、墙、基础和设备等施工的需要，组装灵活，通用性强，拆装方便；周转次数多，每套钢模可重复使用 50～100 次；加工精度高，浇筑混凝土的质量好，成型后的混凝土尺寸准确，棱角整齐。

除了采用人工散装散拆的施工方法，定型组合式钢模板还可事先按设计要求预组拼成梁、柱、墙、楼板的大型面板，也可用其拼装成大模板、滑模、隧道模和台模等，然后用机械整体吊装就位。预组拼又可分为分片组拼和整体组拼两种。采用预组拼方法，可以加快施工速度，提高工效和模板的安装质量，但必须具备相适应的吊装设备和有较大的拼装场地。

（二）定型组合钢模板的构件

1. 钢模板

定型组合钢模板按照其肋高及面板钢材不同有不同型号，其中 55 型组合钢模板又称组合式定型小钢模，是目前使用较广泛的一

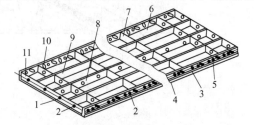

图 2-16　平面模板

1—插销孔；2—U 形卡孔；3—凸鼓；4—凸棱；
5—边肋；6—主板；7—无孔横肋；8—有孔纵肋；
9—无孔纵肋；10—有孔横肋；11—端肋

种通用性组合模板。

钢模板有通用模板和专用模板两类，通用模板包括平面模板、阴角模板、阳角模板和连接角模，专用模板包括倒棱模板、梁腋模板、搭接模板、可调模板及嵌补模板。这里主要介绍常用的通用模板，见图 2-16、图 2-17。

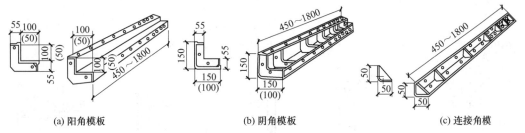

(a) 阳角模板　　　　　　　　(b) 阴角模板　　　　　　　　(c) 连接角模

图 2-17　阳角、阴角、连接角模板

钢模板采用模数制设计，宽度模数以 50mm 进级（共有 100mm、150mm、200mm、250mm、300mm、350mm、400mm、450mm、500mm、550mm、600mm 十一种规格），长度为 150mm 进级（共有 450mm、600mm、750mm、900mm、1200mm、1500mm、1800mm 七种规格），可以适应横竖拼装成以 50mm 进级的任何尺寸的模板。

2. 连接件

定型组合钢模板的连接件包括 U 形卡、L 形插销、钩头螺栓、对拉螺栓、紧固螺栓和扣件等，U 形卡是最主要的连接件，见图 2-18。

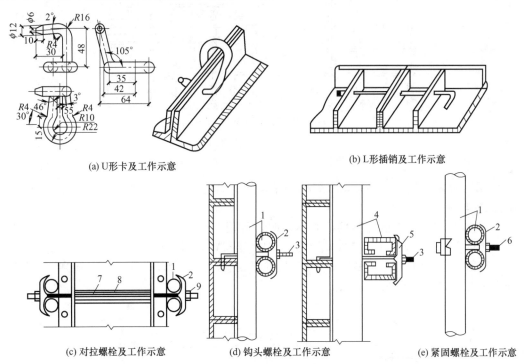

(a) U形卡及工作示意　　　　　　　　　　　　(b) L形插销及工作示意

(c) 对拉螺栓及工作示意　　　(d) 钩头螺栓及工作示意　　　(e) 紧固螺栓及工作示意

图 2-18　钢模板连接件

1—圆钢管钢楞；2—"3"形扣件；3—钩头螺栓；4—内卷边槽钢钢楞；
5—蝶形扣件；6—紧固螺栓；7—对拉螺栓；8—塑料套管；9—螺母

3. 支撑件

定型组合钢模板的支撑件包括钢楞、柱箍、支架、斜撑及钢桁架等。

（1）钢楞：钢楞即模板的横档和竖档，分内钢楞与外钢楞。钢楞一般用圆钢管、矩形钢管、槽钢或内卷边槽钢。

（2）柱箍：角钢（型钢）柱箍由两根互相焊成直角的角钢（型钢）组成，用弯角螺栓及螺母拉紧。

（3）钢支架

① 常用钢支架如图 2-19（a）所示。它由内外两节钢管制成，其高低调节距模数为100mm；支架底部除垫板外，均用木楔调整标高，以利于拆卸。

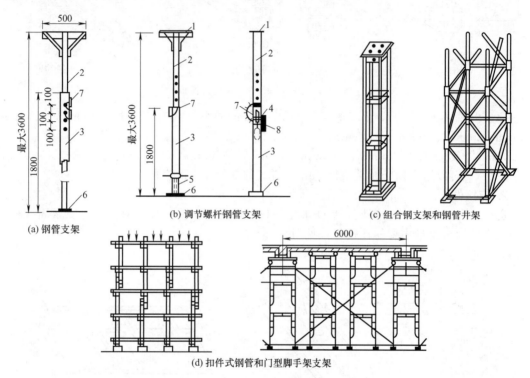

图 2-19 钢支架

1—顶板；2—钢管；3—套管；4—转盘；5—螺杆；6—底板；7—钢销；8—转动手柄

② 另一种钢支架本身装有调节螺杆，能调节一个孔距的高度，使用方便，但成本略高，如图 2-19（b）所示。

③ 当荷载较大、单根支架承载力不足时，可用组合钢支架或钢管井架，如图 2-19（c）所示；还可用扣件式钢管脚手架、门型脚手架作支架，如图 2-19（d）所示。

（4）斜撑：由组合钢模板拼成的整片墙模或柱模，在吊装就位后，应由斜撑调整和固定其垂直位置，如图 2-20 所示。

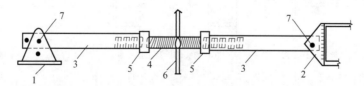

图 2-20 斜撑

1—底座；2—顶撑；3—钢管斜撑；4—花篮螺钉；5—螺母；6—旋杆；7—销钉

（5）钢桁架：如图 2-21 所示，其两端可支撑在钢筋托具、墙、梁侧模板的横档以及柱顶梁底横档上，以支撑梁或板的模板。有整榀式和组合式。

（6）梁卡具：又称梁托架，用于固定矩形梁、圈梁等模板的侧模板，可节约斜撑等材料，也可用于侧模板上口的卡固定位，如图 2-22 所示。

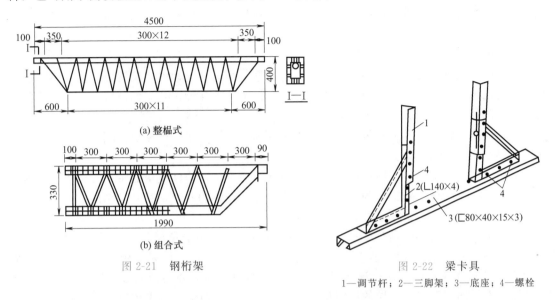

图 2-21　钢桁架

图 2-22　梁卡具

1—调节杆；2—三脚架；3—底座；4—螺栓

（三）配板要求

采用组合钢模板时，不同结构构件的面板可用不同规格的钢模作多种方式的组合排列，从而形成不同的配板方案。配板方案对支模效率、工程质量和经济效益都有一定的影响。因此，在施工前进行施工组织设计时必须进行配板设计，形成适用于本工程的配板方案，满足钢模块数少、木模嵌补量少，并满足支撑件布置简单、受力合理的要求。

（四）配板原则

（1）优先采用通用规格及大规格的模板，使其种类和块数最小，木模镶拼量最少。设置对拉螺栓的模板，为了减少钢模板的钻孔损耗，可在螺栓部位改用 55mm×100mm 刨光枋木代替，或使钻孔的模板能多次周转使用。

（2）合理排列，模板长向拼接宜采用错开布置，以增加模板的整体刚度。

（3）合理使用角模，柱、梁、墙、板的各种模板面的交接部分，应采用连接简便、结构牢固的专用模板。

（4）便于模板支撑系统（钢楞或桁架）的布置。

① 次楞应与钢模板的长度方向相垂直，直接承受钢模板传递的荷载；主楞应与次楞互相垂直；

② 模板端缝齐平布置时，一般每块钢模板应有两处次楞支撑；错开布置时，其间距可不受端缝位置的限制。

（五）配板步骤

（1）根据施工组织设计对施工区段的划分、施工工期和流水段的安排，明确需要配制模板的层段数量。

（2）根据工程情况和现场施工条件，决定模板的组装方法。

（3）根据已确定配模的层段数量，按照施工图纸中梁、柱、墙、板等构件尺寸，进行模板组配设计。

（4）明确支撑系统的布置、连接和固定方法。

（5）进行夹箍和支撑件等的设计计算和选配工作。

（6）确定预埋件的固定方法、管线埋设方法以及特殊部位（如预留孔洞等）的处理方法。

（7）根据所需钢模板、连接件、支撑及架设工具等列出统计表，以便备料。

（六）配板设计内容

（1）画出各构件的模板展开图。

（2）根据模板展开图绘制模板配板图，选用最适合的各种规格的钢模板布置在模板展开图上，如采用预组装大模板，应标绘出其分界线；预埋件和预留孔洞的位置，应在模板配板图上标明，并注明固定方法。

（3）根据结构类型及空间位置、荷载大小等确定支模方案，根据模板配板图布置支撑。

（七）各种构件模板施工

采用定型组合钢模板，柱、墙、梁、楼板、楼梯等结构构件模板的特点和构成与其他型式的模板（如木模板）是一致的，各种结构构件模板安装的一般工序基本相同。

1. 柱模板

（1）可按柱子大小，预拼成一面一片（每面的一边带一个角模），或两面一片，如柱子较高，每面可分为 2～3 段，从下到上一段段安装，每段模板就位后先用铅丝与主筋绑扎临时固定，用 U 形卡将两侧模板连接卡紧，安装完两面再安另外两面模板；柱模根部要用水泥砂浆堵严，防止跑浆；柱模的浇筑口和清扫口，在配模时应一并考虑留出。见图 2-23。

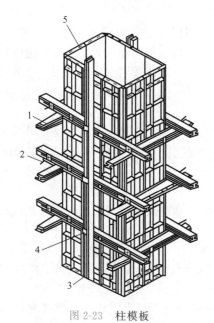

图 2-23　柱模板

1—横楞；2—拉杆；3—竖楞；4—穿柱螺栓；5—钢模板

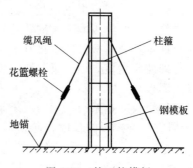

图 2-24　校正柱模板

（2）保证柱模的长度符合模数，不符合部分放到节点部位处理；或以梁底标高为准，由上往下配模，不符合模数部分放到柱根部位处理；高度在 4m 和 4m 以上时，一般应四面支撑。当柱高超过 6m 时，不宜单根柱支撑，宜几根柱同时支撑连成构架。

（3）梁、柱模板分两次支设时，在柱子混凝土达到拆模强度时，最上一段柱模先保留不拆，以便于与梁模板连接。

（4）柱模的清扫口应留置在柱脚一侧，如果柱子断面较大，为了便于清理，亦可两面留设。清理完毕，立即封闭。

（5）柱模安装就位后，立即用四根支撑或有张紧器花篮螺栓的缆风绳与柱顶四角拉结，并校正其中心线和垂直度（图2-24），全面检查合格后，再整体固定。

2. 墙模板

（1）墙钢模板构造见图2-25。

（2）组装模板时，墙两侧对拉螺栓孔应平直相对，确保孔洞对准，以使穿墙螺栓与墙模保持垂直，穿插螺栓时不得斜拉硬顶。

（3）相邻模板边肋用U形卡连接的间距，不得大于300mm，预组拼模板接缝处宜满上U形卡。

（4）采用预组装的大块模板，必须要有良好的刚度，以便于整体装、拆、运。

（5）墙模板上口必须在同一水平面上，严防墙顶标高不一。

（6）预留门窗洞口的模板应有锥度，安装要牢固，既不能产生变形，又便于拆除。

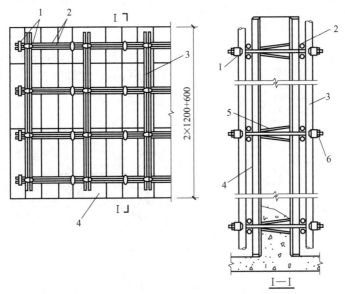

图2-25　墙钢模板构造图
1—扣件；2—内钢楞；3—外钢楞；4—钢模板；5—套管；6—对拉螺栓

（7）墙模板上预留的小型设备孔洞，当遇到钢筋时，应设法确保钢筋位置正确或者在孔洞四周设置加强筋，不得将钢筋移向一侧或随意切断。

3. 梁模板

（1）在支柱上定标高时预留梁底模板的厚度，符合设计要求后，拉线安装梁底模板并找直，底模上应拼上连接角模，两侧模板与底板连接角模用U形卡连接。用梁卡具或安装上下锁口楞、腰楞及外竖楞，辅以斜撑或对拉螺栓，确保模板支撑牢固。

（2）梁模安装完成后，复核检查梁模尺寸无误后，相邻梁柱模板连接固定，有楼板模板时，在梁上连接阴角模，与板模拼接固定。

（3）梁柱接头模板的连接特别重要，必要时可用专门加工的梁柱接头模板。

（4）梁底模采用桁架支撑时，要按事先设计的要求设置，要考虑桁架的横向刚度，上下弦要设水平连接，拼接桁架的螺栓要拧紧，数量要满足要求。

4. 楼板模板

（1）采用立柱作支架时，从边跨一侧开始逐排安装立柱，并同时安装外钢楞（大楞）。

（2）采用桁架作支撑结构时，一般应预先支好梁、墙模板，然后将桁架按模板设计要求支设在梁侧模通长的型钢或枋木上，调平固定后再铺设模板，见图2-26。

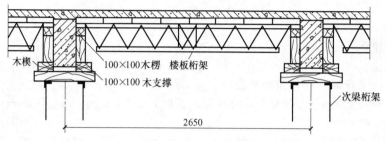

图2-26　梁和楼板桁架支模

（3）楼板模板当采用单块就位组拼时，每个节间宜在四周先用阴角模板与墙、梁模板连接，然后向中央铺设。相邻模板边肋应按设计要求用U形卡连接，也可用钩头螺栓与钢楞连接；亦可采用U形卡预拼大块再吊装铺设。

5. 楼梯模板

施工前应根据实际层高放样，先安装休息平台梁模板，再安装楼梯模板斜楞，然后铺设楼梯底模、安装外帮侧模和踏步模板。安装模板时要特别注意斜向支柱（斜撑）的固定，防止浇筑混凝土时模板移动。

楼梯段模板组装情况，见图2-27。

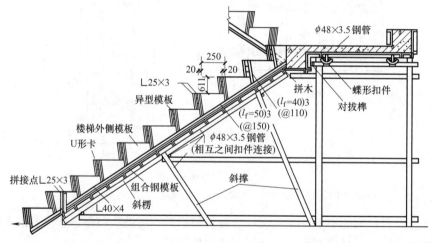

图2-27　楼梯段模板支设示意

二、大模板

大模板是指单块模板的高度相当于楼层的层高、宽度约等于房间的宽度或进深的大块定型模板，适用于全现浇高层或多层剪力墙结构、框剪结构，是进行现浇剪力墙结构施工的一种工具式模板。一般一幅墙面使用一、两块大模板，由于重量重，一般需起重吊装机械配合进行安装拆除施工。其优点是模板安装和拆除工序简单、墙面平整，缺点是一次投资大、通用性较差。

（一）大模板构造

大模板由面板、加劲肋、竖楞、支撑系统、操作平台以及附件组成。

（1）面板　面板是直接与混凝土接触的部分，要求表面平整，加工精密，有一定刚度，能多次重复使用。大模板常用的面板材料有钢板、木（竹）胶合板。

① 整块钢面板：一般用 4～6mm（以 6mm 为宜）厚钢板拼焊而成。这种面板具有良好的强度和刚度，能承受较大的混凝土侧压力及其他施工荷载，重复利用率高，一般周转次数在 200 次以上。另外，由于钢板表面平整光洁，耐磨性好，易于清理，有利于提高混凝土表面的质量。缺点是耗钢量大，单块模板重量大，易生锈，不保温，损坏后不易修复。

② 组合式钢模板组拼成面板：这种面板主要采用组合型钢模板组拼，虽然具有一定的强度和刚度，耐磨性好，自重较整块钢面板要轻（35kg/m²），拆卸后仍可用于其他构件等优点，但拼缝较多，整体性差，周转使用次数不如整块钢面板多，在墙面质量要求不严的情况下可以采用。采用中型组合钢模板拼制而成的大模板，拼缝较少。

③ 胶合板面板：采用经过表面处理的大幅木（竹）胶合板组拼，具有重量轻、表面平整、拼缝严密，拆卸后仍可用于其他构件等优点；但刚度相对较小。

（2）加劲肋 加劲肋又叫横肋，直接承受面板传来的荷载，作用是固定面板并把侧压力传递到竖楞上。一般采用 6 号或 8 号槽钢，间距一般为 300～500mm。

（3）竖楞 与加劲肋相连的竖向部件，作用是加强面板刚度，保证面板几何形状，并作为穿墙螺栓的固定支点，承受由面板传来的荷载，一般采用 6 号或 8 号槽钢，间距一般为 1～1.2m。

（4）支撑系统 支撑系统由支撑架和地脚螺栓组成，其作用是承受风荷载和水平力，以防止模板倾覆，保持模板堆放和安装时的稳定。

支撑架一般用型钢制成。每块大模板设 2～4 个支撑架。支撑架上端与大模板竖向龙骨用螺栓连接，下部横杆槽钢端部设有地脚螺栓，用以调节模板的垂直度。模板自稳角度的大小与地脚螺栓的可调高度及下部横杆长度有关。

（5）操作平台 操作平台由脚手板和三脚架构成，附有铁爬梯及护身栏杆，护身栏杆用钢管做成，上下可以活动，外挂安全网。每块大模板设置铁爬梯一个，供操作人员上下使用。

图 2-28 为整体式大模板构造图，这种大模板又称平模，是将大模板的面板、加劲肋、竖楞、支撑系统、操作平台拼焊成一体的模板。

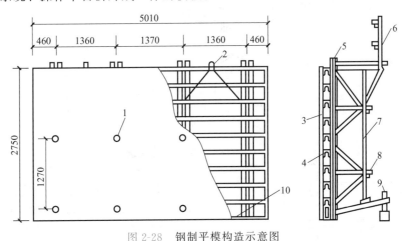

图 2-28　钢制平模构造示意图

1—穿墙螺栓孔；2—吊环；3—面板；4—横肋；5—竖肋；6—护身栏杆；
7—支撑立杆；8—支撑横杆；9—地脚螺栓；10—封板

（二）大模板施工要点

（1）在拟建工程附近，起重吊装工作半径范围内，留出一定面积的堆放区，以便直接吊运就位。

（2）大模板吊装前，针对大模板及工程特点，组织全体施工人员熟悉图纸、流水段划分及大模板拼装位置，做好施工技术和安全交底。

（3）内外墙体钢筋绑扎完毕后，立即进行门窗洞口模板、水电预留安装，办理隐检验收手续。并在大模板下部抹好找平砂浆，以便模板就位及防止漏浆。

（4）大模板吊装顺序：先吊装内墙模板，再吊装外墙模板。根据墙位线放置模板，通过调整大模板地脚螺栓使其垂直，然后用靠尺检查两侧模板垂直度，待校正合格后，立即拧紧穿墙螺栓。

三、滑升模板

滑升模板是一种工具式模板，特别适用于现场浇筑钢筋混凝土烟囱筒体、钢筋混凝土水塔支撑筒体、钢筋混凝土筒仓等中空竖向圆形或矩形钢筋混凝土构筑物。

（一）滑升模板构造

主要由模板系统、操作平台系统和液压提升系统三部分组成，如图2-29所示。

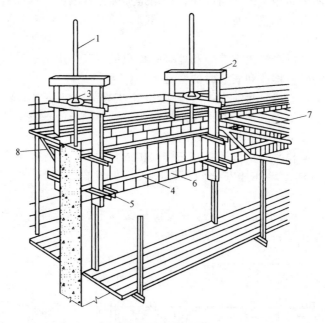

图 2-29　液压滑升模板组成示意图

1—支撑杆；2—提升架；3—千斤顶；4—下围檩；5—围檩支托；
6—模板；7—内平台；8—外挑架

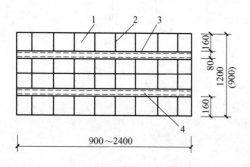

图 2-30　围檩组合大模板

1—4mm 厚钢板；2—2mm 厚、80mm 宽肋板；
3—8 号槽钢上围檩；4—8 号槽钢下围檩

1. 模板系统

主要包括模板、围檩、收分变径装置等，是用来保证混凝土结构尺寸的一套装置。

滑模围檩主要用于固定模板位置，保证模板所构成的几何形状不变，承受由模板传来的水平力和垂直力，有时还要承受操作平台的荷载，将模板和提升架连接起来构成滑模模板系统。围檩应有一定的强度和刚度，一般可采用70～80号角钢、8～12 号槽钢或 10 号工字钢制作。上围檩距模板上口距离不宜大于250mm，如图2-30所示。

收分变径装置主要用来调整内外模板间距和

倾斜度的装置，由固定围檩、活动围檩及固定围檩调整装置和活动围檩调整装置组成，通过该装置与收分模板、固定模板共同工作来实现收分变径工作。

2. 操作平台系统

主要包括操作平台、上辅助平台和内、外吊架等，是供运输混凝土、堆放材料、工具、设备和施工人员进行滑升模板施工的操作场所，如图2-31所示。

3. 液压提升系统

主要包括支撑杆、千斤顶和提升架、油路、液压提升操纵装置等，是滑升的动力。

支撑杆主要用以承受滑升模板重量和全部施工荷载（含滑升模板与现浇混凝土的摩阻力）的支撑圆钢或钢管，又是千斤顶向上滑升的轨道。支撑杆的连接方式常用的有三种，如图2-32所示。

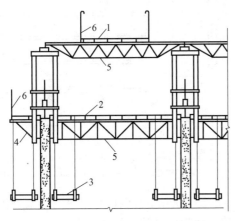

图 2-31　操作平台剖面示意图
1—上辅助平台；2—主操作平台；3—吊脚手架；
4—三角挑架；5—承重桁架；6—防护栏杆

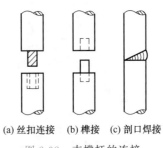

(a) 丝扣连接　(b) 榫接　(c) 剖口焊接

图 2-32　支撑杆的连接

（二）滑升模板施工

在建筑物或构筑物底部，按照建筑物或构筑物平面，沿筒体、墙、柱等构件周边，一次装设一米多高的模板和操作平台等相关系统，浇筑一定高度的混凝土后，利用提升设备将模板缓慢向上提升，随之在模板内不断分层浇筑混凝土和绑扎钢筋，逐步完成建筑物或构筑物的结构混凝土浇筑工作。

四、爬升模板

爬升模板是综合大模板与滑动模板工艺和特点的一种模板工艺，具有大模板和滑动模板共同的优点。它是一种适用于现浇钢筋混凝土竖直或倾斜结构施工的模板工艺，如墙体、桥梁、塔柱等。它与滑动模板一样，在结构施工阶段依附在建筑竖向结构上，随着结构施工而逐层上升，这样模板可以不占用施工场地，也不用其他垂直运输设备。另外，它装有操作脚手架，施工时有可靠的安全围护，故可不需搭设外脚手架，特别适用于在较狭小的场地上建造多层或高层建筑，尤其适用于超高层建筑施工。

（一）爬升模板构造

爬升模板由大模板、爬升支架和爬升设备三部分组成，如图2-33所示。

1. 大模板

（1）面板一般用薄钢板或组合式钢模板组拼，也可用木（竹）胶合板。横肋用 [6.3 槽钢，竖向大肋用 [8 或 [10 槽钢。横、竖肋的间距按计算确定。

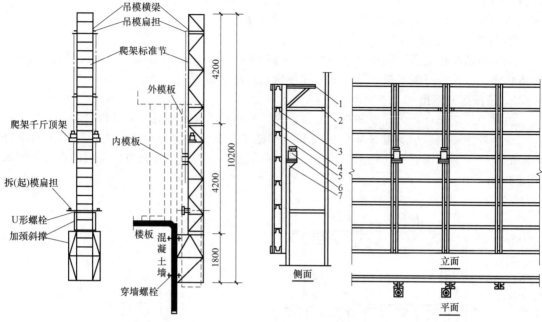

图 2-33　液压爬升模板组装图

图 2-34　模板构造图

1—爬架千斤顶爬杆的支撑架；2—脚手；3—横肋；4—面板；
5—竖向大肋；6—爬模用千斤顶；7—千斤顶底座

（2）模板的高度一般为建筑标准层层高加 $100\sim300$mm（模板与下层已浇筑墙体的搭接高度，用于模板下端的定位和固定）。模板下端需加橡胶衬垫，以防止漏浆。

（3）模板的宽度，可根据一片墙的宽度和施工段的划分确定，其分块要求与爬升设备能力相适应。

（4）模板的吊点，根据爬升模板的工艺要求，应设置两套吊点。一套吊点（一般为两个吊环）用于制作和吊运，在制作时焊在横肋或竖肋上；另一套吊点用于模板爬升，设在每个爬架位置，要求与爬架吊点位置相对应，一般在模板拼装时进行安装和焊接。

（5）模板上的附属装置

① 爬升装置：爬升装置是用于安装模板和固定爬升设备的。常用的爬升设备为倒链和单作用液压千斤顶。采用倒链时，模板上的爬升装置为吊环，其中用于模板爬升的吊环，设在模板中部的重心附近，为向上的吊环；用于爬架爬升的吊环设在模板上端，由支架挑出，位置与爬架重心相符，为向下的吊环。采用单作用液压千斤顶时，模板爬升装置分别为千斤顶底座（用于模板爬升）和爬杆支撑架（用于爬架爬升），如图 2-34 所示。模板背面安装千斤顶的装置尺寸应与千斤顶底座尺寸相对应。模板爬升装置为了安装千斤顶的铁板，其位置在模板的重心附近。用于爬架爬升的装置是爬杆的固定支架，安装在模板的顶端。因此，要注意模板的爬升装置与爬架爬升设备的装置，要处在同一条竖直线上。

② 外附脚手和悬挂脚手：外附脚手和悬挂脚手设在模板外侧，如图 2-34 所示，供模板的拆模、爬升、安装就位和校正固定，穿墙螺栓安装和拆除，墙面清理和嵌塞穿墙螺栓等操作使用。脚手的宽度为 $600\sim900$mm，每步高度约为 1800mm。脚手架上下要有垂直登高设施，并应配备存放小型工具和螺栓的工具箱。在大模板固定后，要用连接杆件将大模板与脚手架连成整体。

③ 校正螺栓支撑：是一个可拆卸的校正、固定模板的工具。爬升时拆卸，模板就位时安装。在每个爬架上有两组，模板的上、下端各一对。它用左右旋转螺纹的螺杆组成，一般

可用花篮螺丝两端焊上卡具做成。旋转螺母套，即可将模板的上、下端进行校正、固定。

（6）当大模板采用多块模板拼接时，为了防止在模板爬升过程中模板拼接处产生弯曲和剪切应力，应在拼接节点处采用规格相同的短型钢跨越拼接缝，以保证竖向和水平方向传递内力的连接性。

2. 爬升支架

（1）爬升支架由支撑架、附墙架（底座）以及吊模扁担、爬升爬架的千斤顶架（或吊环）等组成，如图 2-35 所示。

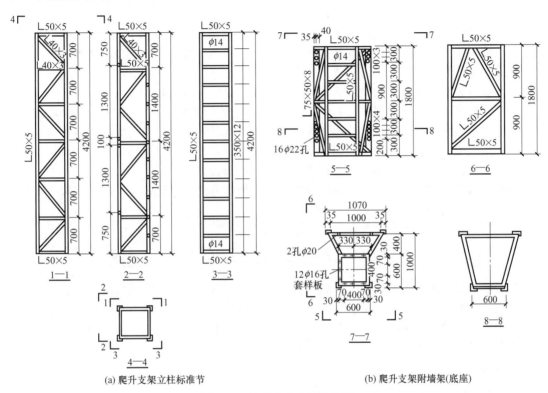

(a) 爬升支架立柱标准节　　　　　　(b) 爬升支架附墙架(底座)

图 2-35　液压爬升支架构造图

（2）爬升支架是承重结构，主要依靠附墙架（底座）固定在下层已有一定强度的钢筋混凝土墙体上，并随着施工层的上升而升高。主要起到悬挂模板、爬升模板和固定模板的作用。因此，要具有一定的强度、刚度和稳定性。

（3）爬升支架的构造，应满足以下要求。

① 爬升支架顶端高度，一般要超出上一层楼层高度 0.8～1.0m，以保证模板能爬升到待施工层位置的高度。

② 爬升支架的总高度（包括附墙架），一般应为 3～3.5 个楼层高度，其中附墙架应设置在待拆模板层的下一层。

③ 为了便于运输和装拆，爬升支架应采取分段（标准节）组合，用法兰盘连接为宜。为了便于操作人员在支撑架内上下，支撑架的尺寸不应小于 650mm×650mm，且附墙架（底座）底部应设有操作平台，周围应设置防护设施。

④ 附墙架（底座）与墙体的连接应采用不少于 4 只附墙连接螺栓，螺栓的间距和位置尽可能与模板的穿墙螺栓孔相符，以便于该孔作为附墙架的固定连接孔。附墙架的位置如果在窗口处，亦可利用窗台作支撑。

⑤ 为了确保模板紧贴墙面，爬升支架的支撑部分要离开墙面 0.4～0.5m，使模板在拆模、爬升和安装时有一定的活动余地。

⑥ 吊模扁担、千斤顶架（或吊环）的位置，要与模板上的相应装置处在同一竖线上，以提高模板的安装精度，使模板或爬升支架能竖直向上爬升。

3. 爬升设备

爬升设备是爬升模板的动力，可以因地制宜地选用。常用的爬升设备有电动葫芦、倒链、单作用液压千斤顶等，其起重能力一般要求为计算值的两倍以上。

（二）爬升模板施工

（1）爬升模板施工一般从标准层开始。如果首层（或地下室）墙体尺寸与标准层相同，则首层（或地下室）先按一般大模板施工方法施工，待墙体混凝土达到要求强度后，再安装爬升支架，从二层（或首层）开始进行爬升模板施工。

（2）爬升模板的安装顺序是：底座→立柱→爬升设备→大模板。

（3）底座安装时，先临时固定部分穿墙螺栓，待校正标高后，方可固定全部穿墙螺栓。

（4）立柱宜采取在地面组装成整体，在校正垂直度后再固定全部与底座相连接的螺栓。

（5）模板安装时，先加以临时固定，待就位校正后，方可正式固定。

（6）安装模板的起重设备，可使用工程施工的起重设备。

（7）模板安装完毕后，应对所有连接螺栓和穿墙螺栓进行紧固检查。并经试爬升验收合格后，方可投入使用。

（8）所有穿墙螺栓均应由外向内穿入，在内侧紧固。

任务四 ▶ 模板工程质量检查验收及安全文明施工

模板安装前应编制专项模板工程施工方案。模板安装完成后，浇筑混凝土之前，应对模板工程进行验收；模板及其支架拆除的顺序及安全措施应按施工技术方案执行。模板工程验收的依据：一是事先制定的模板设计文件和施工技术方案，二是《混凝土结构工程施工质量验收规范》（GB 50204—2015）及相关规范。同时模板工程安装涉及高空作业，安全文明施工尤其重要。

一、模板工程质量检查验收

模板工程在《混凝土结构工程施工质量验收规范》（GB 50204—2015）中称为模板分项工程，是为混凝土浇筑成型用的模板及其支架的设计、安装、拆除等一系列技术工作和完成实体的总称。模板分项工程的质量检验分主控项目、一般项目，按规定的检查方法进行验收。模板分项工程的质量验收应在所含检验批验收合格的基础上进行，由于模板可以连续周转使用，所含检验批通常根据模板安装和拆除的数量确定。

（一）模板分项工程质量检查验收一般规定

（1）模板及其支架应根据工程结构形式、荷载大小、地基土类别、施工设备和材料供应等条件进行设计。模板及其支架应具有足够的承载能力、刚度和稳定性，能可靠地承受浇筑混凝土的重量、侧压力以及施工荷载。

说明：本条提出了对模板及其支架的基本要求，这是保证模板及其支架的安全并对混凝土成型质量起重要作用的项目。多年的工程实践证明，这些要求对保证混凝土结构的施工质量是必需的。本条为强制性条文，应严格执行。

（2）在浇筑混凝土之前，应对模板工程进行验收。

模板安装和浇筑混凝土时，应对模板及其支架进行观察和维护。发生异常情况时，应按施工技术方案及时进行处理。

说明：浇筑混凝土时模板及支架在混凝土重力、侧压力及施工荷载等作用下胀模（变形）、跑模（位移）甚至坍塌的情况时有发生。为避免事故，保证工程质量和施工安全，提出了对模板及其支架进行观察、维护和发生异常情况时进行处理的要求。

（3）模板及其支架拆除的顺序及安全措施应按施工技术方案执行。

说明：模板及其支架拆除的顺序及相应的施工安全措施对避免重大工程事故非常重要，在制订施工技术方案时应考虑周全。模板及其支架拆除时，混凝土结构可能尚未形成设计要求的受力体系，必要时应加设临时支撑。后浇带模板的拆除及支顶易被忽视而造成结构缺陷，应特别注意。本条为强制性条文，应严格执行。

（二）模板安装检查验收

1. 主控项目

（1）模板及支架用材料的技术指标应符合国家现行有关标准的规定。进场时应抽样检验模板和支架材料的外观、规格和尺寸。

检查数量：按国家现行有关标准的规定确定。

检验方法：检查质量证明文件；观察，尺量。

（2）现浇混凝土结构模板及支架的安装质量，应符合国家现行有关标准的规定和施工方案的要求。

检查数量：按国家现行有关标准的规定确定。

检验方法：按国家现行有关标准的规定执行。

（3）后浇带处的模板及支架应独立设置。

检查数量：全数检查。

检验方法：观察。

2. 一般项目

（1）模板安装应满足下列要求：

① 模板的接缝不应漏浆；在浇筑混凝土前，木模板应浇水湿润，但模板内不应有积水。

② 模板与混凝土的接触面应清理干净并涂刷隔离剂，但不得采用影响结构性能或妨碍装饰工程施工的隔离剂。隔离剂不得沾污钢筋和混凝土接槎处。

③ 浇筑混凝土前，模板内的杂物应清理干净。

④ 对清水混凝土工程及装饰混凝土工程，应使用能达到设计效果的模板。

检查数量：全数检查。

检验方法：观察。

（2）用作模板的地坪、胎膜等应平整光洁，不得产生影响构件质量的下沉、裂缝、起砂或起鼓。

检查数量：全数检查。

检验方法：观察。

（3）对跨度不小于 4m 的现浇钢筋混凝土梁、板，其模板应按要求起拱。当设计无具体要求时，起拱高度宜为跨度的 $1/1000\sim3/1000$。

检查数量：在同一检验批内，对梁，应抽查构件数量的 10%，且不应少于 3 件；对板，应按有代表性的自然间抽查 10%，且不得小于 3 间；对大空间结构，板可按纵横轴线划分检查面，抽查 10%，且不少于 3 面。当梁跨度大于 18m 时，应全数检查。

检验方法：水准仪或拉线、钢尺检查。

（4）固定在模板上的预埋件、预留孔洞均不得遗漏，且应安装牢固，其偏差应符合表 2-1 的规定。

检查数量：在同一检验批内，对梁、柱和独立基础，应抽查构件数量的 10%，且不应

表 2-1　预埋件和预留孔洞的允许偏差

项目		允许偏差/mm
预埋钢板中心线位置		3
预埋管、预留孔中心线位置		3
插筋	中心线位置	5
	外露长度	+10,0
预埋螺栓	中心线位置	2
	外露长度	+10,0
预留洞	中心线位置	10
	尺寸	+10,0

注：检查中心线位置时，应沿纵、横两个方向量测，并取其中的较大值。

少于 3 件；对墙和板，应按有代表性的自然间抽查 10%，且不应少于 3 间；对大空间结构，墙可按相邻轴线间高度 5m 左右划分检查面，板可按纵横轴线划分检查面，抽查 10%，且不少于 3 面。

检验方法：钢尺检查。

（5）现浇结构模板安装的偏差应符合表 2-2 的规定。

表 2-2　现浇结构模板安装的允许偏差及检验方法

项目		允许偏差/mm	检验方法
轴线位置	柱、墙、梁	5	钢尺检查
底模上表面标高		±5	水准仪或拉线、钢尺检查
模板内部尺寸	基础	±10	钢尺检查
	柱、墙、梁	±5	
	楼梯相邻踏步高差	5	
柱、墙垂直度	层高不大于 6m	8	经纬仪或吊线、钢尺检查
	层高大于 6m	10	经纬仪或吊线、钢尺检查
相邻两板表面高低差		2	钢尺检查
表面平整度		5	2m 靠尺和塞尺检查

注：检查轴线位置时，应沿纵、横两个方向量测，并取其中的较大值。

检查数量：在同一检验批内，对梁、柱和独立基础，应抽查构件数量的 10%，且不应少于 3 件；对墙和板，应按有代表性的自然间抽查 10%，且不应少于 3 间；对大空间结构，墙可按相邻轴线间高度 5m 左右划分检查面，板可按纵横轴线划分检查面，抽查 10%，且不少于 3 面。

检验方法：水准仪、经纬仪或钢尺检查。

（三）模板拆除的规定

混凝土浇筑施工后，模板的拆除时间取决于混凝土的强度、模板的用途、结构的性质。及时拆模，可提高模板的周转率，也可以为其他工作创造条件。但过早拆模，混凝土会因强度不足以承担本身自重，或受到外力作用而变形甚至断裂，造成重大的质量事故，因此，《混凝土结构工程施工规范》（GB 50666—2011）对模板拆除也给出明确的检验标准。

1. 主控项目

（1）底模及其支架拆除时的混凝土强度应符合设计要求；当设计无具体要求时，混凝土强度应符合表 2-3 的规定。

检验方法：检测同条件养护试块强度。

（2）后浇带模板的拆除和支顶应按施工技术方案执行。

表 2-3　底模拆除时的混凝土强度要求

结构类型	构件跨度/m	达到设计混凝土强度标准值百分率/%
板	≤2	≥50
	>2，≤8	≥75
	>8	≥100
梁、拱、壳	≤8	≥75
	>8	≥100
悬臂构件	—	≥100

检查数量：全数检查。

检验方法：观察。

2. 一般项目

（1）侧模拆除时的混凝土强度应能保证其表面及棱角不受损伤。

检查数量：全数检查。

检验方法：观察。

（2）模板拆除时，不应对楼层形成冲击荷载。拆除的模板和支架宜分散堆放并及时清运。

检查数量：全数检查。

检验方法：观察。

二、模板拆除施工一般要求

（1）拆模程序一般按先支后拆、后支先拆，先拆除非承重模板（如侧模）、后拆除承重模板（底模），并应从上而下进行拆除。重大复杂模板的拆除，事前应制定拆模方案。肋形楼板的拆模顺序为：柱模板→楼板底模板→梁侧模板→梁底模板。拆除较大跨度梁的下支柱时，应先从跨中开始，分别向梁两端拆除。

（2）拆模时不要用力过猛，不得抛扔，尽量避免混凝土表面或模板受到损坏。拆完后，应及时运走、清理，按类别及尺寸分别堆放，以便下次使用。对钢模板，如果背面油漆脱落，应补刷防锈漆。

（3）多层楼板模板的支柱拆除，上层楼板正在浇筑混凝土时，下一层楼板的支柱不得拆除，再下一层楼板的支柱，仅可部分拆除。跨度≥4m 的梁下均应保留支柱，其间距不得大于 3m。

（4）在拆除模板过程中，如发现混凝土有影响结构安全的质量问题时，应暂停拆除，先处理后拆模。

（5）已拆除模板及其支架结构的混凝土，应在其强度达到设计强度标准值后，才允许承受全部使用荷载。当承受施工荷载产生的效应比使用荷载更为不利时，必须经过核算，加设临时支撑。

三、模板分项工程质量检验实务

根据模板分项工程上述质量检验的相关规定，模板安装后，施工单位和项目监理机构应使用表 2-4《现浇结构模板安装检验批质量验收记录（一）》、表 2-5《现浇结构模板安装检验批质量验收记录（二）》对模板安装质量进行检查验收，若发现有错误或安全隐患，应及时进行处理，并重新检查验收；拆除模板前，施工单位和项目监理机构应使用表 2-6《模板拆除检验批质量验收记录》对模板拆除施工进行检查验收，达到验收条件，方可拆除。

表 2-4　现浇结构模板安装检验批质量验收记录（一）

工程名称			子分部工程名称		验收部位	
施工单位					项目经理	
专业工长			施工班组长			
施工执行标准名称及编号						

检查项目			质量验收规范的规定	施工单位检查评定记录	监理（建设）单位验收记录
主控项目	1	模板及支架用材料	材料的技术指标应符合国家现行有关标准的规定。进场时应抽样检验模板和支架材料的外观、规格和尺寸		
	2	模板及支架的安装质量	安装质量应符合国家现行有关标准的规定和施工方案的要求		
	3	后浇带处的模板及支架	后浇带处的模板及支架应独立设置		
一般项目	1	模板接缝、木模湿润、清理杂物	不应漏浆、湿润无积水、无杂物		
	2	与混凝土的接触面	清理干净并涂刷隔离剂，隔离剂不得影响结构性能和妨碍装饰工程施工		
	3	清水混凝土、装饰混凝土工程模板	能达到设计效果		
	4	用作模板的地坪、胎模	无影响构件质量的下沉、裂缝、起砂或起鼓		
	5	梁、板模起拱高度（$L \leqslant 4m$）	1‰～3‰或按设计要求		
	6	预埋件、预留孔洞	无遗漏、牢固		

注：本表所列项目的检查方法和检查数量：

1. 主控项目、一般项目的第 1～4 项：用检查质量证明文件和观察方法，全数检查。

2. 一般项目的第 5 项：用水准仪或拉线、钢尺检查。在同一检验批内，对梁抽查 10%，且不应少于 3 件；对板抽查有代表性自然间的 10%，且不应少于 3 间，如为大空间，可按纵、横轴线划分检查面，抽查 10%，且不应少于 3 面。对梁跨度大于 18m 时，应全数检查。

3. 一般项目的第 6 项：以观察方法全数检查有无遗漏。

表 2-5　现浇结构模板安装检验批质量验收记录（二）

检查项目			允许偏差/mm	检查方法	施工单位检查评定记录										监理（建设）单位验收记录
一般项目	7　预埋件和预留空洞的偏差	预埋钢板中心线	3	用钢尺											
		预埋管、预留孔中心线	3												
		插筋　中心线	5												
		插筋　外露长度	+10,0												
		预埋螺栓　中心线位置	2												
		预埋螺栓　外露长度	+10,0												
		预留洞　中心线位置	10												
		预留洞　尺寸	+10,0												
	8　模板安装偏差	轴线位置	5	用钢尺											
		底模上表面标高	±5	水准仪或拉线、钢尺											
		截面内部尺寸　基础	±10	用钢尺											
		截面内部尺寸　柱、墙、梁	±5												
		楼梯相邻踏步高差	5	经纬仪或吊线、钢尺											
		柱、墙垂直度　层高≤6m	8												
		柱、墙垂直度　层高>6m	10	用钢尺											
		相邻两板表面高低差	2	2m靠尺或塞尺											
		表面平整度	5												

施工单位检查评定结果	项目专业质量检查员： 　　　　　年　月　日	监理（建设）单位验收结论	监理工程师： （建设单位项目专业技术负责人） 　　　　　年　月　日

注：1. 本表所列项目的检查数量：在同一检验批内，对梁、柱、独立基础抽查 10%，且不应少于 3 件；对墙、板抽查有代表性自然间的 10%，且不应少于 3 间，如为大空间，墙可按相邻轴线高度 5m 左右划分检查面，板可按纵、横轴线划分检查面，抽查 10%，且不应少于 3 面。

2. 检查中心线、轴线位置时，应沿纵横两个方向量测，取大值。

3. 表中允许偏差的实测数据填入"施工单位检查评定记录"栏，在允许值内的数值填光身数字，如 5 等；超出允许值的数值打上圈，如 ⑤ 等。

4. 使用 GB 50204—2015 规范的检验批质量合格的判定标准：（1）主控项目的质量经抽样检验合格；（2）一般项目的质量经抽样检验合格；当采用计数检验时，除有专门要求外，一般项目的合格点率达到 80% 及以上，且不得有严重缺陷。

四、模板安装施工安全文明措施

（一）安全措施

模板工程施工时，应采取各种措施，切实做好安全工作。

（1）高耸建筑施工时，应有防雷击措施。

（2）装拆模板时，必须采用稳固的登高工具，支模前必须搭好相关脚手架，模板安装作业高度超过 2m 时，必须搭设脚手架或操作平台，悬空作业处应有牢靠的立足作业面，不得站在拉杆、支撑杆上操作及在梁底模板上行走操作。

（3）登高作业时，各种配件应放在工具箱或工具袋中，严禁放在模板或脚手架上；各种工具应系挂在操作人员身上或放在工具袋内，不得掉落。

表 2-6 模板拆除检验批质量验收记录

工程名称				子分部工程名称			验收部位	
施工单位				分包单位				
项目经理		分包项目经理		专业工长			施工班组长	
施工执行标准名称及编号								

质量验收规范的规定					施工单位检查评定记录	监理（建设）单位验收记录
主控项目	1	拆底模和支架时混凝土强度	构件类型	跨度/m	达到设计的混凝土立方体抗压强度的百分率/%		
			板	≤2	≥50（　）		
				>2,≤8	≥75（　）		
			梁、拱、壳	>8	≥100（　）		
				≤8	≥75（　）		
			悬臂构件	>8	≥100（　）		
				—	≥100（　）		
	2	后张法混凝土构件拆模	侧模		宜在预应力张拉前拆除		
			底模、支架		按施工技术方案拆除		
			无具体要求		不应在结构构件建立预应力前拆除		
	3	后浇带模板的拆除和支顶			按施工技术方案执行		
一般项目	1	侧模拆除时混凝土强度			保证构件表面及棱角不受损伤		
	2	拆除模板不得冲击楼层，并分散堆放、及时清运					

施工单位检查评定结果	项目专业质量检查员：　　　　　　　　　　　　　　年　月　日
监理（建设）单位验收结论	监理工程师： （建设单位项目专业技术负责人） 　　　　　　　　　　　　　　年　月　日

注：1. 混凝土达到设计强度的百分率由同条件养护试件的强度试验报告确定。
2. 主控项目第1项，全数检查同条件养护试件强度试验报告；若设计要求比本表高，执行设计要求，并将设计要求注明在相应构件类型规范要求数值后的（　）内。
3. 主控项目的第2～3项和一般项目：用观察方法，全数检查。

（4）高空作业人员严禁攀登模板、斜撑杆、拉条、绳索或脚手架等上下，也不得在高空的墙顶、独立梁及其模板等上面行走；装拆施工时，除操作人员外，下面不得站人；高处作业时，操作人员应挂上安全带。

（5）在电梯间进行模板施工作业时，必须层层搭设安全防护平台；模板的预留孔洞、电梯井口等处，应加盖或设置防护栏，必要时应在洞口处设置安全网。

（6）模板上架设的电线和使用的电动工具，应采用36V的低压电源或采取其他有效的安全措施。

（7）木工机械必须严格使用倒顺开关和专用开关箱，一次线不得超过3m，外壳接保护零线，且绝缘良好。电锯和电刨必须连接漏电保护器，锯片不得有裂纹（使用前检查，使用中随时检查）；且电锯必须具备皮带防护罩、锯片防护罩、分料器和护手装置。使用木工多功能机械时严禁电锯和电刨同时使用；使用木工机械严禁戴手套；长度小于50cm或厚度大于锯片半径的木料严禁使用电锯；两人操作时相互配合，不得硬拉硬拽；机械停用时断电加锁。

（8）装拆模板时，上下应有人接应，随装拆随运转，并应把活动部件固定牢靠，严禁堆放在脚手板上和抛掷。

（9）安装墙、柱模板时，应随时支撑固定，防止倾覆。

（10）预拼装模板的安装，应边就位、边校正、边安设连接件，并加设临时支撑稳固。

（11）预拼装模板垂直吊运时，应采取两个以上的吊点；水平吊运应采取四个吊点。吊点应作受力计算，合理布置。

（12）浇筑混凝土前必须检查支撑是否可靠、扣件是否松动。浇筑混凝土时必须由模板支设班组设专人看模，随时检查支撑是否变形、松动，并组织及时恢复。经常检查支设模板吊钩、斜支撑及平台连接处螺栓是否松动，发现问题及时组织处理。

（13）在拆墙模前不准将脚手架拆除，用塔吊拆时与起重工配合；拆除顶板模板前划定安全区域和安全通道，将非安全通道用钢管、安全网封闭，挂"禁止通行"安全标志，操作人员不得在此区域作业，必须在铺好跳板的操作架上操作。

（14）拆模时操作人员必须挂好、系好安全带。

（15）预拼装模板应整体拆除。拆除时，先挂好吊索，然后拆除支撑及拼接两片模板的配件，待模板离开结构表面后再起吊。

（16）拆除承重模板时，必要时应先设立临时支撑，防止突然整块坍落。

（17）支模过程中如遇中途停歇，应将已就位模板和支架连接稳固，不得浮搁或悬空。拆模中途停歇时，应将已松扣或已拆松的模板、支架等拆下运走，防止构件坠落或作业人员扶空坠落伤人。

（18）拆模时，注意避免整块下落伤人；拆下来的模板，有钉子时，要使钉尖朝下，以免扎脚。

（19）模板运输时装车高度不宜超过车栏杆，如少量高出，必须拴牢；零配件宜分类装袋（或装箱）运输，不得散运；装车时，应轻搬轻放；卸车时，严禁从车上推下或抛掷。

（20）堆放时，宜放平放稳，严禁放于倾斜或不稳的支撑上。

（二）文明施工

（1）夜间现场停止模板加工和其他模板作业。

（2）现场模板加工垃圾及时清理，并存放进指定地点，做到工完场清。

（3）整个模板堆放场地与施工现场要达到整齐有序、干净无污染、低噪声、低扬尘、低能耗的整体效果。

小结

　　本单元介绍了模板的种类、作用、安装以及常用模板材料进场验收的要求；重点介绍了现浇混凝土结构各种构件模板的构造、特点，以及不同类型模板安装施工工艺过程，突出介绍了模板安装、拆除的施工质量检查验收规定以及模板工程施工安全文明措施。

 能力训练

一、思考题

1. 试述模板的作用及类型。
2. 目前常用的模板材料是什么？
3. 对模板及其支架的安装要求是什么？
4. 浇筑混凝土前为什么应将木模板浇湿？
5. 柱、墙、梁、楼板木模板的构造特点和安装工序如何？
6. 胶合板模板具有哪些优点？
7. 试述定型组合钢模板的特点、组成及配板原则。
8. 对模板安装质量的检查验收应该在何时进行？为什么？
9. 模板安装质量检查验收应该包括哪些内容？
10. 浇筑混凝土后，什么时候才能拆除模板？拆除模板时要注意哪些问题？

二、实训项目

　　由指导教师带队安排学生到一个正在进行模板工程安装的建设项目，现场讲解各种结构构件模板的构造以及检查验收要求，指导学生运用检查测量工具，对各个检查验收项目按照规定的频次进行检查，并将检查验收结果准确填入验收表格：表2-4《现浇结构模板安装检验批质量验收记录（一）》、表2-5《现浇结构模板安装检验批质量验收记录（二）》、表2-6《模板拆除检验批质量验收记录》，正确给出验收结论。

学训单元三
模板及作业平台钢管支架构造安全技术

/03

知识目标

- 了解现浇混凝土模板及作业平台钢管支架体系的术语、定义及符号
- 理解现浇混凝土模板及作业平台钢管支架中水平内力的成因,几何不变架体的构成
- 掌握一般现浇混凝土模板及作业平台钢管支架体系的安全技术构造措施
- 掌握一般作业平台支架、一般模板支架和高大作业平台支架、高大模板支架的安全管理程序

能力目标

- 能解释为什么仅通过增加支架的水平杆和立杆是无法构成空间几何不变架体
- 能处理现浇混凝土模板及作业平台钢管支架安全技术构造措施的现场搭设问题
- 能应用相关检查工具和检查表格对现浇混凝土模板及作业平台钢管支架进行安全检查和整架现场验收

　　本单元所述的模板支架和作业平台支架与普通外脚手架有所不同,模板支架和作业平台支架直接承受上部新浇的混凝土荷载和施工荷载,所承受的荷载远大于普通外脚手架,对架体的强度、刚度和稳定性要求高,架体若失稳垮塌造成的事故后果严重。本单元主要介绍建筑施工模板及作业平台钢管支架的安全技术构造措施,以及安全管理程序和方法。

任务一 ▶ 钢管支架构造概述

　　模板及作业平台钢管支架架体的搭设须满足几何不变体系的组成规则,架体内应设置三向剪刀撑体系;除按设计要求安装立杆、水平杆外,还应采取与周边柱、墙、梁、板等固定结构构件抱牢以及在支架危险区域加强构造措施等方式来预防支架出现过大变形或发生倒塌事故。

　　一、模板和作业平台支架倒塌的主要原因

　　近年来全国范围内建筑施工模板和作业平台支架倒塌事件时有发生,造成施工人员伤亡。通过对事故案例的分析发现，模板和作业平台支架倒塌的原因主要可归纳为：支架设计计算错误、支架的材质及安装不符合要求和施工组织不合理三方面，其中支架的材质及安装不符合要求是造成多起支架倒塌事故的主要原因。

（一）支架设计计算错误

（1）荷载错误。包括：荷载取值错误、荷载组合错误、荷载计算错误等。

（2）设计错误。包括：选用的结构计算模型错误、选用的公式错误、选用的参数错误、计算错误等。

（二）支架的材质及安装不符合要求

（1）材料质量不合格。包括：钢管质量不合要求、扣件质量不合要求等。

（2）现场安装与设计方案不符。包括：

① 承力主杆安装与设计方案不符：立杆纵横间距安装过大、水平杆间距安装过大、杆件缺失、扣件松脱等。

② 支架支撑面的刚度和强度与设计方案不符。

③ 支架构造措施不符合要求：水平剪刀撑、纵向竖直剪刀撑、横向竖直剪刀撑、扫地杆、封顶杆等杆件安装不符合要求，与固定结构拉结设施安装不符合要求等。

（三）施工组织不合理

（1）施工顺序不合理。包括：混凝土浇筑方向或先后顺序不当使支架倾斜造成塌架等。

（2）施工荷载超过设计荷载。包括：泵送混凝土冲击力过大、局部混凝土堆载过大等。

二、钢管支架的几何不变体系

钢管支架是由钢管杆件按照一定的搭设规则经钢管扣件扣接组合而成的承力空间几何杆件体系，该杆件体系须服从杆系结构几何不变体系的组成规则。

（一）几何不变体系的组成规则

杆系结构是由若干杆件通过结点间的连接及与支座的连接组成的。合理的杆系结构几何构造本身应该是稳固的，一个几何构造不稳固的结构是不能承受荷载的。下面介绍杆系结构几何不变体系的组成规则。

1. 几何不变体系和几何可变体系

在不考虑杆件变形的前提假定下，外力作用时杆系结构的位置和形状不发生改变的体系称为几何不变体系，如图3-1所示，反之，外力作用时杆系结构的位置和形状可以改变的体系称为几何可变体系，如图3-2所示。

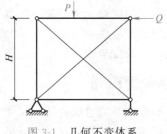
图 3-1　几何不变体系

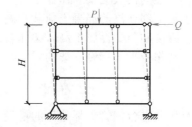
图 3-2　几何可变体系

显然，只有几何不变体系才可作为承力结构，因此，在选择或组成一个结构时必须掌握、遵守几何不变体系的组成规律。

2. 刚体和刚片

在几何组成分析中，不考虑杆件的变形，可以把几何可变体系中的每一根杆件或几何不变体系的任意一部分看作一个刚性物体，简称刚体，平面内的刚体称为刚片。

图 3-3　三刚片

3. 三刚片规则

如图 3-3 所示，刚片Ⅰ、Ⅱ、Ⅲ用不在同一直线上的 A、B、C 三个单铰两两相连。若将刚片Ⅰ固定，则刚片Ⅱ只能绕点 B 转动，其上点 A 必在半径为 BA 的圆弧上运动；而刚片Ⅲ只能绕点 C 转动，其上点 A 又必在半径为 CA 的圆弧上运动。现因在点 A 用铰将刚片Ⅱ、Ⅲ连接，点 A 不可能同时在两个不同的圆弧上运动，故知各刚片之间不可能发生相对运动。因此，这样组成的体系是无多余约束的几何不变体系。结论：三个刚片用不在同一直线上的三个铰两两相连，所组成的体系是没有多余约束的几何不变体系。这就是三刚片规则。

4. 二元体规则

在体系上用两个不共线链杆或刚片铰接可生成一个新的结点，这种产生新结点的装置称为二元体，如图 3-4 所示的 ABC 部分。由于在平面内新增加一个点就会增加两个自由度，而新增加的两根不共线的链杆，恰能减去新结点 A 的两个自由度，故对原体系来说，自由度的数目没有变化。因此，在一个已知体系上增加一个二元体不会影响原体系的几何不变性或可变性。同理，若在已知体系中拆除一个二元体也不会影响体系的几何不变性或可变性。

图 3-4　二元体

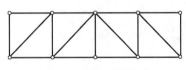

图 3-5　几何不变体系

利用二元体规则，可以得到更为一般的几何不变体系，如图 3-5 所示体系，就是从一个基本的铰结三角形开始，依次增加二元体所组成的、没有多余约束的几何不变体系。结论：在体系中增加一个或拆除一个二元体，不改变体系的几何体不变性或可变性。这就是二元体规则。

（二）钢管支架架体的几何不变与几何可变

1. 钢管支架平面几何不变体系

实际工程中，钢管支架属于杆系结构，依据上述杆系结构几何不变体系的组成规则分析可知，由 3 条钢管和 3 个扣件扣接组成的三角形为钢管支架平面几何不变的基本单元，如图 3-6 所示，因此，由该基本单元按二元体规则扩展而成的钢管支架平面体系仍为几何不变体系，如图 3-7 所示。

图 3-6　钢管支架平面几何不变
的基本单元

图 3-7　由基本单元按二元体规则扩
展而成的钢管支架平面体系

2. 钢管支架空间几何不变架体

在工程实践中，由于受所使用钢管的型号、材质限制，我国工程界目前一般以不大于

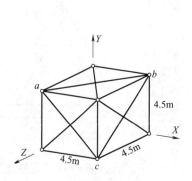

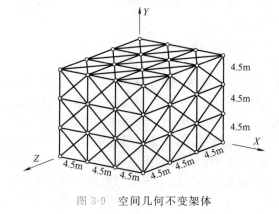

图 3-8　空间几何不变架体基本单元　　　　　图 3-9　空间几何不变架体

图 3-10　实际工程中钢管搭设
的几何可变架体

4.5m×4.5m×4.5m 的钢管支架作为一个空间几何不变架体基本单元，该空间基本单元的三个维度、六个面均设置三角形支撑，如图 3-8 所示。可以观察到其任意相邻的三个面内的对角杆件又可以组成一个"新"的三角形，如图 3-8 中的 ab 杆、ac 杆、bc 杆三杆在该空间基本单元内连接成"新"的三角形支撑，故可以判定该空间基本单元是几何不变架体。依据几何不变体系的组成规则，由该基本单元在三维空间上通过扣件扣接组合而成的钢管支架网仍然是空间几何不变架体，如图 3-9 所示。这就是为什么在模板和

作业平台支架架体中必须合理设置剪刀撑的根本原因。反之，仅仅通过增加支架的水平杆和立杆是无法构成空间几何不变架体的，如图 3-10 所示。不设剪刀撑或剪刀撑之间距离过大，则钢管支架仍是空间几何可变架体，在荷载的作用下，其倾倒、塌架的可能性将大大增加。因此，作为承力用的支架必须合理设置剪刀撑，更确切地说，就是模板和作业平台支架内纵、横、水平三个方向的剪刀撑布置间距不应大于 4.5m。

还应注意的是，尽管剪刀撑在架体中是按构造要求设置，但在架体中往往承受比较大的内力。其在架体中的主要作用有两个：一是保持架体的空间几何不变形；二是将部分垂直荷载、水平荷载以及因压弯或松脱的少数失效杆件退出工作后荷载重分配所产生的荷载传至支撑面，故在《建筑施工模板安全技术规范》（JGJ 162—2008）中明确要求剪刀撑杆件的底端应与地面顶紧、夹角宜为45°～60°。所以，剪刀撑是保证模板和作业平台支架正常工作的重要杆件。

三、钢管支架的架体稳定

（一）钢管支架中的内力

1. 空间几何不变架体是整架受力

在支架内部，通过扣件对杆件进行纵竖相扣、横竖相扣、斜竖相扣、杆件接长等，使杆件形成整体性的支架。施工过程中，由于施工荷载和风荷载的作用，每一条杆（包括立杆、水平杆、斜杆）、每一个扣件都可能受力。在外力作用下，杆件与杆件、杆件与扣件相互传递力，形成支架内力。

在设计允许范围内的施工荷载和风荷载作用下，空间几何不变架体是整架受力，可以将

不同方向的力在架体内分配和传递，并传至支撑面；也正因为是整架受力，所以即使架体中有少量立杆被压弯或松脱，架体自身会进行荷载重新分配，不一定会引发其他立杆倒塌。

2. 确保钢管支架整体稳定需加强架体的顶部刚度

（1）立杆的力学模型。

要判断架体的受力情况，先从立杆的受力情况进行分析。立杆在支架内受到水平杆、剪刀撑的约束，一般允许有微小晃动，水平杆可以看作立杆的弹性支座。在水平力 Q 的作用下，立杆可看作是具有弹性支座的多跨连续梁，如图 3-11 所示；在垂直力 P 的作用下，立杆轴向受压。

（2）立杆的内力和支座反力分析。

在垂直力 P、水平力 Q 作用下，立杆截面产生轴力 N_w、弯矩 M_w。根据《建筑施工模板安全技术规范》（JGJ 162—2008），必须满足下式要求：

$$\begin{cases} \dfrac{N_w}{\varphi A} + \dfrac{M_w}{W} \leqslant f \\ M_w = \dfrac{0.9^2 \times 1.4\omega_k l_a h^2}{10} \end{cases}$$

对于立杆轴力 N_w、弯矩 M_w 的设计计算在学训单元四将会作详细介绍，这里主要是分析水平力对支架顶部的影响。

对于水平力 Q 作用下的立杆，可按照计算连续梁的方法用位移法或力矩分配法求得全梁弯矩图，进而求得各支座反力。据文献报道，有学者对此进行了计算分析，经过适当的计算模型简化和理论计算，其结论是：

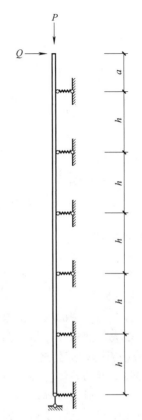

图 3-11　弹性支座的多跨连续梁计算简图
P—垂直力；Q—水平力；
h—步高；a—立杆自由端长度

① 最大的弯矩值出现在立杆顶部节点处，从上往下依次是：下一节点的弯矩值约等于上一节点弯矩值的 1/4，经历 4 跨（步距）之后，在第五个节点弯矩值衰减到 $0.004Qa$，已可忽略不计。

② 最大支座反力出现在立杆顶节点处，从上往下依次是：下一节点的支座反力值约等于上一节点支座反力值的 1/4，经历 4 跨（步距）之后，在第五个节点支座反力值衰减到 $0.028Qa/h$，亦可忽略不计。另外，从力的方向看，从上往下，各支座反力依次相互反向。

以上结论与北京交通大学对某工程模板支架的实测结果相吻合。北京交通大学实测发现从架顶往下，水平杆的应力迅速衰减，在架顶 6m 以下已测不出水平杆的应力。理论分析和支架试验都证明：在水平力的作用下，架体顶部的弯矩和剪力最大。所以必须加强架体顶部的构造措施，确保架体的整架稳定。在工程实践中，一般以支架高度 1/4～1/3 的架体顶部范围作为构造措施加密区。

（二）支架中水平内力的成因

支架中的水平内力，一方面主要由推车、泵送混凝土、振捣混凝土以及风荷载等水平外力作用引起；另一方面由于立杆在制作、安装时，不可避免的、或多或少的存在倾斜和弯曲现象，故即使是单纯的竖向荷载（有时甚至是不需要外荷载）也能通过倾斜和弯曲的立杆引发水平方向的力，从而导致支架产生水平内力，如图 3-12、图 3-13 所示，图中的 N 既是立杆的支座反力，又是水平杆所受的力。立杆倾斜和弯曲的原因主要如下。

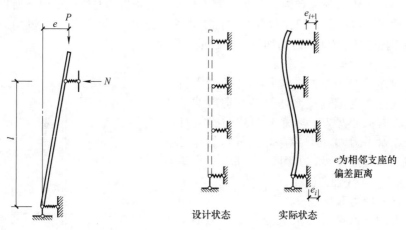

图 3-12 竖向外力作用下支架的水平内力 　　图 3-13 立杆约束变形引起的水平内力

1. 杆件有初弯曲

因生产、制作的精度和反复使用等原因，立杆、水平杆不可避免地存在有初弯曲，在支架搭设过程中，杆件的初弯曲导致立杆偏离预定位置而形成斜立杆。

2. 施工偏差

底立杆在施工中的安放偏差以及往上接长时各杆段的连接偏差，在施工中均难以避免，并且带有很大的随机性，施工偏差也是造成立杆倾斜的原因。

3. 立杆被强拉成列成排

为加强支架的整体性，须设置纵横连续的水平杆将立杆拉结，由于上述 1、2 的原因，部分立杆被强拉成列成排，即：同一根立杆在相邻步距间被水平杆通过扣件强拉变形，这种因被约束而引起的立杆变形，即使没有任何外力也会产生约束内力。水平杆对立杆的约束力是水平方向的。

以上因素导致支架中存在有数量不少的斜杆和弯杆，这些因素在目前条件下难以消除。所以，无论是否存在水平外力，支架中必然存在水平内力。故水平内力对支架整体稳定构成的威胁不容忽视。

（三）水平内力可以使扣件松脱和架顶侧移，最终可能导致塌架

1. 水平内力可以造成扣件松脱

水平内力可以使扣件松脱。支架立杆的竖向内力传递，主要是以压应力的形式来传递，立杆采用对接接长，压应力传递是杆对杆的直传，故扣件松脱的可能性相对小一些。而水平杆若采用对接接长则传力途径完全不同，拉应力是通过扣件与钢管之间的摩擦力进行传递，当沿水平杆杆轴方向传递水平力时，水平杆上的对接扣件可能因无法承受拉力而松脱，如图 3-14 所示；当外力作用下在水平杆上产生弯矩时，对接扣件也可能会因无法承受弯矩而松脱，如图 3-15 所示。尤其是处于架体顶部的水平杆，因其所受的水平内力大则更为危险。

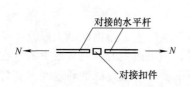

图 3-14 水平杆承受拉力扣件松脱

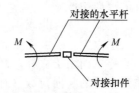

图 3-15 水平杆承受弯矩扣件松脱

2. 架体顶部的水平力会造成架顶侧移

由上述分析可知：架体顶部存在水平推力，而且相对架体的其他部位更大。水平杆与立杆通过扣件相连，扣件靠摩擦力工作。当水平力过大时，扣件就会被撑松，杆件的外表面与扣件的内表面之间出现空隙，架体顶部水平杆被水平力推动而发生水平方向的移动，从而推动架顶发生水平方向的侧移。架顶侧移后，立杆向水平杆施加的水平力进一步增大，引发恶性循环，最终可能导致塌架。

（四）确保钢管支架整体稳定的关键构造措施

1. 架体的整架稳定

正在施工的支架，在水平力的作用下，架体顶部会产生晃动，晃动方向与水平力的方向密切相关，水平力有时是瞬间改变的（如风荷载），于是可能出现瞬间侧移、瞬间扭转；有时也可能是由于侧移、扭转没有得到及时纠正而逐渐累积。架体的失稳垮塌，不一定是单杆先失稳而后导致整架失稳，也可能是由于整架的刚度不足，在水平力的作用下发生整架侧移或者扭转导致。

2. 预防塌架的关键构造措施

要预防支架塌架，除了按照《建筑施工模板安全技术规范》（JGJ 162—2008）的要求对立杆进行设计计算和布置安装外，还应加强支架的构造措施，以可靠的构造措施来保证工作中的支架始终是几何不变体系，当条件允许时还应将支架与周边的柱、墙、梁、板等固定结构构件抱牢，从而能有效抵抗水平荷载、化解支架塌架的危险，具体有以下关键措施：

（1）架体内设置三向剪刀撑体系。

竖向剪刀撑可约束架顶侧移，水平剪刀撑可约束架顶扭转，在架体内设置三向剪刀撑体系，可使架体成为几何不变体。剪刀撑在三个方向均应是全高全长全平面布置。

每道剪刀撑的间距一般要求为：水平剪刀撑应≤4.5m垂距设一道；纵、横两方向上的竖向剪刀撑每道间距应≤4.5m。剪刀撑跨越立杆数为5～7根，角度为45°～60°，竖向剪刀撑杆件的底端应与支撑面顶紧。

（2）支架水平杆与周边柱、墙、梁、板等固定结构构件抱牢。

当支架周边有刚度强大的固定结构时，通过刚性拉结将支架水平杆与周边柱、墙、梁、

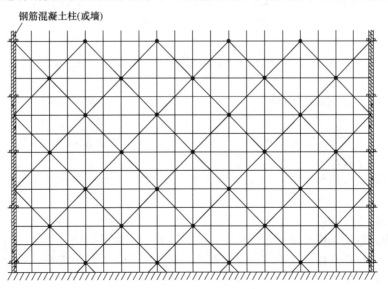

图 3-16　水平杆抱柱（或抱墙）示意（立面图）

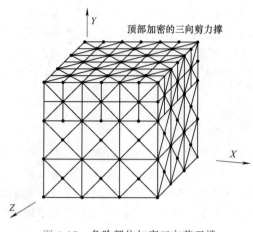

顶部加密的三向剪力撑

图 3-17　危险部位加密三向剪刀撑

板等固定结构构件抱牢，是将架体内的水平力直接传递到架体外固定结构的最有效途径，也是预防支架塌架的最可靠措施，如图 3-16 所示。

当支架的局部无法与固定结构构件直接抱牢且又有可能发生架顶侧移时，应利用附近的固定结构构件作依托，采用多道水平钢丝绳拉住架体顶部来防止架体外倾。

（3）对支架的危险部位进行加固。

从架顶往下 1/4～1/3 的高度范围是架体的危险部位，应加强该处的构造安全措施，可靠做法是加密该处的三向剪刀撑，即该处的剪刀撑间距取支架其他部位剪刀撑间距的一半来进行布置，如图 3-17 所示。

任务二 ▶ 钢管支架安全技术构造措施

根据我国现行的《建筑施工扣件式钢管脚手架安全技术规范》（JGJ 130—2011）、《建筑施工模板安全技术规范》（JGJ 162—2008）以及广西《建筑施工模板及作业平台钢管支架构造安全技术规范》（DB45/T 618—2009）等相关规范，本任务主要介绍模板支架和作业平台钢管支架安全技术构造措施。由于广西《建筑施工模板及作业平台钢管支架构造安全技术规范》（DB45/T 618—2009），在满足《建筑施工扣件式钢管脚手架安全技术规范》（JGJ 130—2011）、《建筑施工模板安全技术规范》（JGJ 162—2008）、《建筑施工脚手架安全技术统一标准》（GB 51210—2016）要求的基础上，更为详尽和更具操作性，故本任务主要依据该规范介绍扣件式钢管支架安全技术构造措施。

一、术语、定义及符号

为了便于理解，根据《建筑施工扣件式钢管脚手架安全技术规范》（JGJ 130—2011）、《建筑施工模板安全技术规范》（JGJ 162—2008），以及《建筑施工模板及作业平台钢管支架构造安全技术规范》（DB45/T 618—2009）等相关规范，列出以下术语、定义及符号。

（一）术语和定义

（1）面板：直接接触新浇混凝土的承力板。面板的种类有钢、木、胶合板、塑料板等。

（2）支架：支撑面板用的楞梁、立柱、连接件、斜撑、剪刀撑和水平拉杆等构件的总称。

（3）连接件：面板与楞梁的连接、面板自身的拼接、支架结构自身的连接和其中二者相互间连接所用的零配件。包括卡销、螺栓、扣件、卡具、拉杆等。

（4）模板体系（简称模板）：由面板、支架和连接件三部分系统组成的体系，可简称为"模板"。

（5）小梁：直接支撑面板的小型楞梁，又称次楞或次梁。

（6）主梁：直接支撑小楞的结构构件，又称主楞。一般采用钢、木梁或钢桁架。

（7）支架立柱：直接支撑主楞的受压结构构件，又称支撑柱、立柱、立杆。

（8）配模：在施工设计中所包括的模板排列图、连接件和支撑件布置图，以及细部结构、异形模板和特殊部位详图。

（9）高大模板、高大作业平台。符合以下条件之一者为高大模板或高大作业平台：

1）支撑体系高度达到或超过 8m；

2）结构跨度达到或超过 18m 的模板；

3）按 JGJ 162—2008 进行荷载组合之后的施工面荷载达到或超过 $15kN/m^2$；

4）按 JGJ 162—2008 进行荷载组合之后的施工线荷载达到或超过 20kN/m；

5）按 JGJ 162—2008 进行荷载组合之后的施工单点集中荷载达到或超过 7kN 的作业平台。

（10）一般模板、一般作业平台：除高大模板、高大作业平台之外的模板、作业平台。

（11）钢管支架：由钢管、扣件、零配件搭设而成的支架。

（12）几何不变架体：在正常施工荷载作用下，内部任意两点之间无相对位移的支架架体。

（13）水平杆：支架中在水平方向上连接立杆的水平杆件。

（14）步高、步：水平杆在竖向上的间距称为步高，每一间距称为一步。

（15）立杆间距：沿水平杆方向，相邻立杆之间的距离。

（16）封顶杆：支架中最顶层的水平杆。

（17）扫地杆：支架中最底层的水平杆。

（18）剪刀撑：支架中成对设置的交叉斜杆，分为：纵向竖直剪刀撑、横向竖直剪刀撑、水平剪刀撑。

（19）剪刀撑体系：设置在支架内部，由纵向竖直剪刀撑、横向竖直剪刀撑、水平剪刀撑共同构建的体系，是从支架内部防止支架发生侧移的装置。

（20）斜撑：除剪刀撑外，与立杆、水平杆均斜交的杆件。

（21）扣件：采用螺栓紧固的扣接连接件，分为：直角扣件、旋转扣件、对接扣件。

（22）底座：设于立杆底部的坐垫，分为：固定底座、可调底座。

（23）垫板：设于立杆下的支撑板。

（24）可调顶托：旋入立杆顶端，可以调节高度的配件。

（25）外连装置：使支架与建筑物连接，将支架中的水平内力传至建筑物，是从外部防止支架发生侧移的装置。分为：抱柱装置、连墙装置、连梁（或板）装置、辅助装置。

（二）符号

（1）H—支架的高度。

（2）H_D—支架中的危险区域。

（3）h—步高。

（4）l_a—沿支架纵向的立杆间距。

（5）l_b—沿支架横向的立杆间距。

（6）S—竖直剪刀撑的间距。

二、基本要求

（一）一般规定

（1）当支架高度超过 3.6m 时，应使用钢管搭设。宜采用 $\phi48.3mm\times3.6mm$ 钢管，每根钢管的最大质量不应大于 25.8kg。

（2）支架内部应设置剪刀撑体系，以保证支架整体成为几何不变架体，从支架内部防止支架发生侧移。

（3）支架应设置外连装置与建筑物连接，从外部防止支架发生侧移。

（4）杆件接长、水平杆与立杆的扣接。

1）杆件接长分为搭接和对接。

① 搭接 1：搭接长度不应小于 700mm，用 3 个旋转扣件扣接，搭接杆件伸出扣件盖板边缘的长度不应小于 100mm。搭接如图 3-18(a) 所示。

② 搭接 2：搭接长度不应小于 900mm，用 4 个旋转扣件扣接，搭接杆件伸出扣件盖板边缘的长度不应小于 100mm。搭接如图 3-18(b) 所示。

③ 对接：对接的两杆杆轴在同一条直线上。对接如图 3-18(c) 所示。

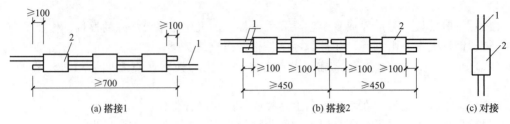

图 3-18 杆件接长
1—杆件；2—扣件

2）水平杆的接长。

水平杆的接长：所有支架的封顶杆以及在封顶杆往下方 h 范围内和危险区域 H_D 范围内的水平杆采用搭接接长，禁止对接；相邻两水平杆的接头不应在同一个立杆间距 l_a 或 l_b 内。

3）剪刀撑采用搭接接长。

4）立杆应采用对接接长，相邻两立杆的接头不应在同一步高内。

5）纵横两向所有水平杆（包括封顶杆、扫地杆）均应直接与立杆扣接，禁止用水平杆之间相互扣接的形式代替水平杆与立杆的扣接。

（5）支撑楼面板、屋面板的立杆，其间距应与支撑梁的立杆沿梁长方向的间距成整数倍关系。

（6）截面高度达到或超过 1m 的梁的支撑。

1）支撑立杆应不少于 2 排；

2）承托梁底模的水平杆与立杆的扣接应使用双扣件；

3）梁底水平杆抗弯及梁底水平杆与立杆相扣的扣件抗滑移应按有关标准进行计算；

4）截面高度达到或超过 1.2m 的梁，应直接用立杆或立杆顶部的可调顶托承重，应在其底模两侧支撑梁的立杆上，沿梁长方向全高全长各设置一道竖直剪刀撑（竖直剪刀撑如上端达到封顶杆位置，可兼剪刀撑体系中的竖直剪刀撑，否则应在原剪刀撑体系中增设）。

（7）立杆应做稳定性计算，经计算确定立杆的间距和水平杆的步高。

（8）水平杆的布置应按如下规定进行：

1）水平杆应纵横两向布置，每步高上纵横两向均不应缺杆；

2）支架内应有封顶杆、扫地杆，并且纵横两向均不应缺杆。

（9）从楼面挑出型钢梁作上层支架的立杆支座时，应对型钢梁和锚固件进行强度、刚度和抗倾覆验算，对支撑梁的楼面结构构件进行强度验算。型钢梁搁置在楼面上的长度与挑出长度之比应≥2（如有可靠的抗倾覆措施，此比值可适当减小），型钢梁与楼面接触部分的首尾两端均应与建筑物的钢筋混凝土结构构件有可靠锚固。在立杆支撑点上，型钢梁应有可靠的限位装置，以保证立杆在型钢梁上不发生滑移。

挑出的型钢梁挑出端部之间或型钢梁与建筑结构之间应刚性连接，以保证梁端不发生水平摆动。

挑出的型钢梁的支座不应设置在建筑物的悬臂板或悬臂梁上。禁止用钢管代替型钢作悬挑梁使用。禁止从外脚手架中伸出钢管斜向支撑悬挑的作业平台或模板。

（10）可调底座、可调顶托伸出长度限制

1）可调底座伸出长度不应超过300mm。

2）可调顶托伸出长度不应超过200mm。

（二）支架支撑面要求

1. 以地面为支撑面

支架的支撑面为地面时，场地应平整，排水应畅通，地面不应发生沉陷。地基承载力应按《建筑施工模板安全技术规范》（JGJ 162—2008）的要求进行验算。

（1）验算后符合要求的，可以根据以下情况放置立杆：

① 搭设一般作业平台支架的，应在地基上铺垫板后放置立杆。

② 搭设高大作业平台支架、一般模板支架和高大模板支架的，应浇捣混凝土支撑面后再放置立杆。

（2）验算后不符合要求的，可以根据支架荷重和场地情况选择如下方法之一进行处理：

① 进行地基处理后按上述（1）项处理。

② 先按施工图完成地面混凝土工程，再搭设支架。

2. 以楼面或屋面为支撑面

支架的支撑面为楼面或屋面时，应符合如下规定：

搭设一般模板支架或高大模板支架的，支撑面下须加支顶，应根据实际荷重对该支撑面进行荷载验算，以确定支架下传的荷载是否超出支撑面的设计活荷载，进而确定需要支顶的

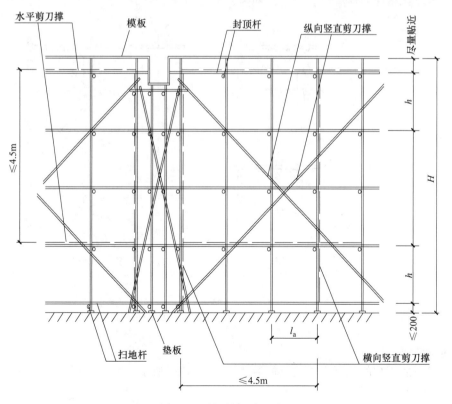

图 3-19　封顶杆、扫地杆

层数，但至少支顶一层。搭设高大作业平台支架的，应根据实际荷重对该支撑面进行荷载验算，以确定是否需要对支撑面进行支顶和需支顶的层数。

三、构造做法

1. 封顶杆、扫地杆

封顶杆应尽量贴近模板底，扫地杆位于支撑面以上≤200mm处，如图3-19所示。

2. 剪刀撑

剪刀撑倾角为45°~60°（宜采用45°），跨越5~7条立杆，宽度≥6m，如图3-20所示。

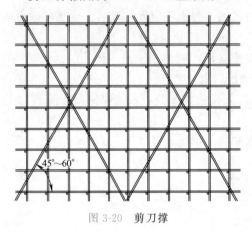

图3-20　剪刀撑

剪刀撑分为竖直剪刀撑和水平剪刀撑。

（1）竖直剪刀撑。

① 纵向竖直剪刀撑，在竖直面上紧贴立杆沿支架纵向全高全长设置；

② 横向竖直剪刀撑，在竖直面上紧贴立杆沿支架横向全高全长设置。

竖直剪刀撑应与每一条与其相交的立杆扣接（不能直接接触除外），竖直剪刀撑杆件的底端应与支撑面顶紧。

（2）水平剪刀撑。沿水平面紧贴水平杆全平面设置，并与每一条与其相交的立杆扣接，不能与立杆扣接之处应与水平杆扣接。

3. 抱柱装置

使支架与建筑物的柱连接的装置，如图3-21所示。

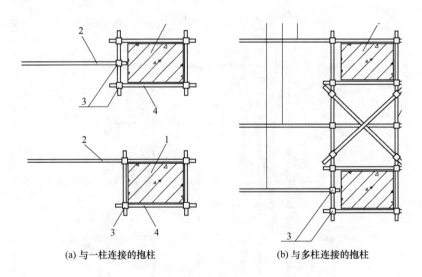

(a) 与一柱连接的抱柱　　　　　　(b) 与多柱连接的抱柱

图3-21　抱柱装置

1—混凝土柱；2—支架的水平杆；3—扣件；4—抱柱箍

4. 连墙装置

使支架与建筑物的混凝土墙连接的装置，如图3-22所示。

5. 连梁（或板）装置

使支架与建筑物的楼面梁（或板）、屋面梁（或板）连接的装置，如图3-23所示。

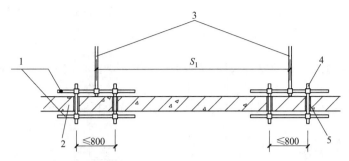

图 3-22　连墙装置（平面图）

1—墙两侧的长管（与短管扣接）；2—混凝土墙；3—支架中的水平杆（与长管扣接）；

4—短管（长为墙厚加 700）；5—预留孔 $\phi 60$；S_1—连接点间距

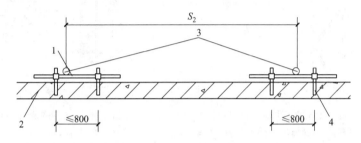

图 3-23　连梁（或板）装置

1—长管（与短管扣接）；2—梁（或板）；3—支架中的水平杆（与长管扣接）；

4—预埋短管（长为埋深加 250）；S_2—连接点间距

6. 辅助装置

在无法采用抱柱装置、连墙装置、连梁（或板）装置与建筑物连接之处，为防止架顶侧移所设置的装置，如图 3-24、图 3-25 所示。钢丝绳（直径 $\geqslant 9.3\text{mm}$）适度收紧，但不可对

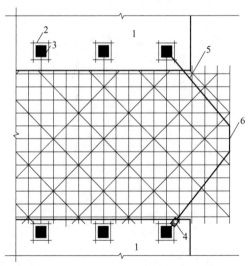

图 3-24　在一处设置辅助装置（平面图）

1—楼面；2—抱柱装置；3—混凝土柱；

4—花篮螺栓；5—用 1～3 道水平钢丝绳拉住支架顶部；

6—绕过 3 条立杆

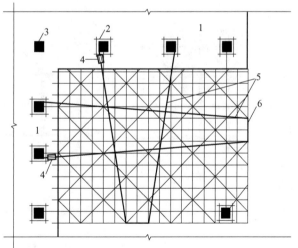

图 3-25　在多处设置辅助装置（平面图）

1—楼面；2—抱柱装置；3—混凝土柱；

4—花篮螺栓；5—用 1～3 道水平钢丝绳拉住支架顶部；

6—绕过 3 条立杆

117

立杆施力过大，以免立杆向架内侧移。钢丝绳应贴近水平杆设置，并在水平杆下方拉住支架顶部。

7. 格构柱

当承担较大荷载时，宜设置格构柱。格构柱为由支架中 4 条或多条立杆围成的矩形截面柱。柱的 4 个侧面设"之"字斜撑，"之"字斜撑与组成柱的立杆扣接；每步高设 2 道水平短剪刀撑，水平短剪刀撑与柱角的立杆扣接。如图 3-26、图 3-27 所示。

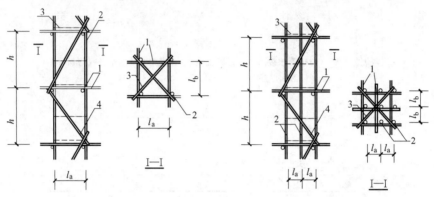

图 3-26　4 条立杆围成的格构柱
1—水平杆；2—立杆；3—水平短剪刀撑；
4—"之"字斜撑

图 3-27　多条立杆围成的格构柱
1—水平杆；2—立杆；3—水平短剪刀撑；
4—"之"字斜撑

8. 格构梁

当承担较大荷载时，可设置格构梁。格构梁为由支架中 4 条或多条水平杆围成的矩形截面梁。梁的 4 个侧面设"之"字斜撑，"之"字斜撑与组成梁的水平杆扣接；沿梁长方向每 l_a 或每 l_b 设 1 道与梁垂直的竖直短剪刀撑，竖直短剪刀撑与组成梁的水平杆扣接，短剪刀撑位置在立杆附近 200mm 以内，如图 3-28 所示。格构梁的支座是格构柱。

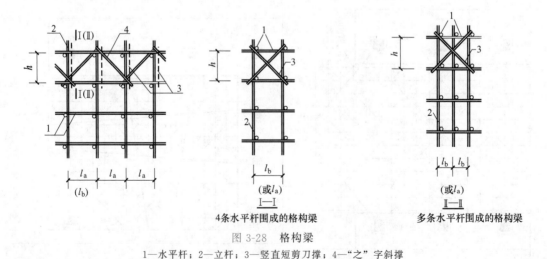

4 条水平杆围成的格构梁　　　多条水平杆围成的格构梁

图 3-28　格构梁
1—水平杆；2—立杆；3—竖直短剪刀撑；4—"之"字斜撑

四、支架的整架安全技术措施

支架的高宽比宜小于或等于 1.5。当高宽比大于 1.5 时应采取增加外连装置的数量或扩大外连装置的设置范围、扩大支架宽度尺寸等做法来加强支架的稳定性。禁止输送混凝土的泵管与支架连接。

（一）一般作业平台支架和一般模板支架

搭设一般作业平台支架和一般模板支架应遵照的安全技术措施如下。

1. 水平杆最大步高

（1）一般作业平台支架，$h \leqslant 1.8\text{m}$。

（2）一般模板支架，$h \leqslant 1.6\text{m}$。

2. 立杆最大间距

（1）一般作业平台支架，$l_a \leqslant 1.5\text{m}$，$l_b \leqslant 1.5\text{m}$。

（2）一般模板支架，$l_a \leqslant 1.4\text{m}$，$l_b \leqslant 1.4\text{m}$。

3. 剪刀撑体系的设置

（1）支架周边应设置竖直剪刀撑，全高全长全立面设置。

（2）封顶杆位置应设置水平剪刀撑，全平面设置。

（3）支架内部应分别设置纵横两向竖直剪刀撑，间距为：沿支架纵向每 $\leqslant 4.5\text{m}$ 设一道，沿支架横向每 $\leqslant 4.5\text{m}$ 设一道。每道竖直剪刀撑均为全高全长设置。

（4）支架内部应设置水平剪刀撑，位置为：从封顶杆开始并往下每 $\leqslant 4.5\text{m}$ 设一道，每道水平剪刀撑均为全平面设置。

剪刀撑体系如图 3-29 所示。

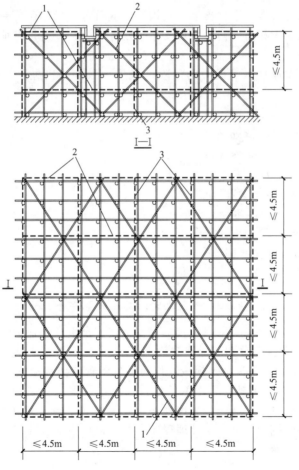

图 3-29　一般作业平台支架和一般模板支架剪刀撑体系平面布置图
1—水平剪刀撑；2—纵向竖直剪刀撑；3—横向竖直剪刀撑

4. 外连装置的设置

（1）抱柱装置。支架与周边稳固的结构柱连接的装置。

① 沿柱高每楼层至少设 1 道。楼层高于 4m 的，按每≤4m 设 1 道。

② 一般作业平台支架在封顶杆位置设 1 道。$H<6m$ 的一般模板支架，紧贴梁底下方设 1 道。

③ $H\geqslant6m$ 的一般模板支架，紧贴梁底下方及封顶杆往下一个步高位置上各设 1 道。

（2）连墙装置。在可以与支架连接的每幅混凝土墙上设置（禁止在砌体墙上设置）。

① 竖直方向上，在水平剪刀撑位置设置。

② 水平方向上，连接点间距 S_1 等于竖直剪刀撑的间距，应将竖直剪刀撑平面内的 1 条水平杆伸出扣在连墙装置上，如图 3-22 所示。

（3）连梁（或板）装置。在可以与支架连接的每层楼面梁（或板）和屋面梁（或板）上设置，连接点间距 S_2 等于竖直剪刀撑的间距，应将竖直剪刀撑平面内的 1 条水平杆伸出扣在连梁（或板）装置上，如图 3-23 所示。

（4）辅助装置。在无法采用以上三种方法与建筑物连接之处设置，可根据实际情况设置 1 道或 2 道。具体设置位置：第 1 道设在封顶杆位置，第 2 道设在封顶杆下方一个步高 h 处。

（二）高大模板和高大作业平台支架

搭设高大模板和高大作业平台支架，其构造除应符合一般作业平台支架和一般模板支架的规定要求外，高大模板和高大作业平台支架搭设方案还必须进行专项设计论证，以确保支架的整体稳定。

高大模板和高大作业平台支架中的危险区域应采取加强措施。从封顶杆位置往下 H_D 的区域为危险区域：

当 $H<8m$，$H_D=2h$；

当 $8m\leqslant H\leqslant10m$，$H_D\geqslant3m$；

当 $10m<H\leqslant15m$，$H_D\geqslant4.5m$；

当 $15m<H\leqslant20m$，$H_D\geqslant6m$；

当 $20m<H\leqslant25m$，$H_D\geqslant7.5m$；

当 $25m<H\leqslant30m$，$H_D\geqslant9m$；

当 $30m<H\leqslant40m$，$H_D\geqslant10.5m$；

当 $40m<H\leqslant60m$，$H_D\geqslant15m$；

当 $H>60m$，$H_D=H/4$。

任务三 ▶ 支架安全管理实务

依据《中华人民共和国安全生产法》、《建设工程安全生产管理条例》、《危险性较大的分部分项工程安全管理规定》（住房和城乡建设部令 37 号）、《混凝土结构工程施工质量验收规范》（GB 50204—2015）、《建筑施工模板及作业平台钢管支架构造安全技术规范》（DB45/T 618—2009）等法律、法规和规范的相关条款，一般作业平台支架和一般模板支架在设计、安装、验收全过程中须执行八道安全管理程序，高大作业平台支架和高大模板支架在设计、安装、验收全过程中须执行十道安全管理程序；每一道程序都有其特定的内容。

一、安全管理程序

（一）一般作业平台支架和一般模板支架的安全管理程序

一般作业平台支架和一般模板支架的安全管理应按以下八道程序进行。

1. 编制方案

搭设前由施工企业编制专项施工方案。专项施工方案应包含如下技术内容：荷载计算、支撑面处理、步高和立杆间距的确定、梁的支撑、剪刀撑体系布置平面图和剖面图、外连装置设置。

2. 审查方案

施工企业、项目监理机构分别对专项施工方案进行审查。

3. 批准方案

用于钢结构安装等满堂搭设的作业平台支架，以及支撑体系高度达到或超过 5m、或结构跨度达到或超过 10m、或在按 JGJ 162—2008 进行荷载组合之后的荷载值达到或超过 10kN/m² 或 15kN/m、或支架的高宽比大于 1 而且相对独立无联系的模板支架的专项施工方案，在审查符合要求之后，送施工企业技术负责人批准，送项目总监理工程师批准。

除上述以外的一般作业平台支架和一般模板支架的专项施工方案，在审查符合要求之后，送施工企业技术部门负责人批准、送项目总监理工程师批准。

经批准的专项施工方案应存档。

4. 技术交底

由施工企业工程项目部技术负责人或专项施工方案编制人，就有关构造要求的技术细节和安全施工的技术要求，向施工作业班组的作业人员作出详细的技术交底。技术交底应有记录，技术交底记录应由交底人和接受交底人签字确认后存档。

5. 执行方案

项目经理应对专项施工方案的实施负责，并指定专人对实施进行监督，支架的搭设应严格按照经批准的专项施工方案进行，不允许随意修改。如因外部环境或条件发生变化，专项施工方案确需修改的，修改之后的方案应重新审查和批准。

6. 检查监控

支架搭设过程中，施工单位和项目监理机构应进行检查监控，发现错误应当纠正。检查监控应使用表 3-2 或表 3-3。检查记录应存档。

7. 整架验收

支架搭设完成后，由施工企业的工程项目部、监理企业的现场监理机构共同验收。验收不合格的整改后再验收；验收合格的，由作业班长、工程项目部专职安全员、工程项目部专职质检员、工程项目部技术负责人、项目经理、监理工程师和总监理工程师签字后，交付下道工序安装作业平台或安装模板。

验收应使用表 3-4、表 3-8。验收记录及扣件拧紧抽样检查表应存档。

8. 使用监控

在支架使用过程中，应有专人对支架进行现场监控。

（二）高大作业平台支架和高大模板支架的安全管理程序

高大作业平台支架和高大模板支架的安全管理应按以下十道程序进行。

1. 编制方案

搭设前由施工企业编制专项施工方案。专项施工方案应包含如下技术内容：荷载计算、支撑面处理、步高和立杆间距的确定、梁的支撑、剪刀撑体系布置平面图和剖面图、外连装置设置。对 $H>40m$ 的支架，尚需绘出格构框架体系布置平面图和剖面图，并绘出格构柱和格构梁的详图。

2. 初审方案

由施工企业和现场监理机构对专项施工方案进行初审。通过初审的专项施工方案经项目经理、施工企业技术负责人、监理工程师和项目总监理工程师分别签字后送专家论证。

3. 专家论证

由施工企业组织不少于 5 人的专家组（专家的资格应符合国家建设主管部门的规定），对专项施工方案进行论证审查。专家组应提出论证审查报告。论证审查报告应存档。

4. 修改方案

根据专家组的论证审查意见，由施工企业对专项施工方案进行修改完善。修改后的方案由负责修改的部门负责人审查后报请批准。如专项施工方案经专家论证后需作重大修改的，修改后应重新组织专家论证。

5. 批准方案

修改后的专项施工方案分别送施工企业（法人单位）的技术负责人批准，送项目总监理工程师批准，送建设单位项目负责人签字。经批准的专项施工方案应存档。

6. 技术交底

由施工企业工程项目部技术负责人或专项施工方案编制人，就有关构造要求的技术细节和安全施工的技术要求，向施工作业班组的作业人员作出详细的技术交底。技术交底应有记录，技术交底记录应由交底人和接受交底人签字确认后存档。

7. 执行方案

项目经理应对专项施工方案的实施负责，并指定专人对专项施工方案的实施进行监督。支架的搭设应严格按照经批准的专项施工方案进行，不允许随意修改。如因外部环境或条件发生变化，专项施工方案确需修改的，修改后应重新组织专家论证。

8. 检查监控

支架搭设过程中，施工单位和项目监理机构应进行检查监控，发现错误应当纠正。检查监控应使用表 3-5 或表 3-6。检查记录应存档。

9. 整架验收

支架搭设完成后，由施工企业（法人单位）的技术部门、施工企业的工程项目部、监理企业的现场监理机构共同验收。验收不合格的整改后再验收；验收合格的由作业班长、工程项目部专职安全员、工程项目部专职质检员、工程项目部技术负责人、项目经理、施工企业的技术部门或安全部门人员、方案编制人、方案审查人、监理工程师和项目总监理工程师签字后，交付下道工序安装作业平台或安装模板。

验收应使用表 3-7、表 3-8。验收记录及扣件拧紧抽样检查表应存档。

10. 使用监控

在支架使用过程中，应有专人对支架进行现场监控。

（三）两类支架的安全管理程序差异

上述一般作业平台支架和一般模板支架安全管理程序和高大作业平台支架和高大模板支架安全管理程序均是依据我国现行的相关法规、规范编列；一般作业平台支架和一般模板支架的专项施工方案在我国现行的相关法规、规范中没有要求必须经专家论证这道程序，所以没有编列初审方案和专家论证 2 道程序，但若遇到一些特殊、复杂的一般性支架，施工单位应主动增加初审方案和专家论证程序；一般作业平台和一般模板与高大作业平台和高大模板相比，危险性小一些，但量却大得多，所以对其支架的验收不硬性要求施工企业本部的人员参加。当施工、监理等相关单位认真执行了支架搭设的安全管理程序，支架的安全是有保障的。

二、支架安全检查验收

（一）钢管扣件螺栓拧紧力矩的检查验收

钢管扣件螺栓拧紧力矩不应小于 40N·m，不应大于 65N·m。安装完成后的扣件螺栓应采用力矩扳手抽样检查。抽样部位及要求如下。

1. 抽样检查应全部合格的部位

在封顶杆位置及从封顶杆往下一个步高 h 范围内，按随机分布原则抽取所抽部位扣件总数的 5%、且不少于 10 个扣件进行检查，要求抽检到的扣件全部合格。

2. 允许出现不合格点的部位及数量

除封顶杆及封顶杆往下一个步高 h 范围之外，其余部位允许出现不合格点。在该范围内抽样时，应在危险区域 H_D 范围内抽取总抽样数的 80%，H_D 范围外抽取 20%，抽样数量及允许不合格数量见表 3-1。抽样应按随机并覆盖所检部位的原则进行，检查中发现不合格点时，应在该点邻近区域增加抽样点。

3. 抽样检查不合格的处理

第一次抽样检查不合格的，应对该部位的扣件重新拧紧，拧紧后进行第二次抽样检查，直至达到表 3-1 的要求。

表 3-1　扣件拧紧抽样检查数目及合格判定标准

抽样部位	安装扣件数量/个	抽检数量/个	允许的不合格数/个	附注
封顶杆位置及封顶杆往下一步高 h 范围内	不限	所抽部位的 5%，且不少于 10	0	
截面高度达到或超过 1m 的梁，承托梁底模的水平杆与立杆扣接的扣件	不限	全数	0	
其余部位	51～90	5	0	在 H_D 范围内抽 80%，H_D 范围外抽 20%。如扣件安装数量超过 3200 个，抽样数量应增加
	91～150	8	1	
	151～280	13	1	
	281～500	20	2	
	501～1200	32	3	
	1201～3200	50	5	

注：本表参照 JGJ 130—2011 的规定。

(二) 支架安全检查验收实务

作业平台支架和模板支架的安全检查验收分为过程控制检查和综合检查验收两个阶段，过程控制检查包括：是否编制有专项施工方案；专项施工方案是否经过相应程序的审查、批准；专项施工方案是否向施工作业班组的作业人员作出详细的技术交底；支架的搭设是否严格按照经批准的专项施工方案进行，若有修改是否经过相应程序审查批准；支架搭设过程中、施工单位和项目监理机构是否进行了检查监控、发现错误是否已纠正等内容。

综合检查验收是在支架搭设完成后，由施工企业、监理企业的相关人员共同进行，包括资料验收和现场支架实体验收。若验收不合格，则整改后再进行验收；验收合格后，由施工企业技术负责人（或施工企业技术部门负责人）、项目经理、工程项目部技术负责人、方案编制者、监理工程师和项目总监理工程师等相关人员签字确认，可以交付下道工序进行安装作业平台或安装模板。

对于一般作业平台支架和一般模板支架，支架搭设过程中，施工单位和项目监理机构应使用表 3-2《一般作业平台支架安全要点检查表》或表 3-3《一般模板支架安全要点检查表》进行检查监控，发现错误应当纠正。

支架搭设完成后，施工企业、监理企业的相关人员应共同进行验收，验收应填写表 3-4

123

《一般模板支架、一般作业平台支架整架验收记录表》和表 3-8《扣件拧紧抽样检查表》。

对于高大作业平台支架和高大模板支架，支架搭设过程中，施工单位和项目监理机构应使用表 3-5《高大作业平台支架安全要点检查表》或表 3-6《高大模板支架安全要点检查表》进行检查监控，发现错误应当纠正。

支架搭设完成后，施工企业、监理企业的相关人员应共同进行验收，验收应填写表 3-7《高大模板支架、高大作业平台支架整架验收记录表》和表 3-8《扣件拧紧抽样检查表》。

表 3-2　一般作业平台支架安全要点检查表

| 工程名称 | | | | | 支架材质 | 钢管 | |
| 施工单位 | | | | 监理单位 | | | |

资料检查							
有专项施工方案	☐	审查方案	施工企业技术部门审查	☐	批准方案	经施工企业技术部门负责人批准或经施工企业技术负责人批准(注2)	☐
有计算书(纵横两向立杆间距、步高取值，立杆稳定计算或可以不计算的说明)	☐		项目监理机构审查	☐		经总监理工程师批准	☐
						有技术交底记录	☐

现场检查						
保证支架内部稳固的措施	设置纵横两向扫地杆，且纵横两向均不缺杆	☐	外连装置设置		封顶杆位置、每楼层(或沿柱高每≤4m)设抱柱装置	☐
	沿立杆每步均设置纵横水平杆且纵横两向均不缺杆	☐			每楼层设连板装置	☐
	设置纵横两向封顶杆，封顶杆位置有水平剪刀撑	☐			连墙装置在水平剪刀撑位置上设置(禁止在砌体上设置)	☐
	竖直方向沿纵向全高全长从两端开始每≤4.5m 设一道剪刀撑	☐		剪刀撑倾角45°~60°，跨越5~7 条杆，宽度≥6m	在无墙无板处设连梁装置	☐
	竖直方向沿横向全高全长从两端开始每≤4.5m 设一道剪刀撑	☐			在无法采用以上 4 种方法处设辅助装置	☐
	水平方向沿全平面从封顶杆往下每≤4.5m 设一道剪刀撑	☐				
立杆支撑	支于地面时，有垫板。支撑面的处理符合规定	☐	建筑物悬挑部分的作业平台支架		立杆支在地面上有垫板，支撑面的处理符合规定	
		☐			从楼面(悬臂结构除外)挑出型钢梁作上层作业平台的立杆支座，型钢梁搁置在楼板上的长度与挑出长度之比≥2，型钢梁与楼面接触部分的首尾两端均与结构有可靠锚固。有可靠的立杆滑移限位装置和型钢梁平面外晃动约束装置	☐
	伸出长度：可调底座不大于 300mm；可调顶托不大于 200mm					
禁止事项	禁止用钢管从楼层挑出作为立杆支座	☐			禁止用水平杆相互扣接代替水平杆与立杆扣接	☐
	水平杆在禁止区域内，禁止对接	☐			禁止从外脚手架中伸出钢管斜支悬挑的作业平台	☐
	禁止用木杆接长作立杆	☐			禁止使用叠层搭设的木材支撑体系	☐
	禁止不同形式的钢管支架混用，禁止钢管支架与木材支架混用					
其他	立杆间距、水平杆步高符合要求	☐			扣件螺栓拧紧符合规定	
检查结论	☐1　通过　☐2　整改　☐3　停止搭设 整改或停止搭设范围如下：			检查单位:施工☐　　监理☐		
				检查人：		
					年　月　日	

注：1. 一般作业平台是指除高大作业平台之外的作业平台。
　　2. 须经施工企业技术负责人批准的专项施工方案见"一般作业平台支架和一般模板支架的安全管理程序"。

表 3-3　一般模板支架安全要点检查表

工程名称						支架材质		钢管	
施工单位				监理单位					
资料检查									
有专项施工方案		☐	审查方案	施工企业技术部门审查	☐	批准方案	经施工企业技术部门负责人批准或经施工企业技术负责人批准（注2）		☐
有计算书（纵横两向立杆间距、步高取值，立杆稳定计算或可以不计算的说明）		☐		项目监理机构审查	☐		经总监理工程师批准		☐
							有技术交底记录		☐
现场检查									
保证支架内部稳固的措施	设置纵横两向扫地杆，且纵横两向均不缺杆			☐	外连装置设置	梁底位置、每楼层（或沿柱高每≤4m）设抱柱装置 $H≥6m$ 的，封顶杆往下 h 处加一道抱柱装置			☐
	沿立杆每步均设置纵横水平杆且纵横两向均不缺杆			☐		每楼层设连板装置			☐
	设置纵横两向封顶杆，封顶杆位置有水平剪刀撑			☐		连墙装置在水平剪刀撑位置上设置（禁止在砌体上设置）			☐
	竖直方向沿纵向全高全长从两端开始每≤4.5m设一道剪刀撑	剪刀撑倾角45°～60°，跨越5～7根杆，宽度≥6m		☐		在无墙无板处设连梁装置			☐
	竖直方向沿横向全高全长从两端开始每≤4.5m设一道剪刀撑					在无法采用以上4种方法处设辅助装置			☐
	水平方向沿全平面从封顶杆往下每≤4.5m设一道剪刀撑			☐					
立杆支撑	支于地面时，须在混凝土地面上支立杆。支撑面的处理符合规定			☐	建筑物悬挑部分的模板支架	立杆支在混凝土地面上，支撑面的处理符合规定			☐
	支于楼面时，楼面下至少加一层支顶			☐		从楼面（悬臂结构除外）挑出型钢梁作上层作业平台的立杆支座，型钢梁搁置在楼板上的长度与挑出长度之比≥2，型钢梁与楼面接触部分的首尾两端均与结构有可靠锚固。有可靠的立杆滑移限位装置和型钢梁平面外晃动约束装置			☐
	伸出长度：可调底座不大于300mm，可调顶托不大于200mm			☐					
禁止事项	支撑梁的立杆必须对接，禁止搭接			☐	水平杆在禁止区域内，禁止对接				☐
	禁止用钢管从楼层挑出作为立杆支座			☐	禁止从外脚手架中伸出钢管斜支悬挑的模板				☐
	禁止使用叠层搭设的木材支撑体系			☐	禁止用水平杆相互扣接代替水平杆与立杆扣接				☐
	禁止用木杆接长作立杆			☐	禁止输送混凝土的泵管与支架连接				☐
	禁止不同形式的钢管支架混用，禁止钢管支架与木材支架混用								☐
其他	立杆间距、水平杆步高符合要求			☐	截面高度1m及以上的梁的支撑情况				☐
	扣件螺栓拧紧符合规定			☐					
检查结论	☐1　通过　　☐2　整改　　☐3　停止搭设整改或停止范围如下：				检查单位:施工☐　　监理☐				
					检查人： 　　　　　　　　　　年　月　日				

注：1. 一般模板是指除高大模板之外的模板。
　　2. 须经施工企业技术负责人批准的专项施工方案见"一般作业平台支架和一般模板支架的安全管理程序"。

表 3-4　一般模板支架、一般作业平台支架整架验收记录表

类别：一般模板支架□　一般作业平台支架□

工程名称：＿＿＿＿　　验收部位：○～○×○～○轴　　验收日期：　年　月　日

实测值		1	2	3	4	5	6	7	8	9	10	平均值	方案值
立杆间距	横距												
	纵距												
水平杆步高													
每道纵向竖直剪刀撑间距													
每道横向竖直剪刀撑间距													
每道水平剪刀撑间距													

验收内容			
架顶部位加固加强措施	抱柱：H≥6m 模板支架封顶杆以下 h 处加一道抱柱柱		
外连装置设置情况	连墙：	连墙：	辅助装置：
支撑面为地面的处理情况		支撑面为楼层的支顶情况	
水平杆缺失情况		扫地杆缺失情况	
封顶杆缺失情况		封顶杆位置设置	
		水平剪刀撑情况	
扣件螺栓拧紧情况			
禁止对接区内，水平杆的搭接情况		截面高度 1m 及以上的梁的支撑情况	连梁：

责任人验收意见			
架子班长	签名：	意见：	合格（　）不合格（　）
安全员	签名：	意见：	合格（　）不合格（　）
质检员	签名：	意见：	合格（　）不合格（　）
项目部技术负责人	签名：	意见：	合格（　）不合格（　）
监理工程师	签名：	意见：	合格（　）不合格（　）

验收结论			
项目经理	签名：	结论：	合格（　）不合格（　）
项目总监理工程师	签名：	结论：	合格（　）不合格（　）

表 3-5　高大作业平台支架安全要点检查表

工程名称					支架材质		钢管	
施工单位				监理单位				
资料检查								
有专项施工方案	□	不少于5人的专家组论证专项施工方案并出具论证意见	□	论证后经修改的方案	经施工企业技术负责人批准			□
有计算书(纵横两向立杆间距、步高取值,立杆稳定计算或可以不计算的说明)	□				经总监理工程师批准			□
				有技术交底记录				□
现场检查								
保证支架内部稳固的措施	设置纵横两向扫地杆,扫地杆位置有水平剪刀撑		□	外连装置设置	封顶杆位置、每楼层(或沿柱高每≤4m)设抱柱装置,危险区域每步高设抱柱装置			□
	沿立杆每步均设置纵横水平杆且纵横两向均不缺杆		□		每楼层设连板装置			□
	设置纵横两向封顶杆,封顶杆位置有水平剪刀撑		□		在无墙无板处设连梁装置			□
	竖直方向沿纵向全高全长从两端开始每≤4.5m设一道剪刀撑	剪刀撑倾角45°~60°,跨越5~7条杆,宽度≥6m	□		连墙装置在水平剪刀撑位置上设置(禁止在砌体上设置)			□
	竖直方向沿横向全高全长从两端开始每≤4.5m设一道剪刀撑		□					
	水平方向沿全平面每≤4.5m高设一道剪刀撑,架顶部位加密水平剪刀撑		□		在无法采用以上4种方法处设辅助装置			□
立杆支撑	支于地面时,须在混凝土地面上支立杆。支撑面的处理符合规定		□	建筑物悬挑部分的作业平台支架	立杆支在混凝土地面上,支撑面的处理符合规定			□
	支于楼面时,楼面下至少加一层支顶,需支顶层数由验算定		□		从楼面(悬臂结构除外)挑出型钢梁作上层作业平台的立杆支座,型钢梁搁置在楼板上的长度与挑出长度之比≥2,型钢梁与楼面接触部分的首尾两端均与楼板有可靠锚固。有可靠的立杆滑移限位装置和型钢梁平面外晃动约束装置			□
	伸出长度:可调底座不大于300mm,可调顶托不大于200mm		□					
禁止事项	禁止用钢管从楼层挑出作为立杆支座		□	禁止用水平杆相互扣接代替水平杆与立杆扣接				□
	水平杆在禁止区域内,禁止对接		□	禁止从外脚手架中伸出钢管斜支悬挑的作业平台				□
	禁止用木杆接长作立杆		□	禁止使用叠层搭设的木材支撑体系				□
	禁止不同形式的钢管支架混用,禁止钢管支架与木材支架混用							
其他	立杆间距、水平杆步高符合要求		□	格构框架体系设置				□
	扣件螺栓拧紧符合规定		□					
检查结论	□1 通过　□2 整改　□3 停止搭设 整改或停止范围如下:			检查单位:施工□　　监理□ 检查人: 　　　　　　　　　　年　月　日				

注:高大作业平台是指达到或超过以下指标的作业平台:高度 8m,或经荷载组合后的施工面荷载 15kN/m²,或经荷载组合后的施工线荷载 20kN/m,或经荷载组合后单点集中荷载 7kN。

表 3-6　高大模板支架安全要点检查表

工程名称					支架材质		钢管	
施工单位				监理单位				

资料检查

有专项施工方案	☐	不少于 5 人的专家组论证专项施工方案并出具论证意见	☐	论证后经修改的方案	经施工企业技术负责人批准	☐
有计算书(纵横两向立杆间距、步高取值,立杆稳定计算或可以不计算的说明)	☐				经总监理工程师批准	☐
					有技术交底记录	☐

现场检查

保证支架内部稳固的措施	设置纵横两向扫地杆,扫地杆位置有水平剪刀撑		☐	外连装置设置	梁底位置、每楼层(或沿柱高每≤4m)设抱柱装置,危险区域每步高设抱柱装置	☐
	沿立杆每步均设置纵横水平杆且纵横两向均不缺杆		☐		每楼层设连板装置	☐
	设置纵横两向封顶杆,封顶杆位置有水平剪刀撑		☐		连墙装置在水平剪刀撑位置上设置(禁止在砌体上设置)	☐
	竖直方向沿纵向全高全长从两端开始每≤4.5m 设一道剪刀撑	剪刀撑倾角45°～60°,跨越 5～7 条杆,宽度≥6m	☐		在无墙无板处设连梁装置	☐
	竖直方向沿横向全高全长从两端开始每≤4.5m 设一道剪刀撑		☐		在无法采用以上 4 种方法处设保险装置	☐
	水平方向沿全平面每≤4.5m 高设一道剪刀撑,架顶部位加密水平剪刀撑		☐			
立杆支撑	支于地面时,须在混凝土地面上支立杆。支撑面的处理符合规定		☐	建筑物悬挑部分的模板支架	立杆支在混凝土地面上,支撑面的处理符合规定	☐
	支于楼层时加支顶,需支顶层数由验算定,但不少于 1 层		☐		从楼面(悬臂结构除外)挑出型钢梁作上层模板的立杆支座,型钢梁搁置在楼板上的长度与挑出长度之比≥2,型钢梁与楼面接触部分的首尾两端均与楼板有可靠锚固。有可靠的立杆滑移限位装置和型钢梁平面外晃动约束装置	☐
	伸出长度:可调底座不大于 300mm,可调顶托不大于 200mm		☐			
禁止事项	支撑梁的立杆应对接,禁止搭接		☐	水平杆在禁止区域内,禁止对接		☐
	禁止用钢管从楼层挑出作为立杆支座		☐	禁止从外脚手架中伸出钢管斜支悬挑的模板		☐
	禁止使用叠层搭设的木材支撑体系		☐	禁止用水平杆相互扣接代替水平杆与立杆扣接		☐
	禁止用木杆接长作立杆		☐	禁止输送混凝土的泵管与支架连接		☐
	禁止不同形式的钢管支架混用,禁止钢管支架与木材支架混用					☐
其他	立杆间距,水平杆步高符合要求		☐	截面高度 1m 及以上的梁的支撑情况		☐
	扣件螺栓拧紧符合规定		☐	格构框架体系设置		☐
检查结论	☐1　通过　☐2　整改　☐3　停止搭设整改或停止范围如下:			检查单位:施工☐　　监理☐		
				检查人:		
				年　月　日		

注:高大模板是指达到或超过以下指标的模板:高度 8m,或结构跨度 18m,或经荷载组合后的施工面荷载 15kN/m²,或经荷载组合后的施工线荷载 20kN/m。

表3-7　高大模板支架、高大作业平台支架整架验收记录表

类别：高大模板支架□　　高大作业平台支架□

工程名称：

验收部位：○~○×○~○轴　　　　　　　　　　验收日期：　　　年　　月　　日

实测项		实测值										平均值	方案值
		1	2	3	4	5	6	7	8	9	10		
立杆间距	横距												
	纵距												
水平杆步高													
每道纵向竖直剪刀撑间距													
每道横向竖直剪刀撑间距													
每道水平剪刀撑间距													

验收内容		
加密区域加强措施	加密抱柱：	加密柱：	加密顶部水平剪刀撑
外连装置设置情况	抱柱： 连板： 连墙： 连梁： 辅助装置：	
支撑面为地面的处理情况	支撑面为楼层的支顶情况	
扫地杆缺失情况	扫地杆位置的水平剪刀撑	
封顶杆缺失情况	封顶杆位置的水平剪刀撑	
扣件螺栓拧紧情况		
禁止对接区内，水平杆搭接情况	截面高度1m及以上的梁的支撑情况	水平杆缺失情况
		格构框架体系设置情况

责任人验收意见			
架子班长	签名：	意见：	合格（　）不合格（　）
安全员	签名：	意见：	合格（　）不合格（　）
质检员	签名：	意见：	合格（　）不合格（　）
项目部技术负责人	签名：	意见：	合格（　）不合格（　）
公司技术部门人员	签名：	意见：	合格（　）不合格（　）
监理工程师	签名：	意见：	合格（　）不合格（　）

方案编审人员意见			
方案编制人	签名：	意见：	通过（　）不通过（　）
方案审查人	签名：	意见：	通过（　）不通过（　）

验收结论			
项目经理	签名：	结论：	合格（　）不合格（　）
项目总监理工程师	签名：	结论：	合格（　）不合格（　）

表 3-8　扣件拧紧抽样检查表

检查日期：　　　年　月　日

工程名称				支架所在部位		
抽样部位	安装扣件数量/个	规定抽检数量/个	允许不合格数/个	实抽数/个	不合格数/个	所检部位质量判定
封顶杆位置及封顶杆往下一步高 h 范围内	不限	所抽部位的 5%，且不少于 10	0			合格　□ 不合格　□
截面高度≥1m 并 <1.2m 的梁，承托梁底模的水平杆与立杆扣接的扣件（注 5）	不限	全数	0			合格　□ 不合格　□
其余部位	在 H_D 范围内抽 80%，H_D 范围外抽 20%	51～90	5	0		合格□　不合格□
		91～150	8	1		合格□　不合格□
		151～280	13	1		合格□　不合格□
		281～500	20	2		合格□　不合格□
		501～1200	32	3		合格□　不合格□
		1201～3200	50	5		合格□　不合格□
		>3200	n	$n/10$		合格□　不合格□
检查结论						
处理意见						
检查人						

注：1. 使用力矩扳手检查，钢管扣件螺栓的拧紧力矩为 40～65N·m。
2. "其余部位"栏中，按所检支架实际安装扣件数的栏目填写。
3. 安装扣件数量超过 3200 个，抽样数应增加。
4. 对检查不合格的部位，应重新拧紧后再次抽样检查，直至合格。
5. 截面高度达到或超过 1.2m 的梁，直接用立杆或立杆顶部的可调顶托承重。

【特别说明】

《建筑施工扣件式钢管脚手架安全技术规范》（JGJ 130—2011）将满堂支撑架分为普通型和加强型，因《建筑施工模板及作业平台钢管支架构造安全技术规范》（DB45/T 618—2009）中的安全技术构造措施满足《建筑施工扣件式钢管脚手架安全技术规范》（JGJ 130—2011）中对普通型的构造措施要求，并满足《建筑施工脚手架安全技术统一标准》（GB 51210—2016）的要求，且更为详尽和更具操作性，故本单元主要依据《建筑施工模板及作业平台钢管支架构造安全技术规范》（DB45/T 618—2009）介绍基本的扣件式钢管支架安全技术构造措施和相关的支架安全管理实务。

【特别提示】　模板及作业平台钢管支架安全技术构造措施不能替代模板及作业平台专项设计，钢管支架安全技术构造措施是模板及作业平台钢管支架现场搭设时的基本要求，应依据经批准的专项设计方案搭设模板及作业平台钢管支架，但无论何种情况均不应低于基本要求。

小结

本单元主要介绍了模板及作业平台钢管支架体系的术语、定义及符号，现浇混凝土模板及作业平台钢管支架中水平内力的成因，几何不变支架体系构成；详细介绍了保证模板及作业平台钢管支架体系稳定的基本要求、构造做法和整架安全技术措施；重点介绍了模板及作业平台钢管支架安全管理的程序、支架安全检查验收的要求和做法。

能力训练

一、思考题

1. 如何判别高大模板、高大作业平台和一般模板、一般作业平台？

2. 如何理解模板及作业平台钢管支架的术语、定义及符号？

3. 支架中水平内力产生的原因有哪些？

4. 如何理解几何不变架体的定义和剪刀撑的作用？

5. 钢管支架安全技术构造措施基本要求的一般规定有哪些？

6. 封顶杆、扫地杆的构造做法中有何要求？

7. 剪刀撑的构造做法有何要求？

8. 扣件式钢管支架杆件接长的构造做法有何要求？

9. 钢管支架安全技术构造措施外连装置有哪几种？构造做法如何？

10. 一般作业平台支架和一般模板支架的整架安全技术措施要求如何？

11. 一般作业平台支架和一般模板支架须执行的八道安全管理程序、高大作业平台支架和高大模板支架须执行的十道安全管理程序各是什么？

12. 两类支架的安全管理程序有何区别？如何理解？

二、实训项目

由指导教师带队安排学生到一个正在安装支架的建筑工地，现场讲解模板支架的相关知识和要求，指导学生按照表3-2《一般作业平台支架安全要点检查表》、表3-3《一般模板支架安全要点检查表》、表3-4《一般模板支架、一般作业平台支架整架验收记录表》、表3-8《扣件拧紧抽样检查表》的要求对一般模板及作业平台钢管支架体系进行检查、验收。

学训单元四
模板工程设计

知识目标

■ 了解现浇混凝土模板常规的支模方法

■ 理解现浇混凝土模板主要受力构件之间应传力直接、受力可靠，并掌握模板体系主要受力构件的荷载传递路径

■ 掌握现浇混凝土模板体系主要受力构件的设计计算的原理，对目前施工现场采用的其他形式的模板支架也能触类旁通，灵活应用

■ 掌握现浇混凝土模板体系主要受力构件的设计计算内容和顺序

能力目标

■ 能对常规性的、中小型项目的模板工程进行设计计算

■ 能绘制模板工程的配模施工图

　　模板工程设计也可简称为模板设计，是对模板及其支架进行材料选择、结构选型和承载能力、刚度、稳定性验算。模板及其支架应根据支模形式、荷载大小、地基土类别、施工设备和材料供应等条件进行设计；模板及其支架应具有足够的承载能力、刚度和稳定性，能可靠地承受浇筑混凝土的重量、侧压力，施工荷载以及风荷载。

　　本单元针对常规性的、中小型项目的模板工程设计，介绍实际工程中应用较多、较为简单和实用的设计算法，为学生以及施工一线的工程技术人员在模板设计计算方面提供学习和借鉴。由于目前关于模板工程的设计计算，全国各地的规范还不统一，所以本单元对理论研究还未成熟之处不做过多的探讨，只对本单元所采用的条款与《建筑施工模板安全技术规范》（JGJ 162—2008）的规定不统一的地方注明出处。

　　模板工程设计是编制模板工程专项施工方案的一项重要内容，模板工程专项施工方案的编制将在综合训练单元六中进行介绍。

任务一 ▶ 模板工程设计概述

与建筑工程的施工图设计不同，模板的设计通常由承担工程施工任务的施工单位完成。对于大型、复杂或有特殊功能要求的模板体系也可以由施工单位委托设计单位或其他具备设计资质的相关单位进行设计。但是，其质量、安全责任仍应由施工承包单位承担。在这种情况下，施工单位有责任对模板委托设计的设计质量进行严格审查，必要时应组织专家对模板设计施工方案进行专项审查或评估。

模板设计虽然与模板安装及拆除由同一单位完成，但是不能因此就减少或简化模板设计这一重要环节。对于模板的质量和安全，模板设计人员有不可推卸的责任，模板设计的计算书和施工图应列为工程档案长期保存。相关责任人员应参与模板安装与混凝土浇筑的整个施工过程，及时监控模板工程的质量和安全等工作。

一、模板工程设计的原则和内容

（一）设计原则

1. 实用性

主要应保证混凝土结构的质量，具体要求是：

（1）接缝严密，不漏浆。

（2）保证构件的形状尺寸和相互位置的正确。

（3）构造简单，支拆方便。

（4）便于钢筋的绑扎、安装和混凝土的浇筑、养护等要求。

2. 安全性

保证在施工过程中，不产生影响混凝土结构质量的变形，不发生破坏或倒塌等安全事故。

3. 经济性

针对工程结构的具体情况，因地制宜，就地取材，在确保工期、质量的前提下，尽量减少一次性投入，增加模板周转，减少支拆用工，实现文明施工。

（二）设计内容

模板设计的内容，主要包括选型、选材、配板、荷载计算、结构设计和绘制模板施工图等。各项设计的内容和详尽程度，可根据工程的具体情况和施工条件确定。

二、模板工程设计步骤

步骤一　根据工程的结构施工图、各种构件参数参考表（表 4-1），以及学训单元三中关于模板支架的构造要求，对现浇钢筋混凝土结构进行模板体系结构布置，并绘制草图。

表 4-1　各种构件参数参考表

序号	构件名称	构件参数
1	梁底模	18mm 厚木胶合板，计算跨度 300～500mm
2	梁侧模	18mm 厚木胶合板，计算跨度一般同梁底模或成倍数
3	楼板底模	18mm 厚木胶合板，计算跨度 400～600mm
4	楞木	长度 1500mm，截面尺寸 60mm×90mm（或 60mm×120mm）枋木，计算跨度 800～1200mm
5	钢管大楞（杠管）	ϕ48.3×3.6mm 钢管；计算跨度 800～1400mm
6	立杆	ϕ48.3×3.6mm 钢管；水平杆最大步高≤1800mm（1600mm）；间距 800～1400mm

序号	构件名称	构件参数
7	立档	60mm×90mm（或 60mm×120mm）枋木，长度 1500mm，横向间距 300～500mm，计算跨度≤700mm
8	斜撑	60mm×90mm（或 60mm×120mm）枋木，与立档成 45°～60°夹角
9	夹木	截面 50mm×50mm～50mm×70mm
10	托木	截面 50mm×70mm～50mm×100mm
11	垫板	宽度≥200mm；厚度≥50mm
12	柱模板面板	18mm 厚木胶合板；当设有竖楞时，柱模面板计算跨度 150～400mm
13	竖楞	截面尺寸 60mm×90mm（或 60mm×120mm）枋木；计算跨度 300～600mm

注：1. 本表适用于采用 1830mm×915mm×18mm 的木胶合板作面板，除小楞等采用枋木外，其余均采用 ϕ48×3.5mm 钢管的模板工程。

2. 表中钢管大楞计算跨度的上限 1400mm、水平杆最大步高的上限 1600mm 和立杆最大间距的上限 1400mm 均系 DB45/T 618—2009 规范的规定。

3. 以上参数仅供参考，具体布置以计算结果结合构造要求及工程实践经验为准，亦可采用 Excel 进行多次试算。

步骤二 对各种结构部位（如：柱、墙、梁、板）的模板面板及其支撑体系主要受力构件进行设计计算。具体内容如下：

（1）柱模板的设计计算：包括柱模板面板、竖楞、柱箍和对拉螺栓等受力构件的设计计算。

（2）墙模板的设计计算：包括墙模板面板、竖楞、外楞钢管和对拉螺栓等受力构件的设计计算。

（3）梁模板的设计计算：包括梁底模、小楞（亦称之为枋木、楞木、小梁、次楞、次梁）、钢管大楞（亦称之为杠管、主楞、主梁）、扣件抗滑、立杆（亦称之为钢管顶撑、立柱）、侧模、立档、外楞钢管和对拉螺栓等受力构件的设计计算。

（4）板模板的设计计算：包括板底模板、楞木、钢管大楞、扣件抗滑和立杆等受力构件的设计计算。

注：1. 由于柱、墙、梁和板的模板均将各自所承受的荷载传递给各自的支撑体系，故在此不再像混凝土结构本身要考虑将板的荷载传给梁，梁的荷载传给柱或墙，所以是先计算柱、墙的模板还是先计算梁、板的模板均可，但考虑到先施工的放在前面，后施工的放在后面，所以一般是将柱、墙的模板设计计算放在前面。

2. 对于结构某个部位的模板设计计算，比如梁的模板，其计算内容应为荷载传递路径上的主要受力构件，计算顺序即为荷载传递的顺序。

步骤三 主要受力构件的设计计算的过程：

（1）根据表 4-1，假定（或选择）主要受力构件的截面尺寸。

注：可根据表 4-1 中梁底模的计算跨度来确定梁底模小楞的布置间距，其他依次类推。

（2）结合步骤一中模板体系的结构布置和表 4-1，分析各主要受力构件的结构模式，对实际结构进行简化。

注：对实际结构进行简化应包括三方面的内容：a. 对支撑条件的简化；b. 对计算跨度的简化；c. 对跨数的简化。

（3）根据表 4-2～表 4-5 所提供的荷载及荷载组合，对各主要受力构件进行荷载分析，并绘出计算简图。

注：对荷载分析应包括三方面的内容：a. 荷载的形式；b. 荷载的作用位置；c. 荷载大小。

（4）根据相应的计算简图，可通过查附录 B 对各主要受力构件进行内力计算。

（5）对各主要受力构件进行强度、刚度及稳定性验算。

步骤四　若主要受力构件不满足强度、刚度及稳定性的要求，重复上述步骤，直至取得良好的模板结构体系布置及合理的主要受力构件的截面尺寸。

注：1. 模板的设计计算其实是一个多次试算的过程，其本质上是对承载力的复核。如果承载力满足要求，说明在步骤一中的布置满足要求；反之，应该改变模板体系的布置或截面尺寸。

2. 考虑到目前施工现场的管理水平以及在施工现场所采用搭设模板支撑的材料存在诸多的问题，所以，通常认为在模板的设计计算过程中，应留有足够的安全储备，防止意外事故的发生。

步骤五　根据学训单元三中的构造要求，确定模板体系中其他构件的布置及截面尺寸，包括构造措施（如剪刀撑等杆件的布置）。

步骤六　绘制正式的模板体系施工图。

注：对模板体系施工图的设计深度图样目前没有专门的国标或行业图集。通常认为，在模板体系施工图中，应至少表示出设计计算过程中的所选用构件的参数以及表示出根据步骤五所选用的一些构件的布置。另外，在模板体系施工图中应有必要的说明，如材料的选用要求，搭设和拆除要求等。总之，模板体系施工图的设计深度应以达到可以据此进行现场施工为原则。

步骤七　整理计算书。

三、荷载与荷载组合

（一）荷载

计算模板及其支架的荷载，分为荷载标准值和荷载设计值。荷载设计值系荷载标准值乘以相应的荷载分项系数。

1. 荷载标准值

（1）永久荷载标准值应符合下列规定

1）模板及支架自重标准值（G_{1k}）

① 模板自重标准值应根据模板设计图纸确定。对肋形楼板及无梁楼板模板的自重标准值，也可参照表 4-2 采用。

表 4-2　模板及其支架自重标准值　　　　　　　　　　　　　　　单位：kN/m^2

模板构件的名称	木模板	组合钢模板	钢框胶合板模板
无梁楼板模板	0.30	0.50	0.40
肋形楼板模板（其中包括梁的模板）	0.50	0.75	0.60
楼板模板及其支架（楼层高度 4m 以下）	0.75	1.10	0.95

注：本表中木模板、组合钢模板的模板自重标准值依据 JGJ 162—2008 规范、钢框胶合板模板的模板自重标准值依据《建筑施工手册》；相关规范没有给出钢管搭设的胶合板模板自重标准值，建议若无其他更准确数据，则可参照钢框胶合板模板的自重标准值。

② 支架自重标准值应根据模板支架布置确定。经测算，一般情况下支架自重按模板支架高度以 0.15kN/m 取值，可以反映这一影响。当楼层高度 4m 以下时，可直接参照表 4-2 采用，当楼层高度超过 4m 时，超出部分的支架自重标准值按 0.15kN/m 计算。

注：本条引自《建筑施工扣件式钢管模板支架技术规程》（DB33/T 1035—2018）。

2）新浇混凝土自重标准值（G_{2k}）——对普通混凝土，可采用 $24kN/m^3$；对其他混凝土，根据实际重力密度确定。

3）钢筋自重标准值（G_{3k}）——按设计图纸计算确定。对一般梁板结构每立方米钢筋混凝土的钢筋自重标准值：梁可取 1.5kN，楼板可取 1.1kN。

4）模板侧面的压力标准值（G_{4k}）——采用内部振捣器时，可按以下两式计算，并取其中较小值：

$$F = 0.22\gamma_c t_0 \beta_1 \beta_2 V^{1/2} \tag{4-1}$$

$$F = \gamma_c H \tag{4-2}$$

式中　F——新浇筑混凝土对模板的最大侧压力，kN/m^2；

　　　γ_c——混凝土的重力密度，kN/m^3；

　　　t_0——新浇筑混凝土的初凝时间，h，可按实测确定；当缺乏试验资料时，可采用 $t_0 = 200/(T+15)$ 计算（T 为混凝土的入模温度，单位：℃）；

　　　V——混凝土的浇筑速度，m/h；

　　　β_1——外加剂影响修正系数，不掺外加剂时取 1.0；掺具有缓凝作用的外加剂时取 1.2；

　　　β_2——混凝土坍落度影响修正系数，当坍落度小于 30mm 时，取 0.85；当坍落度为 50～90mm 时，取 1.0；当坍落度为 110～150mm 时，取 1.15；

　　　H——混凝土侧压力计算位置处至新浇筑混凝土顶面的总高度，m。

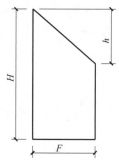

图 4-1　侧压力计算分布图

混凝土侧压力的计算分布如图 4-1 所示，图中 h 为有效压头高度，$h = F/\gamma_c$（m）。

注：本条关于混凝土侧压力的计算是采用《混凝土结构工程施工质量验收规范》（GB 50204—2015）中的方法。但是对于目前普遍采用的泵送混凝土，该公式有一定的局限性。泵送混凝土侧压力的计算与传统的施工工艺的混凝土侧压力计算有着很大的差异。就混凝土浇筑对模板侧压力的影响，国内外一些学者开展了较多的研究工作，提出了不同的侧压力计算公式，但目前还没有一个统一适用于现场模板设计操作的公式。

（2）可变荷载标准值应符合下列规定

1）施工人员及设备荷载标准值（Q_{1k}）

① 计算模板及直接支撑模板的小楞时，均布活荷载可取 $2.5kN/m^2$，另应以集中荷载 2.5kN 作用于跨中再进行验算，比较两者所得的弯矩值，按其中较大者采用。

② 计算直接支撑小楞的大楞时，均布活荷载可取 $1.5kN/m^2$。

③ 计算支架立杆及其他支撑结构构件时，均布活荷载可取 $1.0kN/m^2$。

注：1. 对大型浇筑设备如上料平台、混凝土输送泵等，按实际情况计算。采用布料机上料进行浇筑混凝土时，活荷载标准值取 $4kN/m^2$。

2. 混凝土堆集料高度超过 300mm 以上者，按实际高度计算。

3. 模板单块宽度小于 150mm 时，集中荷载可分布在相邻的两块板上。

2）振捣混凝土时产生的荷载标准值（Q_{2k}）——对水平面模板可采用 $2.0kN/m^2$；对垂直面模板可采用 $4.0kN/m^2$，且作用范围在新浇筑混凝土侧压力的有效压头高度以内。

3）倾倒混凝土时产生的荷载标准值（Q_{3k}）——倾倒混凝土时对垂直面模板产生的水平荷载标准值，可按表 4-3 采用。

表 4-3　倾倒混凝土时产生的水平荷载

向模板内供料方法	水平荷载/(kN/m^2)
溜槽、串筒或导管	2
容积小于 $0.2m^3$ 的运输工具	2
容积为 $0.2～0.8m^3$ 的运输工具	4
容积为大于 $0.8m^3$ 的运输工具	6

注：1. 作用范围在有效压头高度以内。

2.《混凝土质量控制标准》（GB 50164—2011）第 4.5.3 条规定，柱、墙等结构竖向浇筑高度超过 3m 时，应采用串筒、溜管或振动溜管浇筑混凝土。

（3）风荷载标准值（w_k）：应按现行国家标准《建筑结构荷载规范》（GB 50009—2012）中的规定计算，其中基本风压值应按该规范附表 D.4 中的 $n=10$ 年中的规定采用，并取风振系数 $\beta_z=1$。

2. 荷载设计值

（1）计算模板及其支架结构或构件的强度、稳定性和连接强度时，应采用荷载设计值（荷载标准值乘以相应的荷载分项系数），荷载分项系数应按表 4-4 采用。

表 4-4　模板及支架荷载分项系数表

荷载类别	γ_i
模板及支架自重标准值（G_{1k}）	对由可变荷载效应控制的组合,应取 1.2;对由永久荷载效应控制的组合,应取 1.35
新浇筑混凝土自重标准值（G_{2k}）	
钢筋自重标准值（G_{3k}）	
新浇筑混凝土对模板的侧压力标准值（G_{4k}）	
施工人员及施工设备荷载标准值（Q_{1k}）	一般情况下应取 1.4;对标准值大于 4kN/m² 的活荷载应取 1.3
振捣混凝土时产生的荷载标准值（Q_{2k}）	
倾倒混凝土时产生的荷载标准值（Q_{3k}）	
风荷载标准值（w_k）	1.4

（2）计算正常使用极限状态的变形时，应采用荷载标准值。

3. 荷载折减（调整）系数

钢面板及支架作用荷载设计值可乘以系数 0.95 进行折减。当采用冷弯薄壁型钢时，其荷载设计值不应折减。

（二）荷载组合

1. 按极限状态设计时，其荷载组合应符合下列规定

（1）对于承载能力极限状态，应按荷载效应的基本组合采用，并应采用下列设计表达式进行模板设计：

$$\gamma_0 S \leqslant R \tag{4-3}$$

式中　γ_0——结构的重要性系数，对作为临时结构的支撑系统统一取 0.9；

　　　R——结构构件抗力的设计值；

　　　S——荷载效应组合的设计值，当计算支撑的强度、稳定性时应采用荷载效应基本组合的设计值。

对于基本组合，荷载效应组合的设计值 S 应从下列组合值中取最不利值确定：

① 由可变荷载效应控制的组合：

$$S = \gamma_G \sum_{i=1}^{n} S_{Gik} + \gamma_{Q1} S_{Q1k} \tag{4-4}$$

$$S = \gamma_G \sum_{i=1}^{n} S_{Gik} + 0.9 \sum_{i=1}^{n} \gamma_{Qi} S_{Qik} \tag{4-5}$$

② 由永久荷载效应控制的组合：$S = \gamma_G \sum_{i=1}^{n} S_{Gik} + \sum_{i=1}^{n} \gamma_{Qi} \varphi_{ci} S_{Qik}$ $\tag{4-6}$

式中　φ_{ci}——可变荷载 Q_i 的组合值系数，除风荷载取 0.6，对其他可变荷载，目前统一取 0.7。

（2）对于正常使用极限状态应采用标准组合，并应按下列设计表达式进行设计：

137

$$S \leqslant C \tag{4-7}$$

$$S = \sum_{i=1}^{n} S_{Gik} \tag{4-8}$$

式中　　S——正常使用极限状态荷载效应组合设计值；

　　　　C——结构或结构构件达到正常使用要求的规定限值，当应验算模板及其支架的挠度，其最大变形值不得超过下列允许值：

① 构件表面外露（不做装修）的模板，为模板构件计算跨度的 1/400。

② 构件表面隐蔽（做装修）的模板，为模板构件计算跨度的 1/250。

③ 支架的压缩变形值或弹性挠度，为相应的结构计算跨度的 1/1000。

2. 参与计算模板及其支架荷载效应组合的各项荷载的标准值组合应符合表 4-5 的规定

表 4-5　参与模板及其支架荷载效应组合需考虑的各项荷载

项次	项目	荷载组合	
		计算承载能力	验算挠度
1	平板及薄壳的模板及支架	$G_{1k}+G_{2k}+G_{3k}+Q_{1k}$	$G_{1k}+G_{2k}+G_{3k}$
2	梁和拱模板的底板及支架	$G_{1k}+G_{2k}+G_{3k}+Q_{2k}$	$G_{1k}+G_{2k}+G_{3k}$
3	梁、拱、柱（边长≤300mm）、墙（厚≤100mm）的侧面模板	$G_{4k}+Q_{2k}$	G_{4k}
4	大体积结构、柱（边长＞300mm）、墙（厚＞100mm）的侧面模板	$G_{4k}+Q_{3k}$	G_{4k}

注：验算挠度应采用荷载标准值；计算承载能力应采用荷载设计值。

四、模板结构设计基本知识

（一）基本设计规定

（1）模板结构构件的面板（木、钢、胶合板）、大小楞（木、钢）等，均属于受弯构件，可按简支梁或连续梁计算。当模板构件的跨度超过三跨时，可按三跨连续梁计算。

注：本条引自《建筑施工手册》。

（2）JGJ 162—2008 规范中规定，面板可按简支跨计算，应验算跨中和悬臂端的最不利抗弯强度和挠度；支撑楞梁计算时，次楞、主楞可根据实际情况按连续梁、简支梁或悬臂梁设计；同时次、主楞梁均应进行最不利抗弯强度与挠度计算。

（3）当纵向或横向水平杆的轴线对立杆轴线的偏心距不大于 55mm 时，立杆稳定性计算中可不考虑此偏心距的影响。

注：本条引自 DB33/T 1035—2018。

（4）模板支架计算时，应先确定计算单元，明确荷载传递路径，并根据实际受力情况绘出计算简图。

（5）钢管截面特性取值应根据材料进场后的抽样检测结果确定。无抽样检测结果时，可按附表 A 查取相关数据。

（6）优先选用在梁两侧设置立杆的支撑模式，通过调整立杆纵向间距使其满足受力要求。沿梁长方向，支撑梁的立杆间距，应视荷重情况分别取与板底立杆间距相同或取板底立杆间距的 1/2、1/3、1/4 等。在梁两侧设置立杆的基础上再在梁底增设立杆时，应按等跨连续梁进行计算，按附录 B 查取相关系数。

（7）用扣件式钢管脚手架作支架立杆时，应符合下列规定：当露天支架立杆为群柱架时，高宽比不应大于 5；当高宽比大于 5 时，必须加设抛撑或缆风绳，保证宽度方向的稳定。

（8）钢材的强度设计值与弹性模量应按表 4-6 采用（支撑立杆等主要受力杆件的钢材品种应采用 Q235）。

表 4-6　**Q235 钢材的强度设计值与弹性模量**

抗拉、抗压强度设计值 f/(N/mm²)	205
抗弯强度设计值 f_m/(N/mm²)	205
弹性模量 E/(N/mm²)	$2.06×10^5$

（9）扣件、底座的承载力设计值应按表 4-7 采用。

表 4-7　**扣件、底座的承载力设计值**

项目	承载力设计值/kN
对接扣件（抗滑）	3.20
直角扣件、旋转扣件（抗滑）	8.00
底座（抗压）	40.00

注：扣件螺栓拧紧扭力矩值不应小于 40N·m，且不应大于 65N·m。

（10）木材的强度设计值与弹性模量可参照表 4-8 采用。

表 4-8　**木材强度设计值与弹性模量参考值**

名称	抗弯强度设计值 f_m/(N/mm²)	抗剪强度设计值 f_v/(N/mm²)	弹性模量 E/(N/mm²)
枋木	11(13)	1.2(1.3)	9000(9000)
胶合板	11.5(15)	(1.4)	4000(6000)

注：1. 表中括号里的数字为 DB33/T 1035—2018 中采用的强度设计值和弹性模量。

2. JGJ 162—2008 规范中规定，木材的强度设计值和弹性模量的大小与木材树种等因素有关，其取值过于繁琐，而由于施工现场木材树种较难控制，本表木材强度设计值和弹性模量按 JGJ 162—2008 规范中强度最低的 TC11B 取值。

3. JGJ 162—2008 规范中规定，木胶合板的强度设计值和弹性模量的取值同样过于繁琐，本表取的是最小值。

（11）关于长细比的限值。

1）JGJ 162—2008 规范中规定，模板结构构件的长细比应符合下列规定：

受压构件长细比：支架立杆及桁架，不应大于 150；拉条、缀条、斜撑等连系构件，不应大于 200。

受拉构件长细比：钢拉杆，不应大于 350；木拉杆，不应大于 250。

2）DB33/T 1035—2018 中规定，受压构件的长细比不应超过表 4-9 中规定的容许值。

表 4-9　**受压构件的容许长细比**

构件类别	容许长细比[λ]
立杆	210
剪刀撑中的压杆	250

（二）水平构件计算

1. 模板支架水平构件的抗弯强度

应按下列公式计算：

$$\sigma = \frac{M}{W} \leqslant f_m \tag{4-9}$$

式中　σ——弯曲应力，N/mm²；

　　　M——弯矩设计值，N·mm，应按下述第 2 条的规定计算；

　　　W——截面模量，mm³，按附录 A 采用；

　　　f_m——抗弯强度设计值，N/mm²，根据构件材料类别按表 4-6、表 4-8 采用。

2. 模板支架水平构件弯矩设计值

应按下列公式计算的结果取最大值：

$$M = 1.2\sum M_{Gik} + 1.4\sum M_{Qik} \tag{4-10}$$

$$M = 1.35\sum M_{Gik} + 1.4 \times 0.7\sum M_{Qik} \tag{4-11}$$

式中　$\sum M_{Gik}$——模板自重、新浇混凝土自重与钢筋自重标准值产生的弯矩总和，N·mm；

　　　　$\sum M_{Qik}$——施工人员及施工设备荷载标准值、振捣混凝土时产生的荷载标准值产生的弯矩总和，N·mm，应取最不利抗弯强度和挠度。

注：按 JGJ 162—2008 规范中的规定，此处是要求计算最不利弯矩，即考虑活荷载的最不利布置，其原理同单向板肋形楼盖中按弹性算法计算板和次梁的内力。对于初学者，这样会大大增加计算量，建议暂不考虑活荷载的最不利布置，工作中可根据现场的实际要求，选择一种同行普遍接受的方法。在 JGJ 162—2008 规范出现之前，全国各地绝大多数城市都没有考虑活荷载的最不利布置，因为考虑活荷载的最不利布置，再考虑到荷载效应组合分为由可变荷载效应控制的组合和由永久荷载效应控制的组合这两种情况时，比如在计算钢管大楞的最不利弯矩，此时荷载需要传递四次，分别得到由可变荷载效应控制的组合时的恒载设计值、活载设计值和由永久荷载效应控制的组合的恒载设计值、活载设计值，然后根据这两种组合需计算两次内力才能得到钢管大楞的最不利弯矩。但在浇筑混凝土时，尤其针对浇筑高大模板体系的混凝土时，应注意活荷载的最不利布置，合理安排浇混凝土的顺序。

3. 水平构件的抗剪强度计算

（1）底模、枋木应按下列公式进行抗剪强度计算：

$$\tau = \frac{3Q}{2bh} \leqslant f_v \tag{4-12}$$

注：根据 JGJ 162—2008 规范中规定，可不进行模板面板的抗剪强度验算。

（2）钢管应按下列公式进行抗剪强度计算：

$$\tau = \frac{2Q}{A} \leqslant f_v \tag{4-13}$$

上式中 $f_v = 120\text{N/mm}^2$。一般情况下，钢管不需进行抗剪承载力计算，因为钢管抗剪强度不起控制作用。如 $\phi48.3 \times 3.6$ 的 Q235-A 级钢管，其抗剪承载力为：

$$[V] = \frac{Af_v}{K_1} = \frac{506\text{mm}^2 \times 120\text{N/mm}^2}{2.0} = 30.36\text{kN} \tag{4-14}$$

上式中 K_1 为截面形状系数。一般横向、纵向水平杆上的荷载由一只扣件传递，一只扣件的抗滑承载力设计值只有 8.0kN，远小于 $[V]$，故只要满足扣件的抗滑力计算条件，纵、横向水平杆件抗剪承载力也肯定满足。

式中　τ——剪应力，N/mm^2；

　　　　Q——剪力设计值，N；

　　　　b——构件宽度，mm；

　　　　A——钢管的截面面积，mm^2；

　　　　h——构件高度，mm；

　　　　f_v——抗剪强度设计值，N/mm^2，根据构件材料类别按表 4-8 采用。

4. 模板支架水平构件的挠度

应符合下列公式规定：

$$v \leqslant [v] \tag{4-15}$$

式中　v——挠度，mm；

　　　　$[v]$——容许挠度，mm。

简支梁承受均布荷载时：

$$v = \frac{5ql^4}{384EI} \tag{4-16}$$

简支梁跨中承受集中荷载时：
$$v = \frac{Pl^3}{48EI} \qquad (4\text{-}17)$$

式中　q——均布荷载，N/mm；

P——跨中集中荷载，N；

E——弹性模量，N/mm^2；

I——截面惯性矩，mm^4；

l——梁的计算长度，mm。

等跨连续梁的挠度见附录 B。

5. 计算横向、纵向水平杆的内力和挠度

横向水平杆宜按简支梁计算；纵向水平杆宜按三跨连续梁计算。

6. 计算楼板模板的钢管大楞（杠管、主楞）

当楞木的间距≤400mm 时，可近似按均布荷载作用下的多跨连续构件计算。楞木传来的集中荷载除以楞木间距即得均布荷载。

7. 梁腹部设置对拉螺栓

梁高大于 700mm 时，应采用对拉螺栓在梁侧中部设置通长横楞并用对拉螺栓紧固（对拉螺栓计算的具体要求见柱模板）

（三）立杆计算

（1）计算立杆段的轴向力设计值 N_{ut}，应按下列公式计算：

不组合风荷载时：
$$N_{ut} = 1.2\sum N_{Gik} + 1.4\sum N_{Qik} \qquad (4\text{-}18)$$

式中　N_{ut}——计算段立杆的轴向力设计值，N；

$\sum N_{Gik}$——模板及支架自重、新浇混凝土自重与钢筋自重标准值产生的轴向力总和，N；

$\sum N_{Qik}$——施工人员及施工设备荷载标准值、振捣混凝土时产生的荷载标准值产生的轴向力总和，N。

（2）对单层模板支架，立杆的稳定性应按下列公式计算：

不组合风荷载时：
$$\frac{N_{ut}}{\varphi A K_H} \leq f \qquad (4\text{-}19)$$

对两层及两层以上模板支架，考虑叠合效应，立杆的稳定性应按下列公式计算：

不组合风荷载时：
$$\frac{1.05 N_{ut}}{\varphi A K_H} \leq f \qquad (4\text{-}20)$$

式中　N_{ut}——计算立杆段的轴向力设计值，N；

φ——轴心受压立杆的稳定系数，应根据长细比 λ 由附录 C 采用；

λ——长细比，$\lambda = \dfrac{l_0}{i}$；

l_0——立杆计算长度，mm，按下述第（3）条的规定计算；

i——截面回转半径，mm，按附录 A 采用；

A——立杆的截面面积，mm^2，按附录 A 采用；

K_H——高度调整系数，模板支架高度超过 4m 时采用，按下述第（4）条的规定计算；

f——钢材的抗压强度设计值，N/mm^2，按表 4-6 采用。

（3）立杆计算长度 l_0 应按下列表达式计算的结果取最大值：
$$l_0 = h + 2a \qquad (4\text{-}21)$$
$$l_0 = k\mu h \qquad (4\text{-}22)$$

式中　h——立杆步距，mm；

a——模板支架立杆伸出顶层横向水平杆中心线至模板支撑点的长度，mm；

k——计算长度附加系数，按附录 D 计算；

μ——考虑支架整体稳定因素的单杆等效计算长度系数，按附录 D 采用。

（4）当模板支架高度超过 4m 时，应采用高度调整系数 K_H 对立杆的稳定承载力进行调降，按下列公式计算：

$$K_H = \frac{1}{1+0.005(H-4)} \tag{4-23}$$

式中　H——模板支架高度，m。

注：关于立杆计算中第（1）～（4）条计算条款是采用 DB33/T 1035—2018 中的规定，按此方法便于设计计算且结构的可靠度较大。

（5）JGJ 162—2008 规范中规定的扣件式钢管立杆稳定性计算的有关内容：

1）用对接扣件连接的钢管立柱应按单杆轴心受压构件计算，其计算应符合下式：

$$\frac{N}{\varphi A} \leqslant f \tag{4-24}$$

式中　N——立柱轴心压力设计值，其余规定同 DB33/T 1035—2018。

上式中计算长度采用纵横向水平拉杆的最大步距，最大步距不得大于 1.8m，步距相同时应采用底层步距。

2）室外露天支模组合风荷载时，立柱计算应符合下式要求：

$$\frac{N_w}{\varphi A} + \frac{M_w}{W} \leqslant f \tag{4-25}$$

其中
$$N_w = 0.9 \times \left(1.2 \sum_{i=1}^{n} N_{Gik} + 0.9 \times 1.4 \sum_{i=1}^{n} N_{Qik}\right) \tag{4-26}$$

$$M_w = \frac{0.9^2 \times 1.4 w_k l_a h^2}{10} \tag{4-27}$$

式中　$\sum\limits_{i=1}^{n} N_{Gik}$——各恒载标准值对立杆产生的轴向力之和，N；

$\sum\limits_{i=1}^{n} N_{Qik}$——各活荷载标准值对立杆产生的轴向力之和，另加 $\dfrac{M_w}{l_b}$ 的值，N；

w_k——风荷载标准值，N/mm²；

h——纵横水平杆的计算步距，m；

l_a——立柱迎风面的间距，m；

l_b——与迎风面垂直方向的立柱间距，m。

（6）DB45/T 618—2009 规范中规定，在满足本教材学训单元三介绍的设置剪刀撑体系和外连装置规则的前提下，分别满足如下全部条件的，可以不做立杆稳定性计算。

高度不超过 8m、步高不超过 1.6m 的支架：

1）按 JGJ 162—2008 规范进行荷载组合后［详见上述第（5）条］，荷载在单立杆截面上所产生的轴向内力 $N_w \leqslant 20kN$。

2）支架搭设高度 $H \leqslant 8m$。

3）水平杆步距 $h \leqslant 1.6m$。

4）立杆的间距 $l_a \leqslant 1.5m$，$l_b \leqslant 1.5m$。

（四）扣件抗滑承载力计算

（1）对单层模板支架，纵向或横向水平杆与立杆连接时，扣件的抗滑承载力应按下列公式计算：

$$R \leqslant R_c \tag{4-28}$$

对两层及两层以上模板支架，考虑叠合效应，纵向或横向水平杆与立杆连接时，扣件的抗滑承载力应按下列公式计算：

$$1.05R \leqslant R_c \tag{4-29}$$

式中　R——纵向、横向水平杆传给立杆的竖向作用力设计值，kN；

　　　R_c——扣件抗滑承载力设计值，kN，应按表4-7采用。

（2）$R \leqslant 8.0kN$ 时，可采用单扣件；$8.0kN < R \leqslant 12.0kN$ 时，应采用双扣件；$R > 12.0kN$ 时，应采用可调托座。

注：JGJ 162—2008 中规定，钢管立杆顶端应设可调支托，不存在扣件抗滑问题，故在 JGJ 162—2008 中没有扣件抗滑承载力验算的相关条款规定，本条是引自 DB33/T 1035—2018 中的规定。

（五）对拉螺栓的计算

对拉螺栓应确保内、外侧模能满足设计要求的强度、刚度和整体性。

对拉螺栓强度应按下列公式计算：

$$N < N_t^b \tag{4-30}$$

式中　N_t^b——对拉螺栓的允许荷载，按附录 F 采用，N；

　　　N——对拉螺栓最大轴力设计值：$N = abF_s$，N；

　　　a——对拉螺栓横向间距，mm；

　　　b——对拉螺栓竖向间距，mm；

　　　F_s——新浇混凝土作用于模板上的侧压力、振捣混凝土对垂直模板产生的水平荷载或倾倒混凝土时作用于模板上的侧压力设计值：$F_s = 0.95(\gamma_G F + \gamma_Q Q_{3k})$ 或 $F_s = 0.95(\gamma_G G_{4k} + \gamma_Q Q_{3k})$，kN；其中，0.95 为荷载折减系数。

（六）立杆地基承载力验算

对搭设在地面上的模板支架，应对地基承载力进行验算；对搭设在楼面和地下室顶板上的模板支架，应对楼面承载力进行验算。

立杆基础底面的平均压力应满足下列公式的要求：

$$p \leqslant m_f f_{ak} \tag{4-31}$$

式中　p——立杆底垫木的平均压力，N/mm^2，$p = \dfrac{N}{A}$；

　　　N——上部立杆传至垫木顶面的轴向力设计值，N；

　　　A——垫木底面面积，mm^2；

　　　f_{ak}——地基承载力特征值的标准值，N/mm^2，应按现行国家标准《建筑地基基础设计规范》（GB 50007—2011）有关规定或工程地质报告提供的数据采用；

　　　m_f——地基土承载力折减系数，应按表4-10采用。

表 4-10　地基土承载力折减系数

地基土类别	折减系数 m_f	
	支撑在原土上时	支撑在回填土上时
碎石土、砂土、多年填积土	0.8	0.4
粉土、黏土	0.9	0.5
岩石、混凝土	1.0	—

注：1. 立杆基础应有良好的排水措施，支安垫木前应适当洒水将原土表面夯实夯平。

2. 回填土应分层夯实，其各类回填土的干重度应达到所要求的密实度。

任务二 ▶ 模板工程设计计算

模板工程设计是一项涉及施工质量和施工安全重要工作。模板工程设计计算包括：梁模板结构体系设计计算、楼板模板结构体系设计计算、柱模板结构体系设计计算、墙模板结构体系设计计算等内容。本单元主要介绍采用扣件式钢管支架搭设的梁、板、柱及墙模板结构体系的传力途径和主要受力构件的设计计算方法。

一、梁模板结构体系设计计算

梁模板荷载传递路径有两条：一是底模→小楞→钢管大楞→扣件→立杆；二是侧模→立档→外楞钢管→对拉螺栓。因此，梁模板结构体系的设计计算内容应包括底模的设计计算和侧模的设计计算两个方面的内容。梁施工支模示意如图4-2所示。

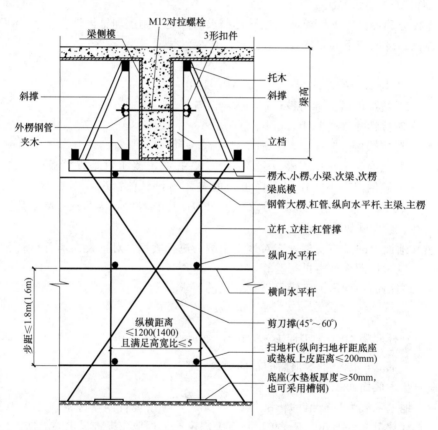

注：关于括号中立杆步距≤1.6m，立杆纵、横距离≤1400mm的规定引自规范 DB45/T 618—2009。

图4-2　梁施工支模示意图

(一) 底模的设计计算

1. 底模面板验算

应按三等跨连续梁验算底模面板的抗弯强度、抗剪强度和挠度。理由分析如下：

(1) 对实际模板构件的结构简化可从三方面考虑：一是当支撑条件为小楞时，一般可简化为简支支座；二是当实际跨数超过三跨时，只按三跨来计算结构内力（前提是跨度相等或相近，相近是指各跨长度之差在15%之内）；三是考虑到用于搭设模板的材料需要多次周转使用，因其在使用过程中应使材料处于弹性范围，故应采用弹性算法计算构件的内力，其计算跨度应取支座中心线之间的距离。

（2）对梁底模，可按三等跨连续梁计算，也可根据 JGJ 162—2008 规范的要求，简化为简支梁。但简化为简支梁过于保守，且与实际情况严重不符，现场施工几乎没有用短板铺设梁底模的；若按三跨进行设计计算，则繁简适中，且与实际情况吻合，故建议把梁底模的计算简图简化为三等跨的连续梁进行设计计算。

（3）对梁底模所受的荷载应根据表 4-5 确定，计算承载能力应考虑 $G_{1k}+G_{2k}+G_{3k}+Q_{2k}$；验算挠度应考虑 $G_{1k}+G_{2k}+G_{3k}$。具体荷载分析应包括：荷载形式、作用位置、荷载大小三方面的内容。

a. 荷载形式：作用在梁底模的荷载均为均布的面荷载，一般是将其简化为沿梁长方向分布的线荷载；

b. 作用位置：应按满跨布置；

c. 荷载大小：可根据本单元任务一的相关内容进行具体的计算，详见综合训练单元六任务一的设计案例。需注意的是计算承载能力应采用荷载设计值；验算挠度应采用荷载标准值。

（4）模板及其支撑系统属于临时性结构，也需要进行承载能力极限状态和正常使用极限状态的设计，同时也要满足相应的构造要求。由于模板体系多数受力构件均属于受弯构件（在梁模板体系中，梁底模、小楞、钢管大楞、梁侧面模板、立档、外楞钢管均是受弯构件；在板模板体系中，板底模、小楞、钢管大楞均属于受弯构件；在柱模板体系中，柱模面板、竖楞、柱箍均属于受弯构件；在墙模板体系中，墙模面板、次楞、主楞均属于受弯构件），因此，在对受弯构件进行承载能力极限状态的设计时，要满足抗弯强度验算和抗剪强度验算；在对受弯构件进行正常使用极限状态的设计时，要满足变形的要求。

（5）根据 JGJ 162—2008 规范的规定，也可不验算模板面板的抗剪强度。规范所规定的验算内容是下限要求，必须要进行设计计算，没有规定的验算内容是否要进行设计计算由设计者根据需要自定。但目前多数工程的模板设计方案都进行了底模的抗剪强度验算，建议初学者在初次学习的过程中掌握模板面板的抗剪强度验算。

总之，梁底模的计算简图一般可简化为三等跨的连续梁，上部承受均布的线荷载。在确定梁底模的计算简图后，即可依据附录 B 求出梁底模所受的弯矩、剪力和挠度，进而按本单元任务一的相关内容进行验算底模面板的抗弯强度、抗剪强度和挠度。

2. 小楞验算

分析的原理和方法同梁底模，此时小楞的支座是钢管大楞，将支撑条件简化为简支支座，计算跨度即为大楞的间距，故可按简支梁计算或根据实际结构分析。但此处需注意荷载的转化，需将梁底模计算时底模面板所承受的沿梁长方向的线荷载转化为作用在小楞上沿梁宽方向的线荷载，作用位置位于梁底模面板在小楞上所处的位置。

3. 钢管大楞验算

钢管大楞将所承受的荷载通过扣件传递给立杆，大楞的支座为扣件，将支撑条件简化为简支支座，计算跨度即为梁下立杆的纵距，故可按三等跨连续梁验算大楞的抗弯强度和挠度。此处大楞所受荷载为小楞传来的集中荷载；集中荷载的大小与小楞所受的支座反力相等；集中荷载的作用位置按小楞的间距布置，但需考虑到在施工过程中由于小楞是按一定间距随机铺设的，应将小楞传来的集中荷载作用到对大楞产生最不利内力的位置，集中荷载间距等于小楞的间距。如果在此情况下，精确计算钢管内力比较困难，可将小楞传来的集中荷载间距作近似简化，将原来较大的间距简化为一个较小的间距，以使得集中荷载的布置较为规则，便于求解内力。这是因为模板的设计计算是对承载力的复核，如果在一种更为不利的情况下，承载能力满足要求，则实际情况就更能满足承载力的要求。

此外，还可以进行如下简化：对于钢管大楞，当楞木的间距≤400mm 或大楞每跨的集中荷载个数较多时，一般不少于三个，可近似按均布荷载作用下的多跨连续梁计算，此时，把小楞传来的集中荷载除以小楞间距即得均布荷载。当然此处亦可通过力学软件精确计算内力，详见综合训练单元六任务一的设计案例。

4. 扣件抗滑承载力验算

扣件抗滑承载力验算的关键是求得纵向或横向水平杆通过扣件传给立杆的竖向作用力设计值，其理论上等于钢管大楞所受的支座反力；另外也可以用每根立杆之间所受小楞传来的集中荷载个数乘以小楞传来的集中荷载来估算大楞传给立杆的竖向作用设计值。

5. 立杆的稳定性计算

立杆的稳定性应按下列公式计算：

$$\frac{N_{ut}}{\varphi A K_{H}} \leqslant f$$

式中　　N_{ut}——计算立杆段的轴向力设计值，N；

注：N_{ut}应包括支架自重设计值和钢管大楞通过扣件传给立杆的轴向力设计值。支架自重设计值可按模板支架高度以 0.15kN/m 来估算，此处的 0.15kN/m 是模板支架自重每延米自重标准值，应乘以模板支架高度、恒载分项系数和结构重要性系数；钢管大楞通过扣件传给立杆的轴向力设计值即为上述验算扣件抗滑承载力时计算的水平杆通过扣件传给立杆的竖向作用设计值。

φ——轴心受压立杆的稳定系数，应根据长细比 λ 由附录 C 采用；

λ——长细比，$\lambda = \dfrac{l_0}{i} \leqslant 210$；

l_0——立杆计算长度，mm；

注：应按下列两个表达式计算的结果取最大值：$l_0 = h + 2a$，$l_0 = k\mu h$。

i——截面回转半径，mm，按附录 A 采用，对 $\phi 48.3 \times 3.6$ 钢管，取 15.86mm；

A——立杆的截面面积，mm^2，按附录 A 采用，对 $\phi 48.3 \times 3.6$ 钢管，取 $506mm^2$；

K_H——高度调整系数，详见式(4-23)；

f——钢材的抗压强度设计值，N/mm^2，按表 4-6 采用，取 $205N/mm^2$。

（二）侧面模板的设计计算

1. 侧面模板验算

按三等跨连续梁（也可按简支梁计算）验算侧面模板的抗弯强度、抗剪强度和挠度。其分析方法和计算内容同梁底模，需注意的是，此时侧面模板所受的荷载应根据表 4-5 重新确定，计算承载能力应考虑 $G_{4k} + Q_{2k}$；验算挠度应考虑 G_{4k}。

2. 立档验算

梁高大于 700mm 时，应采用对拉螺栓在梁侧中部设置通长横楞用螺栓紧固，故应根据实际结构分析其计算简图是简支梁还是多跨连续梁。

3. 外楞钢管验算

分析方法同梁底模的钢管大楞。

4. 对拉螺杆及 3 形扣件验算

计算方法详见式(4-30)。

二、楼板模板结构体系设计计算

楼板模板施工支模示意如图 4-3 所示，其荷载传递路径为：板底模面板→小楞→钢管大楞→扣件→立杆。

1. 底模验算

按三等跨连续梁（也可按简支梁计算）验算板底模的抗弯强度、抗剪强度和挠度。分析

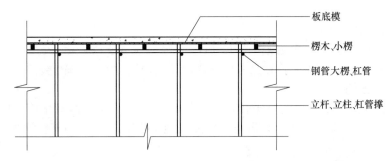

图 4-3 楼板模板施工支模示意图

方法同梁底模，但此时楼板底模所受的荷载应根据表 4-5 重新确定，计算承载能力应考虑 $G_{1k}+G_{2k}+G_{3k}+Q_{1k}$；验算挠度应考虑 $G_{1k}+G_{2k}+G_{3k}$，尤其在确定施工人员及施工设备荷载标准值 Q_{1k} 时应按下述三种情况考虑：

（1）验算底模、小楞时，对均布荷载取 2.5kN/m^2，另应以集中荷载 2.5kN 再进行验算；

（2）验算大楞时，取均布荷载 1.5kN/m^2；

（3）验算立杆时，取均布荷载 1.0kN/m^2。

2. 小楞、大楞验算、扣件抗滑移验算和立杆的稳定性验算

小楞、大楞、扣件和立杆的验算方法同梁底模及其支撑的验算，详见综合训练单元六任务一设计案例。

三、柱模板结构体系设计计算

柱模板的支撑由两层组成，第一层为直接支撑模板的竖楞，用以支撑混凝土对模板的侧压力；第二层为支撑竖楞的柱箍，用以支撑竖楞所受的压力；柱箍之间用对拉螺栓相互拉接，形成一个完整的柱模板支撑体系。柱施工支模示意如图 4-4 所示。

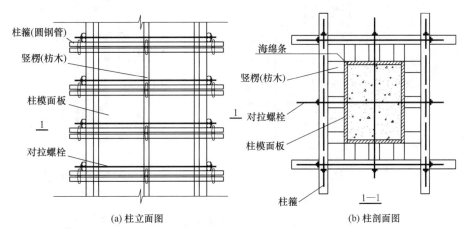

图 4-4 柱施工支模示意图

（一）柱模板计算内容

（1）验算面板的抗弯强度、抗剪强度和挠度。

（2）验算竖楞枋木的抗弯强度、抗剪强度和挠度。

（3）验算柱箍的抗弯强度和挠度（两个方向：B 方向和 H 方向）。

（4）验算对拉螺栓（两个方向：B 方向和 H 方向）的强度。

（二）计算要点

1. 柱模板荷载标准值

强度验算一般要考虑新浇混凝土侧压力 G_{4k} 和倾倒混凝土时产生的荷载 Q_{3k}（或振捣混凝土时产生的荷载 Q_{2k}）；挠度验算只考虑新浇混凝土侧压力 G_{4k}，详见表 4-5。

2. 柱模板面板的计算

柱模板面板直接承受新浇混凝土传递来的荷载，可按照均布荷载作用下的多跨连续梁（具体是两跨还是三跨应根据实际结构进行分析），也可按简支梁来验算柱模板面板的抗弯强度、抗剪强度和挠度。

3. 竖楞枋木的计算

竖楞枋木直接承受柱模板面板传递来的荷载，应该按照均布荷载作用下的三跨连续梁或根据实际结构分析得到竖楞的计算简图，然后验算竖楞的抗弯强度、抗剪强度和挠度。

4. 柱箍计算

柱箍承受竖楞传递给柱箍的集中荷载，当不设竖楞时，直接承受柱模板面板传递给柱箍的均布荷载，按实际布置得到柱箍的计算简图，然后验算柱箍的抗弯强度和挠度。柱箍最大容许挠度：$[v]=l_0/250$。

5. 对拉螺栓的计算

对拉螺栓应确保内、外侧模能满足设计要求的强度、刚度和整体性。

对拉螺栓强度计算公式：$N<N_t^b$，详见式（4-30）。

四、墙模板结构体系设计计算

墙模板的支撑由两层龙骨（木楞或钢楞）组成：直接支撑模板的为次楞，即内龙骨；用以支撑次楞的为主楞，即外龙骨。组装墙体模板时，通过穿墙螺栓将墙体两侧外龙骨拉结，每个穿墙螺栓成为主楞的支点，其施工支模示意如图 4-5 所示。

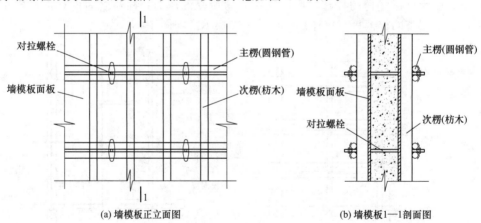

(a) 墙模板正立面图   (b) 墙模板1—1剖面图

图 4-5　墙模板施工支模示意图

根据规范，当采用溜槽、串筒或导管时，倾倒混凝土产生的荷载标准值为 $2.00kN/m^2$。

1. 墙模板面板的计算

墙模板面板为受弯结构，按支撑在次楞上的三跨连续梁（或简支梁或根据实际情况分析）验算其抗弯强度和刚度。此时应根据表 4-5 重新确定墙模板面板所受的荷载，强度验算要考虑新浇混凝土侧压力 G_{4k} 和倾倒混凝土时产生的荷载 Q_{3k}（或振捣混凝土时产生的荷载 Q_{2k}）；挠度验算只考虑新浇混凝土侧压力 G_{4k}。

2. 墙模板次楞的计算

次楞（木或钢）直接承受墙模板面板传递的荷载，按照均布荷载作用下的三跨连续梁

（或根据实际情况分析）验算次楞的抗弯强度、抗剪强度和挠度。

3. 墙模板主楞的计算

主楞（木或钢）承受次楞传递来的集中荷载，按照集中荷载作用下的三跨连续梁计算。

4. 穿墙螺栓的计算

计算方法同柱模体系中对拉螺栓的计算方法。

【特别提示】《建筑施工模板安全技术规范》（JGJ 162—2008）于 2008 年 12 月 1 日起正式实施，适用于建筑施工中现浇混凝土工程模板体系的设计、制作、安装和拆除，颁布十多年来，目前仍是现行有效版本，对我国建筑施工行业模板工程的安全施工起到了积极的指导作用。然而关于模板工程的设计计算，全国各地的规范还不统一，也有些地方值得进一步研究。

小结

现浇钢筋混凝土结构是现代建筑采用的主要结构形式，因此，模板工程设计是一项涉及施工质量和施工安全重要工作。本单元以《建筑施工模板安全技术规范》（JGJ 162—2008）为主线，主要介绍了采用扣件式钢管支架搭设的梁、板、柱及墙模板结构体系的设计计算。对于模板体系的设计计算，只验算主要受力构件，即只验算荷载传递路径上受力构件。对于模板体系主要受力构件的设计计算可以分为以下几类：受弯构件的抗弯、抗剪强度和变形验算；扣件抗滑承载力验算；对拉螺栓的承载力验算；立杆稳定性验算以及地基（楼层）承载力验算。值得一提的是模板体系的构造措施非常重要，构造措施得当，是设计计算正确、可靠的前提。

能力训练

一、思考题

1. 模板工程设计的原则和内容有哪些？

2. 梁、板、柱及墙模板结构体系的荷载传递路径是怎样的？

3. 梁、板、柱及墙模板结构体系的设计计算包括哪些内容？

4. 模板结构体系中的受弯构件一般验算内容有哪些？

5. 梁、板、柱及墙模板结构体系在承载力验算和变形验算时需分别考虑哪些荷载？

6. 梁、板、柱及墙模板结构体系在承载力验算和变形验算不满足要求时可以采用哪些措施来进行调整？

7. 梁、板、柱及墙模板结构体系在承载力验算和变形验算满足要求时，是否可以放松构造上的要求？为什么？

二、习题

1. 某现浇钢筋混凝土剪力墙，如图 4-6 所示。已知条件：（1）墙模板计算高度为 2.65m ［计算高度＝结构层高－水平构件（楼板或梁）高度－50mm］；（2）混凝土墙不粉刷（确定允许变形＝?），墙厚为 200mm，采用内部振捣器振捣，料斗容量为 0.6m³（确定活载＝?）；（3）浇筑速度 $v=1.2$m/h，混凝土温度 $T=15$℃（确定初凝时间＝?）；（4）掺外加剂（确定 β_1＝?），坍落度为 140mm（确定 β_2＝?）；（5）模板面板为厚度 18mm 的木胶合板，次楞采用 60mm×90mm 枋木，主楞采用双脚手钢管（$2\phi48.3\times3.6$mm）；（6）木材强度和弹性模量见本单元表 4-8；（7）次楞间距为 300mm；主楞间距为 600mm；穿墙对拉螺栓水平、竖向间距均为 600mm；对拉螺栓直径（mm）：M12。

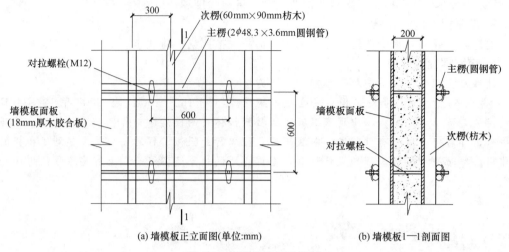

(a) 墙模板正立面图(单位:mm) (b) 墙模板1—1剖面图

图 4-6 墙模板施工示意图

试根据上述布置条件,验算墙模板体系的承载力和变形是否满足要求?

2. 某多层现浇板柱结构如图 4-7 所示。柱网尺寸为 5.4m×5.4m,每一楼层高度为 3.0m,柱子的截面尺寸为 450mm×450mm,楼板厚度为 150mm。

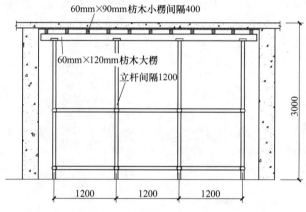

图 4-7 模板体系剖面图

(1) 柱子厚度为 18mm 的木胶合板,浇筑速度为 2.5m/h,混凝土的温度为 10℃,用插入式振动器捣实,混凝土的坍落度为 80mm,无外加剂。试求混凝土侧压力与柱箍间距,并绘制侧压力分布与柱箍布置图。

(2) 楼板模板采用厚度为 18mm 的木胶合板,支架为扣件式钢管脚手架搭设的排架;胶合板面板下小楞的尺寸为 50mm×100mm,间距为 400mm;小木楞下面大楞由支架立杆上的可调托座支撑,支架立杆的纵横间距为 1200mm。试验算小楞和大楞的承载力及挠度是否满足要求 (1/250)?

三、实训项目

详见综合训练单元六任务三"模板工程专项施工方案编制实训"。

学训单元五

混凝土工程施工

05

知识目标

- 了解混凝土的配料组成以及矿物掺合料和混凝土外加剂的种类和作用
- 理解从原材料的进场存放与检验、混凝土的拌和与输送、新拌混凝土的浇筑与振捣密实到混凝土构件的养护与质量验收等混凝土工程施工全过程的工作要义
- 掌握混凝土现场施工配合比的换算，以及现浇整体结构混凝土的施工工艺
- 掌握混凝土分项工程质量检验的内容与要求，以及现浇混凝土结构分项工程质量检验的内容与要求

能力目标

- 能解释混凝土工程施工全过程的工作要义
- 能处理现浇整体结构混凝土施工时常遇到的一般问题
- 能应用相关检查表格对混凝土分项工程质量、现浇混凝土结构分项工程质量进行检查验收
- 能应用检查工具对现浇混凝土结构构件的尺寸偏差进行检查验收，并能判断现浇结构外观质量的缺陷程度

混凝土工程施工是形成钢筋混凝土整体结构的最后一个施工环节，也是钢筋混凝土结构工程施工中一项重要的工种工程，混凝土结构的强度、耐久性、抗渗性等质量指标均与混凝土工程施工中的每一个工作过程直接相关。混凝土工程施工的工作过程包括：原材料的进场存放与检验，配合比的试配与最后确定，施工方案的制订与审批，混凝土的拌和与输送，新拌混凝土的浇筑与振捣密实，混凝土构件的养护与质量验收，混凝土结构的成品保护和缺陷修补等工作过程。其中直接形成混凝土实体的工作过程也称为工序，如：混凝土的拌和与输送，新拌混凝土的浇筑与振捣密实，混凝土构件的养护等。无论哪一个工作过程如果没有做好，都会影响到混凝土结构的工程质量。相对而言，由于施工条件的限制和施工环境的复杂，新拌混凝土的浇筑与振捣密实这一工作过程尤其显得关键和重要。本单元将对混凝土工

程施工的工作过程逐一作介绍。

任务一 ▶ 混凝土配料

混凝土是以水泥为主要胶凝材料，并配以砂、石等细、粗骨料和水按适当比例配合，经过均匀拌制、密实成型及养护硬化而形成的人造石材。有时为加强和改善混凝土的某项性能，如：膨胀性、抗渗性等，可适量掺入外加剂和矿物掺合料。

在混凝土中，砂、石起骨架作用，称为骨料，砂为细骨料，石为粗骨料；水泥与水形成水泥浆，水泥浆包裹在骨料表面并填充其空隙。在硬化前，水泥浆能起到润滑作用，故拌合物具有一定的和易性，便于施工；水泥浆硬化后，则将骨料胶结成一个坚实的整体。混凝土的形成过程主要划分为两个阶段与状态：凝结硬化前的塑性状态，即新拌混凝土或混凝土拌合物；硬化之后的坚硬状态，即硬化混凝土或混凝土。混凝土强度等级是以立方体抗压强度标准值划分，目前我国普通混凝土强度等级划分为 14 级，分别为：C15、C20、C25、C30、C35、C40、C45、C50、C55、C60、C65、C70、C75、C80。

一、混凝土的组成材料

（一）水泥

水泥是一种无机水硬性胶凝材料。它与水拌和而成的浆体既能在空气中硬化，又能在水中硬化，将骨料牢固地黏聚在一起，形成整体，产生强度。因此水泥是混凝土的重要组成部分。

1. 常用水泥的种类

水泥的种类很多，在混凝土工程中常用的水泥有：硅酸盐水泥、普通硅酸盐水泥、矿渣硅酸盐水泥、火山灰质硅酸盐水泥、粉煤灰硅酸盐水泥和复合硅酸盐水泥。不同品种的硅酸盐水泥主要是通过调整硅酸盐水泥熟料含量，以及掺入不同品种、不同数量的混合材料而划分的。因此不同品种的硅酸盐水泥在性能上既有区别又有联系，具体性能见表 5-1。

2. 水泥的验收与保管

（1）验收　由于水泥是混凝土的重要组成部分，水泥进场时应进行质量验收，对水泥的品种、级别、包装或散装仓号、出厂日期等进行检查，并应对其强度、安定性及其他必要的性能指标进行复验，其质量必须符合现行国家标准《通用硅酸盐水泥》（GB 175—2007）等的规定。

检查数量：按同一生产厂家、同一等级、同一品种、同一批号且连续进场的水泥，袋装不超过 200t 为一批，散装不超过 500t 为一批，每批抽样不少于一次。

检验方法：检查产品合格证、出厂检验报告和进场复验报告。为能及时得知水泥强度，可按《水泥强度快速检验方法》（JC/T 738—2004）预测水泥 28d 强度。

钢筋混凝土结构、预应力混凝土结构中，严禁使用含氯化物的水泥。

（2）保管　在水泥的贮存过程中，一定要注意防潮、防水。因为水泥受潮后会发生水化作用，凝结成块，降低强度，影响使用，故水泥贮存时间不宜过长。常用水泥在正常环境中存放三个月，强度将降低 10%～20%；存放六个月，强度将降低 15%～30%，存放一年，强度将可能降低 40%以上。因此，水泥存放时间按出厂日期起算，超过三个月应视为过期水泥，使用时必须重新检验确定其强度等级，并按复验结果使用。

入库的水泥应按品种、强度等级、出厂日期分别堆放，做好标志，按照先入库的先用、后入库的后用原则进行使用，并防止混掺使用。为了防止水泥受潮，现场仓库应尽量密闭。包装水泥存放时，应垫起离地约 30cm，离墙亦应在 30cm 以上。堆放高度一般不要超过 10 包。临时露天暂存水泥也应用防雨篷布盖严，底板要垫高，并采取防潮措施。

表 5-1　常用水泥的种类

项次	水泥名称	标准编号	原料	代号	特性	强度等级	备注
1	硅酸盐水泥	GB 175—2007	硅酸盐水泥熟料、0～5%的石灰石或粒化高炉矿渣、适量石膏磨细制成的水硬性胶凝材料	P·Ⅰ、P·Ⅱ	早期强度及后期强度都较高,在低温下强度增长比其他种类的水泥快,抗冻、耐磨性都好,但水化热较高,抗腐蚀性较差	42.5、42.5R、52.5、52.5R、62.5、62.5R	R系指早强型水泥
2	普通硅酸盐水泥		硅酸盐水泥熟料、6%～20%的石灰石或粒化高炉矿渣、适量石膏磨细制成的水硬性胶凝材料	P·O	除早期强度比硅酸盐水泥稍低,其他性能接近硅酸盐水泥	42.5、42.5R、52.5、52.5R	
3	矿渣硅酸盐水泥		硅酸盐水泥熟料和20%～70%粒化高炉矿渣、适量石膏磨细制成的水硬性胶凝材料	P·S	早期强度较低,在低温环境中强度增长较慢,但后期强度增长较快,水化热较低,抗硫酸盐侵蚀性较好,耐热性较好,低干缩变形较大,析水性较大,耐磨性较差	32.5、32.5R、42.5、42.5R、52.5、52.5R	
4	火山灰质硅酸盐水泥		硅酸盐水泥熟料和20%～40%火山灰质混合材料、适量石膏磨细制成	P·P	早期强度较低,在低温环境中强度增长较慢,在高温潮湿环境中(如蒸汽养护)强度增长较快,水化热较低,抗硫酸盐侵蚀性较好,但干缩变形较大,析水性较大,耐磨性较差	32.5、32.5R、42.5、42.5R、52.5、52.5R	
5	粉煤灰硅酸盐水泥		硅酸盐水泥熟料和20%～40%粉煤灰、适量石膏磨细制成	P·F	早期强度较低,水化热比火山灰水泥还低,和易性好,抗腐蚀性好,干缩性也较小,但抗冻、耐磨性较差	32.5、32.5R、42.5、42.5R、52.5、52.5R	
6	复合硅酸盐水泥		硅酸盐水泥熟料、20%～50%两种或两种以上规定的混合材料、适量石膏磨细制成的水硬性胶凝材料	P·C	介于普通水泥与火山灰水泥,矿渣水泥以及粉煤灰水泥性能之间,当复掺混合材料较少(小于20%)时,它的性能与普通水泥相似,随着混合材料复掺量的增加,性能也趋向所掺混合材料的水泥	32.5、32.5R、42.5、42.5R、52.5、52.5R	

水泥不得和石灰石、石膏、白垩等粉状物料混放在一起。

(二) 砂

1. 砂的一般分类

砂按其产源可分天然砂、人工砂。

天然砂：由自然条件作用而形成的,粒径在 5mm 以下的岩石颗粒,称为天然砂。天然砂又可分为河砂、湖砂、海砂和山砂。河砂颗粒圆滑,用它拌制混凝土有较好的和易性;山砂表面粗糙,有棱角,与水泥粘接力较好,但用它拌制的混凝土和易性较差,且不如河砂洁净;海砂虽颗粒圆润,但大多夹有贝壳碎片及可溶性盐类,影响混凝土强度。因此,建筑工程首选河砂作为细骨料。

人工砂：为经除土处理的机制砂、混合砂的统称。机制砂是由机械破碎、筛分制成的,粒径小于 4.75mm 的岩石颗粒,但不包括软质岩、风化岩石的颗粒。机制砂颗粒尖锐,有棱角,较洁净,但片状颗粒及细粉含量较多,且成本较高。混合砂是由机制砂和天然砂混合制成的砂。一般在当地缺乏天然砂源时,采用人工砂。

砂按粒径大小可分为粗砂、中砂和细砂,目前是以细度模数来划分粗砂、中砂和细砂,习惯上仍用平均粒径来区分,见表 5-2。对于泵送混凝土用砂,宜选用中砂。

2. 砂的质量要求

配制混凝土的砂要求清洁不含杂质,以保证混凝土的质量。而砂中常含有一些有害杂质,如云母、黏土、淤泥、粉砂等,黏附在砂的表面,妨碍水泥与砂的粘接,降低混凝土强

表 5-2　砂的分类

粗细程度	细度模数 μ_f	平均粒径/mm
粗砂	3.7～3.1	0.5 以上
中砂	3.0～2.3	0.35～0.5
细砂	2.2～1.6	0.25～0.35

度；同时还增加混凝土的用水量，从而加大混凝土的收缩，降低抗冻性和抗渗性。还有一些有机杂质、硫化物及硫酸盐，它们都对水泥有腐蚀作用。故用来配制混凝土的砂质量应符合表 5-3 中规定。

表 5-3　砂的质量要求

质量项目			质量指标
含泥量 （按重量计）/%	混凝土 强度等级	≥C30	≤3.0
		<C30	≤5.0
泥块含量 （按重量计）/%		≥C30	≤1.0
		<C30	≤2.0
有害物质限量	云母含量（按重量计）/%		≤2.0
	轻物质含量（按重量计）/%		≤1.0
	硫化物及硫酸盐含量（折算成 SO_3 按重量计）/%		≤1.0
	有机物含量（用比色法试验）		颜色不应深于标准色，如深于标准色，则应按水泥胶砂强度试验方法，进行强度对比试验，抗压强度比不应低于 0.95
坚固性	混凝土所处的 环境条件	在严寒及寒冷地区室外使用并经常处于潮湿或干湿交替状态下的混凝土	5 次循环后重量损失/%　≤8
		其他条件下使用的混凝土	≤10

3. 砂的验收、运输和堆放

（1）验收　砂的生产单位应按批对产品进行质量检验。在正常情况下，机械化集中生产的天然砂，以 400m³ 或 600t 为一批。人工分散生产的，以 200m³ 或 300t 为一检验批。不足上述规定者也以一批检验。每批至少应进行颗粒级配和含泥量检验。如为海砂，还应检验其氯盐含量。在发现砂的质量有明显变化时，应按其变化情况，随时进行取样检验。当砂产量比较大，而产品质量比较稳定时，可进行定期的检验。

砂的使用单位在进货时也应按上述批次划分进行抽检，抽检的质量检测报告内容应包括：委托单位、样品编号、工程名称、样品产地和名称、代表数量、检测条件、检测依据、检测项目、检测结果、结论等。

（2）运输和堆放　砂在运输、装卸和堆放过程中，应防止离析和混入杂质，并应按产地、种类和规格分别堆放。

（三）石子

普通混凝土所用的石子可分为碎石和卵石。由天然岩石或卵石经破碎、筛分而得的粒径大于 5mm 的岩石颗粒，称为碎石；由自然条件作用而形成的粒径大于 5mm 的岩石颗粒，称为卵石。

1. 石子的质量要求

石子是混凝土的重要组成部分，在混凝土中的占比超过一半。石子的质量要求包括：针、片状颗粒含量，含泥量，有害物质限量，压碎指标值，坚固性等多项指标。详见表 5-4 中规定。

表 5-4　石子的质量要求

质量项目			质量指标
针、片状颗粒含量（按重量计）/%	混凝土强度等级	≥C30	≤15
		<C30	≤25
含泥量（按重量计）/%		≥C30	≤1.0
		<C30	≤2.0
泥块含量（按重量计）/%		≥C30	≤0.5
		<C30	≤0.7
碎石压碎指标值/%	混凝土强度等级	水成岩 C55～C40	≤10
		≤C35	≤16
		变质岩或深层的火成岩 C55～C40	≤12
		≤C35	≤20
		火成岩 C55～C40	≤13
		≤C35	≤30
卵石压碎指标值/%	混凝土强度等级	C55～C40	≤12
		≤C35	≤16
坚固性	混凝土所处的环境条件	在严寒及寒冷地区室外使用，并经常处于潮湿或干湿交替状态下的混凝土	5 次循环后重量损失/% ≤8
		在其他条件下使用的混凝土	≤12
有害物质限量	硫化物及硫酸盐含量（折算成 SO₃ 按质量计）/%		≤1.0
	卵石中有机质含量（用比色法试验）		颜色应不深于标准色。如深于标准色，则应配制成混凝土进行强度对比试验，抗压强度比应不低于 0.95

2. 石子的验收、运输和堆放

（1）验收　生产厂家和供货单位应提供产品合格证及质量检验报告。

使用单位在收货时应按同产地同规格分批验收。用大型工具（如火车、货船或汽车）运输的，以 400m³ 或 600t 为一验收批，用小型工具（如小型货车、拖拉机等）运输的以 200m³ 或 300t 为一验收批。量少于上述者按一验收批验收。

每验收批至少应进行颗粒级配、含泥量、泥块含量及针、片状颗粒含量检验。对重要工程或特殊工程应根据工程要求增加检测项目。对其他指标的合格性有怀疑时应予检验。当质量比较稳定、进料量又较大时，可定期检验。石子的使用单位的质量检测报告内容应包括：委托单位、样品编号、工程名称、样品产地、类别、代表数量、检测依据、检测条件、检测项目、检测结果、结论等。

（2）运输和堆放　碎石或卵石在运输、装卸和堆放过程中，应防止颗粒离析和混入杂质，并应按产地、种类和规格分别堆放。堆料高度不宜超过 5m，但对单粒级或最大粒径不超过 20mm 的连续粒级，堆料高度可以增加到 10m。

（四）水

用于拌和混凝土的拌和用水所含物质对混凝土、钢筋混凝土和预应力混凝土不应产生以下有害作用：①影响混凝土的和易性和凝结；②有损于混凝土的强度发展；③降低混凝土的耐久性，加快钢筋腐蚀及导致预应力钢筋脆断；④污染混凝土表面。

一般符合国家标准的生活饮用水，可直接用于拌制各种混凝土。地表水和地下水首次使用前，应按有关标准进行检验后方可使用。海水可用于拌制素混凝土，但不得用于拌制钢筋混凝土和预应力混凝土。有饰面要求的混凝土也不应用海水拌制。

(五) 矿物掺合料和混凝土外加剂

1. 矿物掺合料

矿物掺合料是指以氧化硅、氧化铝为主要成分，在混凝土中可以代替部分水泥、改善混凝土性能，且掺量不小于5％水泥用量的具有火山灰活性的粉体材料。

目前常用的矿物掺合料能有效改善传统混凝土性能。如：在高性能混凝土中加入较大量的磨细矿物掺合料，可以起到降低温升，改善工作性能，增进后期强度，改善混凝土内部结构，提高耐久性等作用。近年来，绿色高性能混凝土得到很大的发展，绿色高性能混凝土大量利用工业废渣，减少自然资源和能源的消耗，有利于环境保护，符合混凝土可持续发展的方向。尤其是近年来复合矿物掺合料等新材料、新技术的研究和应用，促进了高性能混凝土的发展。

不同的矿物掺合料对改善混凝土的物理、力学性能与耐久性具有不同的效果，可根据混凝土的设计要求与结构的工作环境加以选择。

常用的矿物掺合料有：粉煤灰、磨细矿渣、沸石粉、硅粉、复合矿物掺合料等种类。各种矿物掺合料的计量应按重量计，每盘计量允许偏差不应超过±2％。掺矿物掺合料混凝土搅拌时宜采用二次投料法，即先投入粗细骨料和1/3的水搅拌10s后，再投入水泥、矿物掺合料、剩余2/3的水及外加剂。掺矿物掺合料混凝土搅拌时间宜适当延长，以确保混凝土搅拌均匀。

2. 混凝土外加剂

混凝土外加剂是在混凝土拌和过程中掺入的，并能按要求改善混凝土性能的材料。选择何种外加剂品种，应根据使用外加剂的主要目的，通过技术经济比较确定。外加剂的掺量，应按其品种并根据使用要求、施工条件、混凝土原材料等因素通过试验确定。外加剂的掺量，应以水泥重量的百分率表示，称量误差不应超过规定计量的±2％。矿物掺合料和外加剂的根本区别是矿物掺合料在混凝土中可以代替部分水泥，而外加剂不能代替水泥。常用的混凝土外加剂有：减水剂、引气剂、缓凝剂、早强剂、防冻剂、泵送剂、膨胀剂、速凝剂等种类。

普通减水剂是在混凝土坍落度基本相同的条件下，能减少拌合用水量的外加剂。在混凝土坍落度基本相同的条件下，能大幅度减少拌合水量的外加剂称为高效减水剂。

引气剂是在混凝土搅拌过程中，能引入大量分布均匀的微小气泡，以减少混凝土拌合物泌水离析，改善和易性，并能显著提高硬化混凝土抗冻融耐久性的外加剂。兼有引气和减水作用的外加剂称为引气减水剂。

缓凝剂是一种能延缓混凝土凝结时间，并对混凝土后期强度发展没有不利影响的外加剂。兼有缓凝和减水作用的外加剂，称为缓凝减水剂。

早强剂是能够提高混凝土早期强度，但对后期强度没有明显影响的外加剂。兼有早强和减水作用的外加剂，称为早强减水剂。

防冻剂是在规定温度下，能显著降低混凝土的冰点，使混凝土的液相不冻结或仅部分冻结，以保证水泥的水化作用，并在一定的时间内获得预期强度的外加剂。

泵送剂是能改善混凝土拌合物泵送性能的外加剂。泵送性能，就是混凝土拌合物顺利通过输送管道，不阻塞、不离析、黏塑性良好的性能。

膨胀剂是能够使混凝土产生一定程度膨胀的外加剂。例如：掺有适量膨胀剂的混凝土可作补偿收缩混凝土，主要用于地下、水中、海水中环境的构筑物，大体积混凝土（除大坝外），以及配筋路面、屋面与厕浴间防水、构件补强、渗漏修补、预应力钢筋混凝土等；也可作填充用膨胀混凝土，用于结构后浇缝、隧洞堵头、钢管与隧道之间的填充等。

速凝剂是能使混凝土或砂浆迅速凝结硬化的外加剂。速凝剂主要用于喷射混凝土、砂浆及堵漏抢险工程。

二、混凝土的施工配料

不同要求的混凝土应单独进行混凝土配合比设计。混凝土配合比设计，是根据混凝土强度等级及施工所要求的混凝土拌合物坍落度指标在实验室试配完成的，故又称为混凝土实验室配合比。如果混凝土还有其他技术性能要求，除在计算和试配过程中予以考虑外，尚应增添相应的试验项目，进行试验确认。

混凝土配合比设计应满足设计需要的强度等级、耐久性和工作性指标。

(一) 普通混凝土实验室配合比设计

1. 普通混凝土实验室配合比设计步骤

普通混凝土实验室配合比计算步骤如下：

(1) 计算出要求的试配强度 $f_{cu,0}$，并测算出所要求的水灰比值；

(2) 选取合理的每立方米混凝土的用水量，并由此计算出每立方米混凝土的水泥用量；

(3) 选取合理的砂率值，计算出粗、细骨料的用量，提出供试配用的配合比。

2. 普通混凝土试配强度确定

当混凝土的设计强度等级小于 C60 时，混凝土的试配强度 $f_{cu,0}$ 按下式确定：

$$f_{cu,0} \geqslant f_{cu,k} + 1.645\sigma \tag{5-1}$$

式中　$f_{cu,0}$——混凝土的施工配制强度，MPa；

　　　$f_{cu,k}$——设计的混凝土立方体抗压强度标准值，MPa；

　　　　σ——施工单位的混凝土强度标准差，MPa。

σ 的取值，如施工单位具有近期混凝土强度的统计资料时，可按下式求得：

$$\sigma = \sqrt{\frac{\sum\limits_{i=1}^{n} f_{cu,i}^2 - n m_{fcu}^2}{n-1}} \tag{5-2}$$

式中　$f_{cu,i}$——统计周期内同一品种混凝土第 i 组试件强度值，MPa；

　　　m_{fcu}——统计周期内同一品种混凝土 n 组试件强度的平均值，MPa；

　　　　n——统计周期内同一品种混凝土试件总组数，$n \geqslant 30$。

当混凝土强度等级不高于 C30 时，如计算得到的 $\sigma < 3.0$MPa，取 $\sigma = 3.0$MPa；当混凝土强度等级等于或高于 C30 时，如计算得到的 $\sigma < 4.0$MPa，取 $\sigma = 4.0$MPa。

对预拌混凝土厂和预制混凝土构件厂，其统计周期可取为一个月；对现场拌制混凝土的施工单位，其统计周期可根据实际情况确定，但不宜超过三个月。

施工单位如无近期混凝土强度统计资料时，可按表 5-5 取值。

表 5-5　σ 取值表

混凝土强度等级	≤C20	C25～C45	＞C50～C55
σ/(N/mm²)	4	5	6

(二) 混凝土施工配合比换算

经过试配和调整以后，便可按照所得的结果确定混凝土的实验室配合比。混凝土的实验室配合比所用的砂、石经过了干燥处理，是不含水分的，而施工现场砂、石都有一定的含水率，且砂、石的含水率随天气条件不断变化。为保证混凝土的质量，施工中应按砂、石的实际含水率对实验室配合比进行换算。根据现场砂、石的实际含水率换算调整后的配合比称为施工配合比。

施工配料时影响混凝土质量的因素主要有两方面：一是称量不准；二是未按砂、石骨料实际含水率的变化进行施工配合比的换算。

1. 施工配合比换算

（1）施工时应及时测定砂、石骨料的含水率，并将混凝土配合比换算成在实际含水率情况下的施工配合比。

（2）设混凝土实验室配合比为水泥：砂子：石子＝$1:x:y$，测得砂子的含水率为W_x，石子的含水率为W_y，则施工配合比应为$1:x(1+W_x):y(1+W_y)$。

【例 5-1】 已知 C30 混凝土的试验室配合比为 1：2.32：4.33，水灰比为 0.60，经测定砂的含水率为 3%，石子的含水率为 1%，每 $1m^3$ 混凝土的水泥用量 310kg，求每 $1m^3$ 混凝土的施工配合比及砂、石、水的用量。

【解】

（1）每 $1m^3$ 混凝土的施工配合比为

水泥：砂子：石子＝$1:2.32×(1+3\%):4.33×(1+1\%)=1:2.39:4.37$

（2）已知每 $1m^3$ 混凝土的水泥用量 310kg，则每 $1m^3$ 混凝土所需的砂、石、水用量为：

砂子：$310×2.39=740.9(kg)$

石子：$310×4.37=1354.7(kg)$

水：$310×0.60-310×2.32×3\%-310×4.33×1\%=151(kg)$

2. 现场施工配料

现场施工时往往以一袋或两袋水泥为下料单位，每搅拌一次叫做一盘。因此，求出每 $1m^3$ 混凝土材料用量后，还必须根据工地现有搅拌机出料容量确定每盘需用几袋水泥，然后按水泥用量算出砂、石子、水的每盘用量。

【例 5-2】 已知条件同例 5-1，若采用 JZ350 型搅拌机，出料容量为 $0.35m^3$，求每搅拌一盘应加入的水泥、砂、石、水重量。

【解】 每搅拌一盘应加入的水泥、砂、石、水重量为：

水泥：$310×0.35=108.5(kg)$ （取两袋水泥，即 100kg）

砂子：$100×2.39=239(kg)$

石子：$100×4.37=437(kg)$

水：$100×0.60-100×2.32×3\%-100×4.33×1\%=48.7(kg)$

（三）抗渗混凝土、高强混凝土和泵送混凝土的配料要求

1. 抗渗混凝土的配料要求

混凝土的抗渗性用抗渗等级 P 表示。抗渗等级是以 28d 龄期试件，在标准试验条件下，以一组 6 个试件中 4 个试件未出现渗水时的最大水压力来确定和划分。混凝土的抗渗等级划分为 P4、P6、P8、P10、P12 五个等级，相应表示混凝土能抵抗 0.4MPa、0.6MPa、0.8MPa、1.0MPa、1.2MPa 的水压力。

试配要求的抗渗水压值应比设计提高 0.2MPa。抗渗混凝土所用原材料和配合比应符合下列规定：

（1）粗骨料宜采用连续级配，其最大粒径不宜大于 40mm，含泥量不得大于 1.0%，泥块含量不得大于 0.5%。

（2）细骨料宜采用中砂，含泥量不得大于 3.0%，泥块含量不得大于 1.0%。

（3）外加剂宜采用防水剂、膨胀剂、引气剂、减水剂或引气减水剂。

（4）抗渗混凝土宜掺用矿物掺合料。

（5）每立方米混凝土中的水泥和矿物掺合料总量不宜小于 320kg。

（6）砂率宜为 35%～45%。

（7）供试配用的最大水灰比应符合表 5-6 的规定。

表 5-6 抗渗混凝土最大水灰比

抗渗等级	最大水灰比	
	C20～C30	C30 以上
P6	0.60	0.55
P8～P12	0.55	0.50
P12 以上	0.50	0.45

2. 高强混凝土的配料要求

一般把强度等级为 C60 及其以上的混凝土称为高强混凝土。它是用水泥、砂、石原材料外加减水剂或同时外加粉煤灰、矿粉、矿渣、硅粉等混合料，经常规工艺生产而获得高强的混凝土。高强混凝土作为一种新的建筑材料，以其抗压强度高、抗变形能力强、密度大、孔隙率低的优越性，在高层建筑结构、大跨度桥梁结构以及某些特种结构中得到广泛的应用。高强混凝土最大的特点是抗压强度高，一般为普通强度混凝土的 4～6 倍，故可减小构件的截面尺寸，减轻自重，因而可获得较大的经济效益，因此最适宜用于高层建筑。已有文献报道：国外在试验室高温、高压的条件下，水泥石的强度达到 662MPa（抗压）及 64.7MPa（抗拉）。在实际工程中，美国西雅图双联广场泵送混凝土 56d 抗压强度达 133.5MPa；我国也已有配制出 C100 的混凝土且用于实际工程的报道。

配制高强混凝土所用原材料和配合比应符合下列规定：

（1）应选用质量稳定、强度等级不低于 42.5 级的硅酸盐水泥或普通硅酸盐水泥。

（2）对强度等级为 C60 级的混凝土，其粗骨料的最大粒径不应大于 31.5mm，对强度等级高于 C60 级的混凝土，其粗骨料的最大粒径不应大于 25mm；针片状颗粒含量不宜大于 5.0%，含泥量不应大于 0.5%，泥块含量不宜大于 0.2%；其他质量指标应符合现行行业标准《普通混凝土用砂、石质量及检验方法标准》（JGJ 52—2006）的规定。

（3）细骨料的细度模数宜大于 2.6，含泥量不应大于 2.0%，泥块含量不应大于 0.5%。其他质量指标应符合现行行业标准《普通混凝土用砂、石质量及检验方法标准》（JGJ 52—2006）的规定。

（4）配制高强混凝土时应掺用高效减水剂或缓凝高效减水剂；并应掺用活性较好的矿物掺合料，且宜复合使用矿物掺合料。

（5）高强混凝土的水泥用量不应大于 550kg/m³；水泥和矿物掺合料的总量不应大于 600kg/m³。

3. 泵送混凝土的配料要求

泵送混凝土配合比设计应根据混凝土原材料、混凝土运输距离、混凝土泵、混凝土输送管径、泵送距离、气温等具体施工条件试配。必要时，应通过试泵送确定泵送混凝土的配合比。泵送混凝土要求流动性好，骨料粒径一般不大于管径的四分之一，需加入防止混凝土拌合物在泵送管道中离析和堵塞的泵送剂，减水剂、塑化剂、加气剂以及增稠剂等均可用作泵送剂。此外，加入适量的混合材料（如粉煤灰等），可避免混凝土施工中拌合料分层离析、泌水和堵塞输送管道。泵送混凝土的原材料和配合比应符合下列规定：

（1）水泥 配制泵送混凝土应采用硅酸盐水泥、普通硅酸盐水泥、矿渣硅酸盐水泥和粉煤灰硅酸盐水泥，不宜采用火山灰质硅酸盐水泥。

矿渣水泥保水性稍差，泌水性较大，但由于其水化热较低，多用于配制泵送的大体积混凝土，但宜适当降低坍落度、掺入适量粉煤灰和适当提高砂率。

（2）粗骨料　粗骨料的粒径、级配和形状对混凝土拌合物的可泵性有着十分重要的影响。

粗骨料的最大粒径与输送管的管径之比有直接的关系，应符合表5-7的规定。

表5-7　粗骨料的最大粒径与输送管径之比

石子品种	泵送高度/m	粗骨料的最大粒径与输送管径之比
碎石	＜50	≤1：3.0
	50～100	≤1：4.0
	＞100	≤1：5.0
卵石	＜50	≤1：2.5
	50～100	≤1：3.0
	＞100	≤1：4.0

粗骨料应符合国家现行标准《普通混凝土用砂、石质量及检验方法标准》（JGJ 52—2006）的规定。粗骨料应采用连续级配，针片状颗粒含量不宜大于10%。

（3）细骨料　细骨料对混凝土拌合物的可泵性也有很大影响。混凝土拌合物之所以能在输送管中顺利流动，主要是由于粗骨料被包裹在砂浆中，而由砂浆直接与管壁接触起到的润滑作用。为保证混凝土的流动性、黏聚性和保水性，以便于运输、泵送和浇筑，泵送混凝土的砂率要比普通流动性混凝土增大砂率6%以上，约为35%～45%。对细骨料除应符合国家现行标准《普通混凝土用砂、石质量及检验方法标准》（JGJ 52—2006）外，一般有下列要求：

1）宜采用中砂，细度模数为2.5～3.2。

2）通过0.315mm筛孔的砂不少于15%。

3）应有良好的级配。

（4）掺合料和外加剂　泵送混凝土中常用的掺合料为粉煤灰，掺入混凝土拌合物中，能使泵送混凝土的流动性显著增加，且能减少混凝土拌合物的泌水和干缩，大大改善混凝土的泵送性能。当泵送混凝土中水泥用量较少或细骨料中通过0.315mm筛孔的颗粒小于15%时，掺加粉煤灰是很适宜的。对于大体积混凝土结构，掺加一定数量的粉煤灰还可以降低水泥的水化热，有利于控制温度裂缝的产生。

泵送混凝土中的外加剂，主要有泵送剂、减水剂和引气剂，对于大体积混凝土结构，为防止产生收缩裂缝，还可掺入适宜的膨胀剂。

任务二 ▶ 混凝土搅拌与运输

混凝土的搅拌，就是将水和水泥、粗细骨料等各种组成材料进行均匀拌和及混合的过程。通过搅拌使配制的混凝土散料形成质地均匀、颜色一致、具备一定流动性的混凝土拌合物。混凝土搅拌得是否均匀，与混凝土的质量密切相关，所以混凝土搅拌是混凝土施工工艺中很重要的一道工序。混凝土搅拌可分为人工搅拌和机械搅拌两种。

一、人工搅拌混凝土

当混凝土的用量不大而现场又缺乏搅拌机械设备，或对混凝土标号要求不高时可采用人工搅拌。

人工搅拌一般使用铁板或包有薄钢板的木板作为拌板。人工搅拌一般采用"三干三湿"

法，即先将砂倒在拌板上，稍加摊平，再把水泥倒在砂上干拌两遍，然后摊平加入石子再翻拌一遍，之后逐渐加入定量的水，湿拌三遍，直至颜色一致，石子与水泥浆无分离现象为止。

人工搅拌混凝土的劳动强度大，要求的坍落度也较大，否则很难搅拌均匀。当水灰比不变时，人工搅拌要比机械搅拌多耗费10％～15％的水泥用量。

二、机械搅拌混凝土

（一）搅拌机分类

常用的混凝土搅拌机按其搅拌原理主要分为自落式搅拌机和强制式搅拌机两类。

1. 自落式搅拌机

这种搅拌机的搅拌鼓筒是水平放置的。随着鼓筒的转动，混凝土拌合料在鼓筒内做自由落体式翻转搅拌，从而达到搅拌的目的。自落式搅拌机多用于搅拌塑性混凝土和低流动性混凝土。筒体和叶片磨损较小，易于清理，但动力消耗大，效率低。搅拌时间一般为90～120s/盘，其构造见图5-1、图5-2。

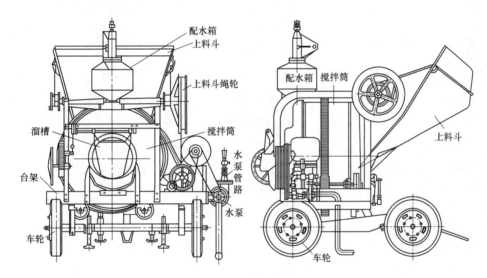

图 5-1　自落式搅拌机

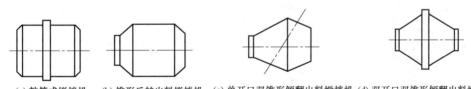

(a) 鼓筒式搅拌机　(b) 锥形反转出料搅拌机　(c) 单开口双锥形倾翻出料搅拌机 (d) 双开口双锥形倾翻出料搅拌机

图 5-2　自落式混凝土搅拌机搅拌筒的几种形式

由于此类搅拌机效率低，现已逐步被强制式搅拌机所取代。

2. 强制式搅拌机

强制式搅拌机的鼓筒是垂直放置的，其本身不转动，筒内有若干组叶片，搅拌时叶片绕竖轴或卧轴旋转，将材料强行搅拌，直至搅拌均匀。这种搅拌机的搅拌作用强烈，适宜于搅拌干硬性混凝土和轻骨料混凝土，也可搅拌流动性混凝土，具有搅拌质量好、搅拌速度快、生产效率高、操作简便及安全等优点。但机件磨损严重，一般需用高强合金钢或其他耐磨材料做内衬，多用于集中搅拌站点。外形参见图5-3，构造见图5-4。

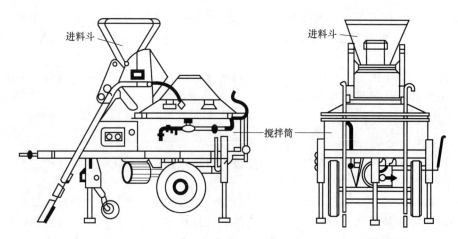

图 5-3　涡浆强制式搅拌机

(a) 涡浆式　　(b) 搅拌盘固定的行星式　(c) 搅拌盘反向旋转的行星式　(d) 搅拌盘同向旋转的行星式　(e) 单卧轴式

图 5-4　强制式混凝土搅拌机的几种形式

3. 搅拌机的型号

在我国，混凝土搅拌机是以其出料容量（m³）×1000L 来标定规格的，现行混凝土搅拌机的系列为 50L、150L、250L、350L、500L、750L、1000L、1500L 和 3000；施工现场拌制混凝土常用的混凝土搅拌机型号一般为 250L、350L、500L、1000L 等。

选择何种型号的混凝土搅拌机要根据工程量大小、混凝土的坍落度和骨料的粒径大小等因素确定。既要满足技术上的要求，也要考虑经济效果和节约能源。

（二）搅拌机使用注意事项

（1）安装：搅拌机应设置在平坦的位置，用枋木垫起前后轮轴，使轮胎搁高架空，以免在开动时发生走动。固定式搅拌机要装在固定的机座或底架上。

（2）检查：电源接通后，必须仔细检查，经 2～3min 空车试转认为合格后，方可使用。试运转时应校验拌筒转速是否合适，一般情况下，空车速度比重车（装料后）稍快 2～3 转，如相差较多，应调整动轮与传动轮的比例。

拌筒的旋转方向应符合箭头指示方向，如不符时，应更正电机接线。

检查传动离合器和制动器是否灵活可靠，钢丝绳有无损坏，轨道滑轮是否良好，周围有无障碍及各部位的润滑情况等。

（3）保护：电动机应装设外壳或采用其他保护措施，防止水分和潮气浸入而损坏。电动机必须安装启动开关，速度由缓变快。

开机后，经常注意搅拌机各部件的运转是否正常。停机时，经常检查搅拌机叶片是否打弯，螺钉是否打落或松动。

（4）当混凝土搅拌完毕或预计停歇 1h 以上时，除将余料出净外，应用石子和清水倒入拌筒内，开机转动 5～10min，把粘在料筒上的砂浆冲洗干净后全部卸出。

料筒内不得有积水，以免料筒和叶片生锈。同时还应清理搅拌筒外积灰，使机械保持清洁完好。

（5）下班后及停机不用时，应妥善进行安全管制，以防有人误用造成安全事故。

（三）混凝土搅拌站

随着我国建筑业的快速发展，以及城市环境保护的需要，目前全国许多城市已经禁止在市区施工现场搅拌混凝土，为此上述城市已经相应建设了完善的混凝土集中搅拌站点和商品混凝土供应网络，使混凝土生产进入了机械化、自动化时代。

混凝土在搅拌站集中拌制，可以做到自动上料、自动称量、自动出料和计算机操作控制，机械化、自动化程度大大提高，混凝土的拌和质量得到进一步的控制。施工现场也可根据工程任务大小、施工现场具体条件、机具设备等情况，因地制宜的搭建混凝土集中搅拌站，一般宜采用流动性组合方式，所有机械设备采取装配连接结构，有利于建筑工地转移。

混凝土搅拌站生产工艺流程，见图5-5。混凝土搅拌站现场图片见图5-6。

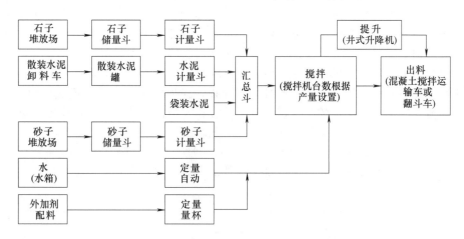

图5-5 混凝土搅拌站生产工艺流程示意图

三、混凝土搅拌质量控制

（一）准备工作

严格按照混凝土施工配合比来控制各种原材料的投料量。将混凝土施工配合比，以及用于每盘搅拌的各种原材料的投料量在搅拌机旁挂牌公布，便于检查。每盘装料数量不得超过搅拌筒标准容量的10%。混凝土原材料按重量计量的允许偏差，不得超过下列规定：水泥、外加掺合料±2%；粗细骨料±3%；水、外加剂溶液±1%。各种衡器应定时校验，并经常保持准确。骨料含水率应经常测定。雨天施工时，应增加测定次数。

机械搅拌混凝土前，先加水空转数分钟，将积水倒净，使拌筒充分润湿。每次用搅拌机拌和

图5-6 混凝土搅拌站现场

第一盘混凝土前，应先开动搅拌机空车运转，运转正常后，再加料搅拌。拌第一盘混凝土时，应按配合比多加入10%的水泥、水、细骨料的用量；或减少10%的粗骨料用量，因为一部分砂浆会黏附在搅拌机鼓筒内壁及搅拌叶片，以防止第一盘混凝土拌合物中的砂浆偏少。

（二）投料顺序

投料顺序应从提高混凝土搅拌质量，减少叶片、衬板的磨损，减少拌合物与搅拌筒的粘接，减少水泥飞扬，改善工作条件等方面综合考虑确定。常用的方法如下。

一次投料法：向搅拌机加料时应先装砂子（或石子），然后装入水泥，最后装入石子（或砂子），这种上料顺序使水泥不直接与料斗接触，避免水泥黏附在料斗上，同时亦可避免料斗进料时水泥飞扬。提起料斗将全部材料倒入拌桶中进行搅拌，同时开启水阀，使定量的水均匀洒布于拌合料中。

二次投料法：混凝土搅拌的二次投料法，也称先拌水泥浆法，或水泥裹砂法。即制备混凝土时将水泥和水先进行充分搅拌制成水泥净浆（或将水泥、砂、水先搅拌，制成水泥砂浆），搅拌一分钟，然后投入石子，再进行搅拌一分钟。这种方法称为二次投料法。二次投料法搅拌出的混凝土比一次投料法搅拌出的混凝土强度可提高 10％～15％左右。

（三）搅拌时间

搅拌时间是影响混凝土质量及搅拌机生产率的重要因素之一，时间过短，拌和不均匀，则混凝土质量与和易性达不到设计要求；时间过长，既降低了搅拌机生产率，又增加了搅拌筒及叶片的磨损，同时可能会因拌碎的粗骨料过多而影响混凝土质量。

搅拌时间：从原料全部投入搅拌机筒开始搅拌时起，至混凝土拌合料结束搅拌开始卸出时止，所经历的时间称作搅拌时间。通过充分搅拌，应使混凝土的各种组成材料混合均匀，颜色一致。搅拌时间随搅拌机的类型及混凝土拌合料和易性的不同而异，搅拌时间的长短直接影响混凝土的质量，一般自落式搅拌机搅拌时间不少于 90s，强制式搅拌机搅拌时间不少于 60s。在生产中，应根据混凝土拌合料要求的均匀性、混凝土强度增长的效果及生产效率几种因素，规定合适的搅拌时间。但混凝土搅拌的最短时间，应符合表 5-8 规定。

表 5-8　混凝土搅拌的最短时间　　　　　　　　　　　　　　单位：s

混凝土坍落度/mm	搅拌机类型	搅拌机容积/L		
		<250	250～500	>500
≤40	自落式	90	120	150
	强制式	60	90	120
>40	自落式	90	90	120
	强制式	60	60	90

注：掺有外加剂时，搅拌时间应适当延长。

（四）搅拌应注意的事项

（1）进行混凝土和易性测试与调整。每次用搅拌机开拌混凝土，应注意监视与检测开拌初始的前二、三盘混凝土拌合物的和易性，如不符合要求时，应立即分析情况并处理，直至混凝土拌合物的和易性符合要求，方可持续生产。在正常生产过程中也要按规定随机抽检混凝土和易性。当开始按新的配合比进行拌制或原材料有变化时，也应注意开拌鉴定与检测工作。

（2）控制混凝土拌合物的均匀性。检查混凝土均匀性时，应在搅拌机卸料过程中，从卸料流出的 1/4～3/4 之间部位采取试样。每一混凝土的搅拌工作班次至少应抽查两次。检测结果应符合下列规定：

1）混凝土中砂浆密度，两次测值的相对误差不应大于 0.8％。

2）单位体积混凝土中粗骨料含量，两次测值的相对误差不应大于 5％。

（3）搅拌好的混凝土要做到基本卸尽。在全部混凝土卸出之前不得再投入拌合料，更不得采取边出料边进料的方法。严格控制水灰比和坍落度，未经试验人员同意不得随意加减用水量。

（4）在拌和掺有掺合料（如粉煤灰等）的混凝土时，宜先以部分水、水泥及掺合料在机内拌和后,再加入砂、石及剩余水,并适当延长拌和时间。

(5)使用外加剂时,应注意检查核对外加剂品名、生产厂名、牌号等。使用时,一般宜先将外加剂制成外加剂溶液,并预加入拌和用水中,当采用粉状外加剂时,也可采用定量小包装外加剂另加溶液载体的掺用方式。当用外加剂溶液时,应经常检查外加剂溶液的浓度,并应经常搅拌外加剂溶液,使溶液浓度均匀一致,防止沉淀。溶液中的水量,应包括在拌和用水量内。

(6)泵送混凝土应采用混凝土搅拌站供应的预拌混凝土,必要时可在现场设置搅拌站、供应泵送混凝土;不得采用人工搅拌的混凝土进行泵送。

(7)雨期施工期间要经常测粗细骨料的含水量,随时调整用水量和粗细骨料的用量。夏期施工时砂石材料尽可能加以遮盖,至少在使用前不受烈日暴晒,必要时可采用冷水淋洒,使其蒸发散热。冬期施工要防止砂石材料表面冻结,并应清除冰块。

四、混凝土运输设备

(一)水平运输设备

1. 手推车

手推车是施工工地上普遍使用的水平运输工具,手推车具有小巧、轻便等特点,不但适用于一般的地面水平运输,还能在脚手架、施工栈道上使用;也可与塔吊、井架等配合使用,进行垂直运输。

2. 机动翻斗车

系用柴油机装配而成的翻斗车,功率 7355W,最大行驶速度达 35km/h。车前装有容量为 400L、载重 1000kg 的翻斗。具有轻便灵活、结构简单、转弯半径小、速度快、能自动卸料、操作维护简便等特点。适用于短距离水平运输混凝土以及砂、石等散装材料,见图 5-7。

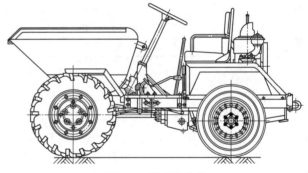

图 5-7 机动翻斗车

3. 混凝土搅拌输送车

混凝土搅拌输送车是一种用于长距离输送混凝土的高效能机械,它是将运送混凝土的搅拌筒安装在汽车底盘上,而以混凝土搅拌站生产的混凝土拌合物灌装入搅拌筒内,直接运至施工现场,供浇筑作业需要。在运输途中,混凝土搅拌筒始终在不停地慢速转动,从而使筒内的混凝土拌合物可连续得到搅动,以保证混凝土通过长途运输后,仍不致产生离析现象。混凝土搅拌输送车到达浇筑地点后,应随机从搅拌输送车运卸的混凝土中,分别取 1/4 和 3/4 处试样进行坍落度试验,两个试样的坍落度值之差不得超过 3cm,每个班次至少抽查一

图 5-8 混凝土搅拌输送车

165

次。混凝土搅拌输送车在运送混凝土时，通常的搅动转速为 2～4r/min，整个输送过程中拌筒的总转数应控制在 300 转以内。

目前常用的混凝土搅拌输送车见图 5-8，其性能见表 5-9。

表 5-9　常用混凝土搅拌输送车技术参数参考表

项目 \ 型号	JC-2 型	JBC-1.5C	JBC-1.5E	JBC-3T	MR45	MR45-T	MR60-S	TY-3000	TATRA	FV112 JML
拌筒容积/m³	5.7				8.9	8.9		5.7	10.25	8.9
搅动能力/m³	2	1.5	1.5	3～4.5	6	6	8	5.0	4.5	5.0
最大搅拌能力/m³					4.5	4.5	6			
拌筒尺寸(直径×长)/mm×mm								2020×2813		2100×3610
拌筒转速/(r/min) 运行搅拌		2～4	2～4	2～3	2～4	2～5		2～4		8～12
拌筒转速/(r/min) 进出料搅拌		6～12	8～14	8～12	8～12	8～12		6～12		10～14
卸料时间/min	1～2	1.3～2	1.1～2	3～5	3～5	3～5	3～6		3～5	2～5
最大行驶速度/(km/h)		70			86		96		60	91
最小转弯半径/m		9					7.8			7.2
爬坡能力/(°)		20					26			26
外形尺寸/mm 长	7400				7780	8615	8465	7440	8400	7900
外形尺寸/mm 宽	2400				2490	2500	2480	2400	2500	2490
外形尺寸/mm 高	3400				3730	3785	3940	3400	3500	3550
重量/t	12.55				总量 24.64	14.4	19.2	9.5	总量 22	9.8

（二）垂直运输设备

1. 井架

井式垂直运输架，通称井架或井字架，是施工中最常用的、也是最为简便的垂直运输设施。它的稳定性好、运输量大，用型钢或钢管加工的定型井架可以搭设到较高的高度（达 50m 以上）。一般作为中、高层建筑混凝土浇筑时的垂直运输辅助机械，由井架、卷扬机、吊盘、平衡铁及钢丝缆风绳等组成，具有构造简单、装拆方便等优点。见图 5-9。

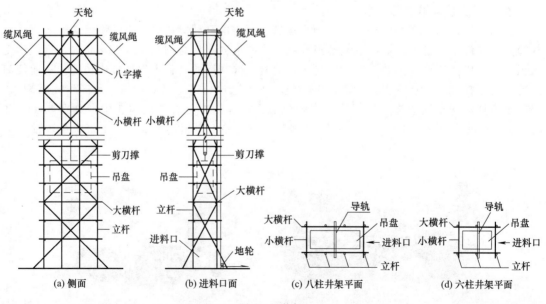

图 5-9　井架

2. 施工电梯

多数施工电梯为人货两用，少数为仅供货用。

按施工电梯的驱动形式可分为：钢索牵引、齿轮齿条曳引和星轮滚道曳引三种形式。其中钢索牵引的是早期产品，已很少使用。目前国内外大部分采用的是齿轮齿条曳引的形式，星轮滚道是近几年发展起来的，传动形式先进，但目前其载重能力较小。

按施工电梯的动力装置又可分为：电动和电动-液压两种。电力驱动的施工电梯，工作

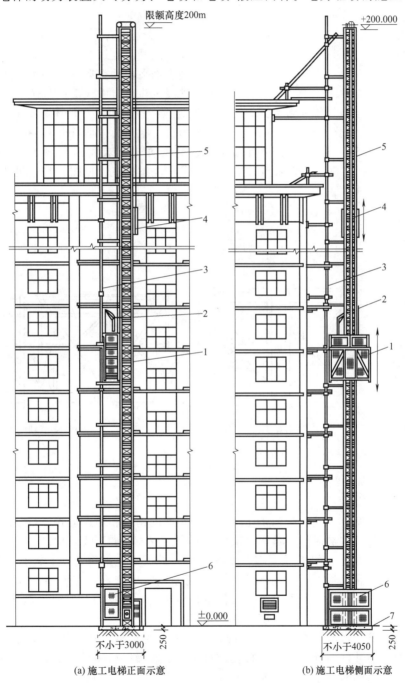

(a) 施工电梯正面示意　　　　　　　　(b) 施工电梯侧面示意

图 5-10　建筑施工电梯

1—吊笼；2—小吊杆；3—架设安装杆；4—平衡箱；5—导轨架；6—底笼；7—垫层

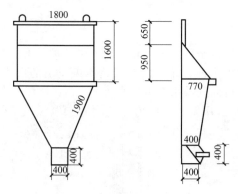

图 5-11　混凝土浇筑布料斗

速度约 40m/min，而电动-液压驱动的施工电梯其工作速度可达 96m/min。施工电梯的主要部件由基础、立柱导轨井架、带有底笼的平面主框架、吊笼和附墙支撑组成。

其主要特点是用途广泛、适应性强，安全可靠，运输速度高，提升高度最高可达 150～200m，见图 5-10。

3. 混凝土浇筑斗

（1）混凝土浇筑布料斗　混凝土浇筑布料斗为混凝土水平与垂直运输的一种转运工具。混凝土装进浇筑斗内，由起重机吊送至浇筑地点直接布料。浇筑斗是用钢板拼焊成畚箕式，容量一般为 1m³。两边焊有耳环，便于挂钩起吊。上部开口，下部有门，门出口为 40cm×40cm，采用自动闸门，以便打开和关闭。见图 5-11。

（2）混凝土吊斗　混凝土吊斗有圆锥形、高架方形、双向出料形等，斗容量 0.7～1.4m³。混凝土由搅拌机直接装入后，用起重机吊至浇筑地点。见图 5-12。吊斗与布料斗的主要区别在于吊斗采用人工闸门。

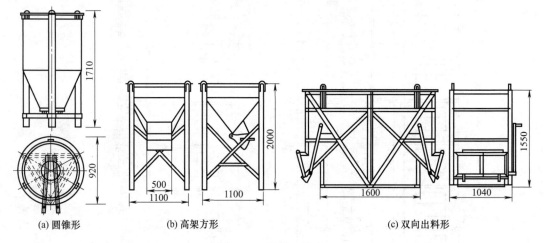

(a) 圆锥形　　　　(b) 高架方形　　　　　　(c) 双向出料形

图 5-12　混凝土吊斗

（三）泵送设备及管道

1. 混凝土泵构造原理

混凝土泵有活塞泵、气压泵和挤压泵等几种不同的构造和输送形式，目前应用较多的是活塞泵。活塞泵按其构造原理的不同，又可以分为机械式和液压式两种。

（1）机械式混凝土泵的工作原理，见图 5-13，进入料斗的混凝土，经拌合器搅拌可避免分层。喂料器可帮助混凝土拌合料由料斗迅速通过吸入阀进入工作室。吸入时，活塞左移，吸入阀开，压出阀闭，混凝土吸入工作室；压出时，活塞右移，吸入阀闭，压出阀开，工作室内的混凝土拌合料受活塞挤出，进入导管。

（2）液压活塞式混凝土泵，是一种较为先进的混凝土泵。其工作原理见图 5-14。当混凝土泵工作时，搅拌好的混凝土拌合料装入料斗，吸入端片阀移开，排出端片阀关闭，活塞在液压作用下，带动活塞左移，混凝土混合料在自重及真空吸力作用下，进入混凝土缸内。然后，液压系统中压力油的进出方向相反，活塞右移，同时吸入端片阀关闭，压出端片阀移开，混凝土被压入管道，输送到浇筑地点。由于混凝土泵的出料是一种脉冲式的，所以一般

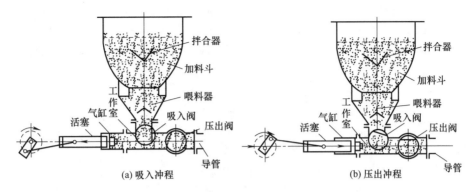

图 5-13　机械式混凝土泵工作原理

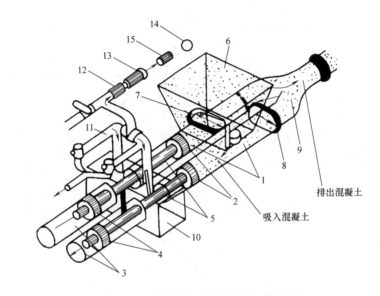

图 5-14　液压活塞式混凝土泵工作原理

1—混凝土缸；2—推压混凝土的活塞；3—液压缸；4—液压活塞；5—活塞杆；6—料斗；
7—吸入阀门；8—排出阀门；9—Y 形管；10—水箱；11—水洗装置换向阀；
12—水洗用高压软管；13—水洗用法兰；14—海棉球；15—清洗活塞

混凝土泵都有两套缸体左右并列，交替出料，通过 Y 形导管，送入同一管道，使出料稳定。

2. 混凝土汽车泵或移动泵车

将液压活塞式混凝土泵固定安装在汽车底盘上，使用时开至需要施工的地点，进行混凝土泵送作业，称为混凝土汽车泵或移动泵车。一般情况下，此种泵车都附带装有全回转三段折叠臂架式的布料杆。整个泵车主要由混凝土推送机构、分配闸阀机构、料斗搅拌装置、悬臂布料装置、操作系统、清洗系统、传动系统、汽车底盘等部分组成，见图 5-15。这种泵车使用方便，适用范围广，它既可以利用在工地配置装接的管道输送到较远、较高的混凝土浇筑部位，也可以发挥随车附带的布料杆的作用，把混凝土直接输送到需要浇筑的地点。

图 5-15　混凝土汽车泵

　　混凝土泵车布料杆，是在混凝土泵车上附装的既可伸缩也可曲折的混凝土布料装置。混凝土输送管道就设在布料杆内，末端是一段软管，用于混凝土浇筑时的布料工作。图 5-16 是一种三折叠式布料杆混凝土浇筑范围示意图，图 5-17 是混凝土汽车泵布料杆展开后的实物照片。

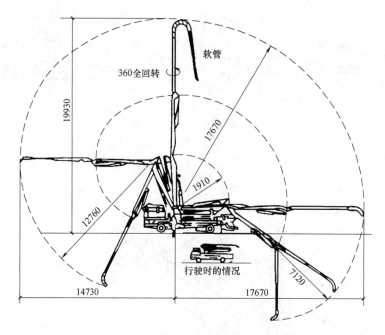

图 5-16　三折叠式布料杆混凝土浇筑范围

图 5-17　折叠式布料杆展开后的实物照片

　　施工时，现场规划要合理布置混凝土泵车的安放位置。一般混凝土泵应尽量靠近浇筑地点，并要满足两台混凝土搅拌输送车能同时就位，使混凝土泵能不间断地得到混凝土供应，进行连续压送，以充分发挥混凝土泵的有效能力。

混凝土泵车的输送能力一般为 80m³/h；在水平输送距离为 520m 和垂直输送高度为 110m 时，输送能力为 30m³/h。

3. 固定式混凝土泵

固定式混凝土泵使用时，需用汽车将它拖带至施工地点，与工地的输送管网连接，然后进行混凝土输送。这种形式的混凝土泵主要由混凝土推送机构、分配闸机构、料斗搅拌装置、操作系统、清洗系统等组成。它具有输送能力大、输送高度高等特点，一般水平输送距离为 250～600m，最大垂直输送高度超过 150m，输送能力为 60m³/h 左右，适用于高层建筑的混凝土输送。见图 5-18。

图 5-18　固定式混凝土泵

五、混凝土输送质量控制

混凝土输送时应控制混凝土运至浇筑地点后，不离析、不分层、组成成分不发生变化，并能保证施工所必须的和易性。运送混凝土的容器和管道，应不吸水、不漏浆，并保证卸料及输送通畅。容器和管道在冬、夏期都要有保温或隔热措施。

（一）输送控制

1. 输送时间

混凝土应以最少的转载次数和最短的时间，从搅拌地点运至浇筑地点。混凝土从搅拌机中卸出后到浇筑完毕的延续时间应符合表 5-10 的要求。

表 5-10　混凝土从搅拌机中卸出后到浇筑完毕的延续时间

气温	延续时间/min			
	采用搅拌车		其他运输设备	
	≤C30	>C30	≤C30	>C30
≤25℃	120	90	90	75
>25℃	90	60	60	45

注：掺有外加剂或采用快硬水泥时延续时间应通过试验确定。

2. 输送道路

场内输送道路应牢固和尽量平坦，以减少运输时的振荡，避免造成混凝土分层离析。同时还应考虑布置环形回路，施工高峰时宜设专人管理指挥，以免车辆互相拥挤阻塞。

3. 季节施工

在风雨或暴热天气输送混凝土，容器上应加遮盖，以防进水或水分蒸发。冬期施工应加以保温。夏季最高气温超过 40℃ 时，应有隔热措施。混凝土拌合物运至浇筑地点时的温度，最高不宜超过 35℃；最低不宜低于 5℃。

（二）质量控制

（1）混凝土运送至浇筑地点，如混凝土拌合物出现离析或分层现象，应对混凝土拌合物进行二次搅拌。

（2）混凝土运至浇筑地点时，应检测其和易性，所测稠度值应符合设计和施工要求。其允许偏差值应符合有关标准的规定。

（3）泵送混凝土的交货检验，应在交货地点，按国家现行《预拌混凝土》（GB/T 14902—2012）的有关规定，进行交货检验；泵送混凝土的坍落度，可按国家现行标准《混凝土泵送施工技术规程》（JGJ/T 10—2011）的规定选用。不同泵送高度入泵时混凝土的坍落度，可按表 5-11 选用。混凝土入泵时的坍落度允许误差应符合表 5-12 的规定。

表 5-11　不同泵送高度入泵时混凝土坍落度选用值

泵送高度/m	30 以下	30～60	60～100	100 以上
坍落度/mm	100～140	140～160	160～180	180～200

表 5-12　混凝土坍落度允许误差

所需坍落度/mm	坍落度允许误差/mm
≤100	±20
>100	±30

在寒冷地区冬期拌制泵送混凝土时，除应满足《混凝土泵送施工技术规程》（JGJ/T 10—2011）的规定外，尚应制定冬期施工措施。

（4）混凝土搅拌运输车给混凝土泵喂料时，应符合下列要求：

1）喂料前，应用中、高速旋转拌筒，使混凝土拌和均匀，避免出料的混凝土分层离析。

2）喂料时，反转卸料应配合泵送均匀进行，且应使混凝土保持在集料斗内高度标志线以上。

3）暂时中断泵送作业时，应使拌筒低转速搅拌混凝土。

4）混凝土泵进料斗上，应安置网筛并设专人监视喂料，以防粒径过大的骨料或异物进入混凝土泵造成堵塞。

使用混凝土泵输送混凝土时，严禁将质量不符合泵送要求的混凝土入泵。混凝土搅拌运输车喂料完毕后，应及时清洗拌筒并排尽积水。

任务三 ▶ 混凝土浇筑与振捣

一、混凝土浇筑前的准备工作

混凝土浇筑与振捣密实是混凝土结构工程施工的一项关键工序，由于混凝土凝结硬化的不可逆性，所以混凝土开盘浇筑之前的各项准备工作尤其显得格外重要，准备工作是否做好、做到位将直接影响混凝土结构工程的质量。混凝土浇筑前应做好以下准备工作。

1. 制订施工方案

混凝土浇筑前应根据工程对象、结构特点，结合具体条件，制定混凝土浇筑的施工方案。

2. 准备及检查施工机具

搅拌机、运输车、料斗、串筒、振动器等机具设备按需要准备充足，并考虑发生故障时的修理时间。应有备用的搅拌机和振动器，采用泵送混凝土，重要工程，要求配有备用泵。所用的机具均应在浇筑前进行检查和试运转，同时配有专职技工，随时检修。

3. 保证水电及原材料的供应

在混凝土浇筑期间，要保证水、电、照明不中断。为了防备临时停水停电，事先应在浇筑地点贮备一定数量的原材料（如砂、石、水泥、水等）和人工拌和、振捣用的工具，以防出现意外的施工停歇缝。浇筑前，还必须核实一次浇筑完毕或浇筑至某施工缝前的工程材料，以免停工待料。

4. 掌握天气季节变化情况

在混凝土施工阶段应掌握天气的变化情况，避免在台风、寒流等异常天气时进行混凝土施工，以保证混凝土连续浇筑，确保混凝土质量。应根据工程需要和季节施工特点，应准备好在浇筑过程中所必需的抽水设备和防雨、防暑、防寒等物资。

5. 检查模板、支架、钢筋和预埋件

在浇筑混凝土之前，应检查和控制模板、钢筋、保护层和预埋件等的尺寸、规格、数量和位置，其偏差值应符合现行国家标准《混凝土结构工程施工质量验收规范》（GB 50204—2015）的规定。此外，还应检查模板支撑的稳定性以及模板接缝的密合情况。

模板和隐蔽工程项目应分别进行预检和隐蔽验收。符合要求时，方可进行浇筑。检查时应注意以下几点：

（1）模板的标高、位置与构件的截面尺寸是否与设计符合；构件的预留拱度是否正确。

（2）所安装的支架是否稳定；支撑和模板的固定是否可靠。

（3）模板的紧密程度。

（4）钢筋与预埋件的规格、数量、安装位置及接头质量，是否与设计符合。

6. 其他方面的准备工作

在浇筑混凝土前，模板内的垃圾、木片、刨花、锯屑、泥土和钢筋上的油污等杂物，应清除干净。

木模板应浇水加以润湿，但不允许留有积水。湿润后，木模板中尚未胀密的缝隙应贴严，以防漏浆。

金属模板中的缝隙和孔洞也应予以封闭。

检查安全设施、劳动配备是否妥当，能否满足浇筑速度的要求。

二、混凝土浇筑的工艺要求

（一）基本要求

（1）在浇筑工序中，应控制混凝土的均匀性和密实性。混凝土拌合物运至浇筑地点后，应立即浇筑入模。在浇筑过程中，如发现混凝土拌合物的均匀性和稠度发生较大的变化，应及时处理。

（2）浇筑混凝土时，应注意防止混凝土的分层离析。混凝土由料斗、吊斗内卸出进行浇筑时，其自由倾落高度一般不宜超过 2m，在竖向结构中浇筑混凝土的高度不得超过 3m，否则应采用串筒、斜槽、溜管等下料。

（3）浇筑竖向结构混凝土前，底部应先填以 50～100mm 厚与混凝土成分相同的水泥砂浆。

（4）浇筑混凝土时，应经常观察模板、支架、钢筋、预埋件和预留孔洞的情况，当发现有变形、移位时，应立即停止浇筑，并应在已浇筑的混凝土凝结前修整完好。

（5）混凝土在浇筑及静置过程中，应采取措施防止产生裂缝。混凝土因沉降及干缩产生的非结构性的表面裂缝，应在混凝土终凝前予以修整。在浇筑与柱和墙连成整体的梁和板时，应在柱和墙浇筑完毕后停歇 1～1.5h，使混凝土获得初步沉实后，再继续浇筑，以防止接缝处出现裂缝。

（6）梁和板应同时浇筑混凝土。较大尺寸的梁（梁的高度大于 1m）、拱和类似的结构，可单独浇筑。但施工缝的设置应符合有关规定。

（二）浇筑厚度、间歇时间控制

1. 浇筑层厚度控制

混凝土浇筑层的厚度应与所采用的振捣设备、振捣方法相适应，以确保混凝土浇筑后能及时振捣密实。混凝土浇筑层的厚度，应符合表 5-13 的规定。

表 5-13　混凝土浇筑层厚度

捣实混凝土的方法		浇筑层的厚度/mm
机械振捣	插入振动棒振捣	振捣器作用部分长度的 1.25 倍
	表面振动器振捣	200
人工振捣	在基础、无筋混凝土或配筋稀疏的结构中	250
	在梁、墙板、柱结构中	200
	在配筋密列的结构中	150
轻骨料混凝土	插入振动棒振捣	300
	表面振动器振捣（振动时需加荷）	200

2. 浇筑间歇时间控制

浇筑混凝土应连续进行。但在实际施工中不可避免会出现一定的施工停顿，如果产生了停顿间歇，则应将间歇时间尽量控制短一些，并应在前一层混凝土凝结之前，将后一层混凝土浇筑完毕。混凝土运输、浇筑及间歇的全部时间不得超过表 5-14 的规定，当超过规定时间，则必须设置施工缝，按照留设施工缝的要求和方法进行处理。

表 5-14　混凝土运输、浇筑及间歇的时间　　　　　　　　单位：min

混凝土强度等级	气温/℃	
	≤25	>25
≤C30	210	180
>C30	180	150

注：当混凝土中掺有促凝或缓凝型外加剂时，其允许时间应通过试验确定。

（三）泵送混凝土浇筑的施工方法

1. 混凝土的泵送技术

目前泵送混凝土技术已经在我国普遍采用。混凝土泵的操作是一项专业技术工作，安全使用及操作，应严格执行使用说明书和其他有关规定。同时应根据使用说明书制订专门操作要点。操作人员必须经过专门培训合格后，方可上岗独立操作。

在安置混凝土泵时，应根据要求将其支腿完全伸出，并插好安全销，在场地软弱时应采取措施在支腿下垫枕木等，以防混凝土泵的移动或倾翻。

混凝土泵与输送管连通后，应按所用混凝土泵使用说明书的规定进行全面检查，符合要求后方能开机进行空运转。混凝土泵启动后，应先泵送适量的水，以湿润混凝土泵的料斗、活塞及输送管的内壁等直接与混凝土接触的部位。经泵送水检查，确认混凝土泵和输送管中没有异物后，可以采用与将要泵送的混凝土相同配合比的水泥砂浆，也可以采用纯水泥浆或 1：2 水泥砂浆进行试泵和润滑输送管。润滑用的水泥浆或水泥砂浆应分散布料，不得集中浇筑在同一处。

开始泵送时，混凝土泵应处于慢速、匀速并随时可能反泵的状态。泵送的速度应先慢后快，逐步加速。同时，应观察混凝土泵的压力和各系统的工作情况，待各系统运转顺利后，再按正常速度进行泵送。混凝土泵送应连续进行。如必须中断时，其中断时间不得超过混凝土从搅拌至浇筑完毕所允许的延续时间。

当混凝土泵出现压力升高且不稳定、油温升高、输送管有明显振动等现象而泵送困难时，不得强行泵送，并应立即查明原因，采取措施排除。一般可先用木槌敲击输送管弯管、锥形管等部位，并进行慢速泵送或反泵，防止堵塞。当输送管被堵塞时，应采取下列方法排除：

（1）反复进行反泵和正泵，逐步吸出混凝土至料斗中，重新搅拌后再进行泵送。

（2）可用木槌敲击等方法，查明堵塞部位，若确实查明了堵管部位，可在管外击松混凝土后，重复进行反泵和正泵，排除堵塞。

（3）当上述两种方法无效时，应在混凝土卸压后，拆除堵塞部位的输送管，排出混凝土堵塞物后，再接通管道。重新泵送前，应先排除管内空气，拧紧接头。

2. 泵送混凝土的浇筑顺序

泵送混凝土的浇筑应根据工程结构特点、平面形状和几何尺寸，混凝土供应和泵送设备能力、劳动力和管理能力，以及周围场地大小等条件，预先划分好混凝土浇筑区域。

（1）当采用混凝土输送管输送混凝土时，应由远而近浇筑。

（2）在同一区域的混凝土，应按先竖向结构后水平结构的顺序，分层连续浇筑。

（3）当不允许留施工缝时，区域之间、上下层之间的混凝土浇筑间歇时间，不得超过混凝土初凝时间。

（4）当下层混凝土初凝后，浇筑上层混凝土时，应按留施工缝的规定处理。

3. 泵送混凝土的布料方法

由于泵送混凝土的流动性大和施工的冲击力大，因此在设计模板时，必须根据泵送混凝土对模板侧压力大的特点，确保模板和支撑有足够的强度、刚度和稳定性。浇筑混凝土时，应注意保护钢筋，一旦钢筋骨架发生变形或位移，应及时纠正。板面水平钢筋应设置足够的钢筋撑脚或钢支架，重要结构节点的钢筋骨架应采取加固措施。布料杆应设钢支架架空，不得直接支撑在钢筋骨架上。

（1）在浇筑竖向结构混凝土时，布料设备的出口离模板内侧面不应小于50mm，并且不向模板内侧面直冲布料，也不得直冲钢筋骨架。

（2）浇筑水平结构混凝土时，不得在同一处连续布料，应在2～3m范围内水平移动布料，且宜垂直于模板。

当多台混凝土泵同时泵送施工或与其他输送方法组合输送混凝土时，应预先规定各自的输送能力、浇筑区域和浇筑顺序，并应分工明确、互相配合、统一指挥。在排除堵物，重新泵送或清洗混凝土泵时，布料设备的出口应朝安全方向，以防堵塞物或废浆高速飞出伤人。

4. 泵送混凝土的施工间歇与施工终止

在混凝土泵送过程中，若需要有计划中断泵送时，应预先确定中断浇筑部位，并且中断时间不要超过1h。同时为防止混凝土堵管，应采取措施将管中混凝土泵送回料斗中，进行慢速间歇循环泵送；慢速间歇泵送时，应每隔4～5min进行四个行程的正、反泵。

混凝土泵送即将结束前，应正确计算尚需用的混凝土数量，并应及时通知混凝土搅拌站点。泵送过程中被废弃的和泵送终止时多余的混凝土，应按预先确定的处理方法和填筑场所及时进行妥善处理。泵送完毕，应将混凝土泵和输送管清洗干净。

三、混凝土施工缝的设置与处理

（一）施工缝的设置

由于施工技术和施工组织上的原因，不能连续将结构整体浇筑完成，并且间歇的时间预计将超出表5-14规定的时间时，应预先选定适当的部位设置施工缝。

施工缝应严格按照相关规定设置。如果位置不当或处理不好，会引起混凝土结构质量问题，轻则开裂渗漏，影响使用；重则危及结构安全，影响结构寿命。因此，应给予高度重视。

施工缝的位置应设置在结构受剪力较小且便于施工的部位。留缝应符合下列规定：

（1）柱子留置在基础的顶面、梁或吊车梁牛腿的下面、吊车梁的上面、无梁楼板柱帽的下面，见图5-19。

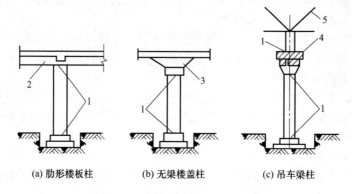

(a) 肋形楼板柱　　　(b) 无梁楼盖柱　　　(c) 吊车梁柱

图 5-19　浇筑柱的施工缝位置图

1—施工缝；2—梁；3—柱帽；4—吊车梁；5—屋架

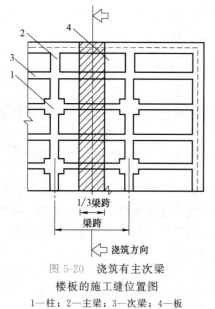

图 5-20　浇筑有主次梁
楼板的施工缝位置图

1—柱；2—主梁；3—次梁；4—板

（2）和板连成整体的大截面梁，留置在板底面以下 20～30mm 处。当板下有梁托时，留在梁托下部。

（3）单向板，留置在平行于板的短边的任何位置。

（4）有主次梁的楼板，宜顺着次梁方向浇筑，施工缝应留置在次梁跨度的中间三分之一范围内（图5-20）。

（5）墙，留置在门洞口过梁跨中 1/3 范围内，也可留在纵横墙的交接处。

（6）双向受力楼板、大体积混凝土结构、拱、弯拱、薄壳、蓄水池、斗仓、多层刚架及其他结构复杂的工程，施工缝的位置应按设计要求留置。

（二）施工缝的处理

在施工缝处继续浇筑混凝土时，已浇筑的混凝土抗压强度不应小于 $1.2N/mm^2$。同时，必须对施工缝进行以下必要的处理。

（1）在已硬化的混凝土表面上继续浇筑混凝土前，应清除垃圾、水泥浮渣、表面上松动砂石和软弱混凝土层，同时还应加以凿毛，并用水冲洗干净并充分湿润，湿润时间一般不宜少于 24h，残留在混凝土表面的积水应予清除。

（2）处理施工缝接口处钢筋时，应避免使周围的混凝土松动和损坏。钢筋上的油污、水泥砂浆及浮锈等杂物也应清除。

（3）浇筑前，应在结合面先抹刷一道水泥浆，或铺上一层 20～30mm 厚的水泥砂浆，其配合比与混凝土内的浆液成分相同。

（4）从施工缝处开始继续浇筑时，要注意避免直接靠近缝边浇筑混凝土，宜向施工缝处逐渐推进，应加强对施工缝接缝部位的捣实工作，使其紧密结合。

（三）后浇带的设置与处理

后浇带是在现浇钢筋混凝土结构施工过程中，为克服由于温度、收缩等因素可能产生有害裂缝而设置的混凝土暂未施工带。后浇带需根据设计要求保留一段时间后再浇筑。

后浇带的设置部位和间距，应由设计确定。如果没有其他特殊要求，后浇带的间距一般为：当混凝土置于室内和土中时，则应不超过 30m；当混凝土置于露天环境时，则应不超过 20m。

后浇带的保留时间应根据设计确定，若设计无要求时，至少保留 28 天以上，通常为3~6 个月；同时兼有沉降缝作用的后浇带，其保留时间应满足建筑沉降的要求。后浇带的宽度一般为 700~1000mm。后浇带内的钢筋应妥善保护，在浇筑混凝土前要进行除锈处理。后浇带的构造见图 5-21。

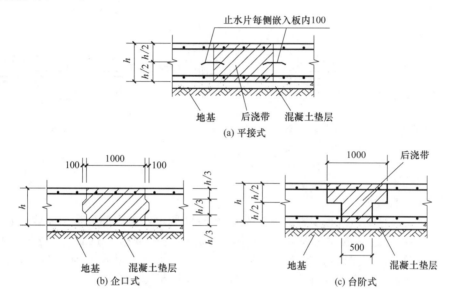

图 5-21 后浇带构造图

浇筑后浇带部位的混凝土前，必须将后浇带两侧整个混凝土表面按照施工缝的要求进行处理。填筑后浇带的混凝土可采用微膨胀或无收缩水泥，也可采用普通水泥加入相应量的膨胀剂拌制，填筑后浇带的混凝土强度等级应比原结构强度提高一级，要求振捣密实、养护不少于 14 天。

四、混凝土的振捣

混凝土浇入模板以后必须及时振捣密实。因为此时混凝土里面存在着许多孔隙与气泡，同时混凝土也没有充满、填实整个模板。而混凝土结构的强度、抗冻性、抗渗性以及耐久性等，都与混凝土的密实程度直接紧密相关，所以及时将浇入模板的混凝土振捣密实是确保混凝土工程质量的一项关键工序。混凝土的振捣方式分为人工振捣和机械振捣两种。

人工振捣是利用捣锤或插钎等工具的冲击力来使混凝土密实成型，其效率低、效果差，一般只在缺乏机械、工程量不大或机械不便工作的部位采用。

机械振捣是将振动器的振动力传给混凝土，使之发生强迫振动而密实成型，其效率高、质量好。下面主要介绍机械振捣。

混凝土振动密实原理。振动机械的振动一般是由电动机、内燃机或压缩空气马达带动偏心块转动而产生的简谐振动。产生振动的机械将振动能量传递给混凝土拌合物使其受到强迫振动。在振动力作用下混凝土内部的黏着力和内摩擦力显著减少，使骨料犹如悬浮在液体中，在其自重作用下向新的位置沉落，紧密排列，水泥砂浆均匀分布填充空隙，气泡被排出，游离水被挤压上升，混凝土填满了模板的各个角落并形成密实体积。机械振实混凝土可以大大减轻工人的劳动强度，减少蜂窝麻面的发生，提高混凝土的强度和密实性。当混凝土的配合比、骨料的粒径、水泥浆的稠度以及钢筋的疏密程度等因素确定之后，混凝土结构的质量取决于"振捣质量"。"振捣质量"与振捣方式、振点布置、振动器的振动频率、振幅和振动时间等因素直接相关。

混凝土振动机械按其工作方式分为内部振动器、表面振动器和振动台等，如图 5-22 所示。这些振动机械的构造原理，主要是利用偏心轴或偏心块的高速旋转，使振动器因离心力的作用而振动。

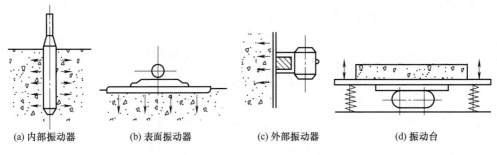

(a) 内部振动器　　(b) 表面振动器　　(c) 外部振动器　　(d) 振动台

图 5-22　振动机械示意图

(一) 内部振动器

1. 内部振动器简介

内部振动器又称插入式振动器，其构造如图 5-23 所示，工作部分是一棒状空心圆柱体，内部装有偏心振子，在电动机带动下高速转动而产生高频微幅的振动，振动频率可达12000～15000 次/min，振捣效果好，构造简单，使用寿命长。内部振动器是建筑工程应用最多的一种振动器，适用于振捣梁、柱、墙等构件和大体积混凝土。

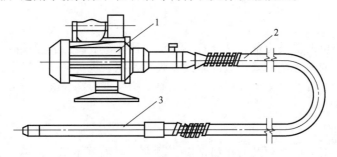

图 5-23　插入式振动器
1—电动机；2—软轴；3—振动棒

2. 插入式振动器操作要点

（1）插入式振动器的振捣方法有两种：一是垂直振捣，即振动棒与混凝土表面垂直；二是斜向振捣，即振动棒与混凝土表面成约为 40°～45°。

（2）振捣器的操作要做到快插慢拔，插点要均匀，逐点移动，顺序进行，不得遗漏，达到均匀振实。振动棒的移动，可采用行列式或交错式，如图 5-24 所示。采用插入式振动器捣实普通混凝土的移动间距，不宜大于作用半径的 1.5 倍。捣实轻骨料混凝土的间距，不宜大于作用半径的 1 倍。

（3）混凝土分层浇筑时，应将振动棒上下来回抽动 50～100mm；同时，还应将振动棒

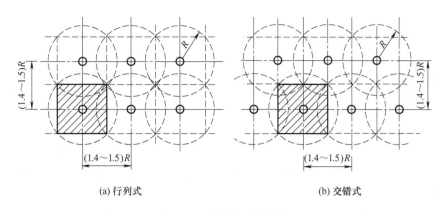

(a) 行列式　　　　　　　　　　　(b) 交错式

图 5-24　振动机械示意图
R—振动棒有效作用半径

深入下层混凝土中 50mm 左右，以促使上下层混凝土结合成整体。如图 5-25 所示。

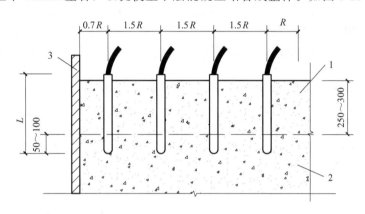

图 5-25　插入式振动器的插入深度
1—新浇筑的混凝土；2—下层已经振捣但尚未初凝的混凝土；3—模板
R—振动棒有效作用半径；L—振捣棒长度

（4）每一振点的振捣延续时间，应以该振点混凝土振捣密实为度，不得少振也不能过振，少振混凝土不密实，过振混凝土易产生离析，施工现场以该处混凝土表面开始呈现浮浆、混凝土不再沉落为控制依据。一般每一振捣点的振捣时间为 20～30s。

（5）使用振动器时，不应碰撞钢筋，更不允许将结构钢筋振散和振移位。

（二）表面振动器、外部振动器、振动台

1. 表面振动器

表面振动器又称平板振动器，是将电动机轴上装有左右两个偏心块的振动器固定在一块平板上而成。其振动作用可直接传递于混凝土面层上。这种振动器适用于振捣楼板、空心板、地面和薄壳等薄壁结构。

在无筋或单层钢筋结构中，其有效振捣厚度不大于 250mm；在双层钢筋结构中，其有效振捣厚度不大于 120mm；表面振动器的移动间距，应保证振动器的平板覆盖已振实部分的边缘，以该处混凝土振实泛浆为准，宜采用两遍振实，第一遍与第二遍的方向相互垂直，第一遍振捣主要使混凝土密实，第二遍振捣则使混凝土表面平整。

2. 外部振动器

外部振动器又称附着式振动器，它通过用螺栓、夹钳等措施直接安装固定在模板外侧的横档或竖档上，进行振捣，利用偏心块旋转时产生的振动力通过模板传给混凝土，达到振实的目的。主要适用于薄型剪力墙结构，也可用于振捣断面较小或钢筋较密的柱子和梁、板等构件。

对于钢筋较密集的小面积竖向结构构件，由于插入式振动器的振动棒很难插入，可采用附着式振动器振捣，其有效振捣深度可达 250mm 左右，但模板应有足够的刚度。当墙体截面尺寸较厚时，也可在两侧悬挂附着式振动器振捣。附着式振动器振捣的设置间距应通过试验确定，在一般情况下，可每隔 1～1.5m 设置一个。

3. 振动台

振动台是混凝土构件预制厂中的固定设备，一般在预制厂用于振实干硬性混凝土和轻骨料混凝土构件。

五、现浇整体结构混凝土施工

（一）基础混凝土施工

基础承受上部建筑传来的全部荷载，在基础混凝土浇筑前，应已完成对地基的质量验收，并做好混凝土垫层；还应按设计标高、轴线位置和基础形状对基础模板进行再次校正和加固，并应清除淤泥和杂物；同时还应做好防、排水工作，以防冲刷新浇筑的混凝土。浇筑柱、剪力墙基础时，要特别注意竖向钢筋的位置，防止移位和倾斜，发现偏差时及时纠正。

1. 柱下独立基础

（1）台阶式柱基础施工时，见图 5-26，应按台阶分层、连续整体浇捣完毕，不允许留设施工缝。每层混凝土要一次卸足，顺序是先边角后中间，务必使混凝土充满模板。为防止垂直交角处可能出现吊脚，即上层台阶与下层混凝土脱空现象，可选择采取如下措施：

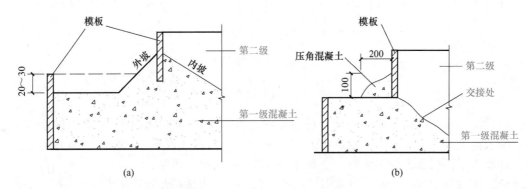

图 5-26 台阶式柱基础交角处混凝土浇筑方法示意图

1）在第一级混凝土捣实下沉 2～3cm 后暂不填平，继续浇筑第二级，先用铁锹沿第二级模板底圈做成内外坡，然后再分层浇筑，外圈边坡的混凝土于第二级振捣过程中自动摊平，待第二级混凝土浇筑后，再将第一级混凝土齐模板顶缘拍实抹平，如图 5-26(a) 所示。

2）捣完第一级后拍平表面，在第二级模板外先压以 200mm×100mm 的压角混凝土并加以捣实后，再继续浇筑第二级。待压角混凝土接近初凝时，将其铲平重新搅拌利用，如图 5-26(b) 所示。

3）如条件许可，宜采用柱基流水作业方式，即顺序先浇一排杯形基础第一级混凝土，再回转依次浇第二级。这样对已浇好的第一级将有一个下沉的时间，但必须保证每个柱基混凝土在初凝之前连续施工。

（2）杯形基础浇筑时，为保证杯形基础杯口底标高的准确性，宜先将杯口底混凝土振实并稍停片刻，再浇筑振捣杯口模四周的混凝土，振动时间可适当缩短，并应两侧对称浇捣，以免杯口模挤向一侧或底部混凝土泛起使杯口模上升。

（3）锥式基础浇筑时，应注意斜坡部位混凝土的捣固质量，在振捣器振捣完毕后，用人工将斜坡表面拍平，使其符合设计要求。

2. 条形基础

浇筑前，应根据混凝土基础顶面的标高在两侧木模上弹出标高线；如采用原槽土模时，应在基槽两侧的土壁上交错打入长 10cm 左右的木杆，并露出 2～3cm，木杆面与基础顶面标高平，木杆之间距离在 3m 左右。根据基础深度宜分段分层连续浇筑混凝土，不留施工缝。各段层间应相互衔接，每段浇筑长度控制在 2～3m 距离，做到逐段逐层呈阶梯形向前推进。

3. 大体积片筏基础

大体积片筏混凝土基础的整体性要求高，一般要求混凝土连续浇筑，不留施工缝。施工工艺上应做到分层浇筑、分层捣实，但又必须保证上下层混凝土在初凝之前结合好，不致形成施工缝。浇筑方案应根据整体性要求、结构大小、钢筋疏密、混凝土供应等具体情况由现场工程技术人员设定，通常有三种方式可选用，分别是全面分层、分段分层、斜面分层。见图 5-27。

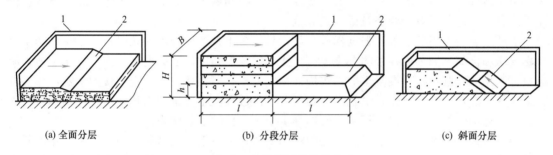

图 5-27　大体积基础浇筑方案
1—模板；2—新浇筑的混凝土

（1）全面分层：在整个基础内全面分层浇筑混凝土，要做到第一层全面浇筑完毕回来浇筑第二层时，第一层浇筑的混凝土还未初凝，如此逐层进行，直至浇筑结束。若结构平面面积为 A（m^2），浇筑分层厚为 h（m），每小时浇筑量为 Q（m^3/h），混凝土从开始浇筑至初凝的延续时间为 T 小时（一般等于混凝土初凝时间减去混凝土运输时间），为保证结构的整体性，采用全面分层时，结构平面面积应满足式（5-3）的条件：

$$因：\quad Ah \leqslant QT \tag{5-3}$$
$$故：\quad A \leqslant QT/h$$

这种方案适用于结构的平面尺寸不太大的大体积片筏基础，施工时从短边开始，沿长边进行较适宜。必要时亦可分为两段，从中间向两端或从两端向中间同时进行。

（2）分段分层：当结构平面面积较大时，全面分层已不适应，这时可采用分段分层浇筑方案。即将结构分为若干段，每段又分为若干层，先浇筑第一段各层，然后浇筑第二段各层，如此逐段逐层连续浇筑，直至结束。为保证结构的整体性，要求次段混凝土应在前段混凝土初凝前浇筑并与之捣实成整体。若结构的厚度为 H(m)，宽度为 B(m)，分段长度为 L(m)，为保证结构的整体性，则应满足式（5-4）的条件。

$$L \leqslant QT/[(H-h)B] \tag{5-4}$$

（3）斜面分层：当结构的长度超过厚度的三倍时，可采用斜面分层的浇筑方案。施工时从短边开始，沿长边进行，振捣工作应从浇筑层斜面下端开始，逐渐上移，且振动器应与斜面垂直，以保证混凝土的振捣质量。

混凝土分层的厚度取决于振动器的棒长和振动力的大小，也要考虑混凝土的供应量大小和可能浇筑量的多少，一般为 200～300mm。浇筑大体积基础混凝土时，由于凝结过程中水泥会散发出大量的水化热，使混凝土内部和表面出现较大的温差，易使混凝土产生裂缝。因此，在浇筑大体积混凝土时，应采取以下预防措施：选用水化热较低的水泥，如矿渣水泥、火山灰质或粉煤灰水泥；或在混凝土中掺入缓凝剂或缓凝型减水剂，选择级配良好的骨料，尽量减少水泥用量，使水化热相对降低；避免在高温天气浇筑混凝土，降低混凝土的入模温度；在混凝土内部预埋冷却水管，用循环水降低混凝土的温度等。

雨期施工时，事先应做好防雨工作，可采取搭设雨篷或分段搭雨篷的办法进行浇筑。

(二) 主体结构层混凝土施工

混凝土主体结构应分层分段施工。水平方向一般以结构平面的变形缝进行分段，垂直方向按结构层次分层。具体的分层分段部位均应得到设计人员的同意，方可列入施工方案，并按此方案进行相应的各项施工准备。在结构层的每一个浇筑区段，柱子、剪力墙、梁、板等结构构件应一并浇筑，尽可能不留施工缝；具体的浇筑顺序是先浇筑柱子、剪力墙的混凝土，再浇筑梁、板混凝土。柱子、剪力墙浇筑后，应间隔 1～1.5h，让新浇混凝土在自重作用下进行沉实，然后再继续浇筑梁、板混凝土。

当柱子、剪力墙的混凝土强度标号与梁、板混凝土强度标号不一致时，应采用两套系统分别输送和浇筑不同强度标号的混凝土。禁止出现较低强度标号的混凝土混入柱子、剪力墙等设计采用较高强度标号混凝土的结构构件中。柱子、剪力墙与梁、板交接的节点区域混凝土采用柱子、剪力墙混凝土，浇筑时为确保节点区域混凝土质量应溢量浇筑，即高标号混凝土浇入节点的量要大于节点体积，一般不得少于 1.2 倍的节点体积。

当浇筑柱、梁节点和主次梁交叉处的混凝土时，一般钢筋较密集，因此，要防止混凝土下料困难。必要时，这一部分可改用细石混凝土进行浇筑，与此同时，振捣棒可改用较小直径并辅以人工捣固配合。

混凝土浇捣过程中，要保证混凝土保护层厚度及钢筋位置的正确性。不得踩踏钢筋，不可随意挪动钢筋，不得移动预埋件和预留孔洞的原来位置，如发现偏差和位移，应及时校正。

要求周密安排好结构层混凝土的浇筑工作。浇筑柱、剪力墙时应避免一个方向进行，可适当变换浇筑方向，以免因累计偏差使柱、剪力墙产生倾斜。浇筑混凝土应连续进行，间歇时间不得超过表 5-14 规定的时间。

1. 柱子混凝土施工

柱子混凝土应分层浇筑分层捣实，浇筑混凝土的高度不得超过 3m，否则应采用串筒、斜槽、溜管等下料。浇筑混凝土时，柱底部应先填筑 20～30mm 厚水泥砂浆一层，其成分与浇筑混凝土浆液成分相同，以免底部产生蜂窝现象。

2. 剪力墙混凝土施工

剪力墙浇筑应采取流水作业，分段浇筑，均匀上升。墙体浇筑混凝土前应在底面上均匀浇筑 20～30mm 厚与墙体混凝土浆液成分相同的水泥砂浆。混凝土应分层浇筑振捣，每层浇筑厚度控制在 600mm 左右。浇筑墙体混凝土应连续进行，如必须间歇，其间歇时间应尽量缩短，并应在前层混凝土初凝前将次层混凝土浇筑完毕。墙体混凝土的施工缝一般宜设在门窗洞口上，接槎处混凝土应加强振捣，保证接槎严密。

洞口浇筑混凝土时，应使洞口两侧混凝土高度大体一致。振捣时，振捣棒应距洞边

30cm 以上，从两侧同时振捣，以防止洞口变形，大洞口下部模板应开口并补充振捣。内外墙交接处混凝土应同时浇筑，振捣要密实。采用插入式振捣器捣实时，振捣器的移动间距不宜大于作用半径的 1.5 倍；采用附着式振捣器捣实时，振捣器的安放位置距离模板不应大于振捣器作用半径的 1/2。

3. 肋形楼板的梁板混凝土施工

肋形楼板的梁、板应同时浇筑，浇筑方法应先将梁根据高度分层浇捣成阶梯形，当达到板底位置时即与板的混凝土一起浇捣，随着阶梯形的不断延长，则可连续向前推进，见图5-28。倾倒混凝土的方向应与浇筑方向相反，见图5-29。

图 5-28　梁、板同时浇筑方法示意图

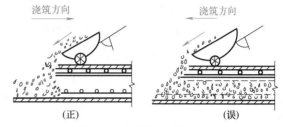

图 5-29　混凝土倾倒方向

当梁的高度大于 1m 时，允许单独浇筑，施工缝可留在距板底面以下 2～3cm 处。浇筑无梁楼盖时，在离柱帽下 5cm 处暂停，待混凝土获得初步沉实，然后分层浇筑柱帽，下料必须倒在柱帽中心，待混凝土接近楼板底面时，即可连同楼板一起浇筑。

4. 楼梯的混凝土施工

楼梯工作面小，操作位置不断变化，运输上料较难。施工时，休息平台以下的踏步可由底层进料，休息平台和平台以上的踏步可由上一层楼面进料。钢筋混凝土楼梯宜自下而上一次浇捣完毕，上层钢筋混凝土楼面未浇捣时，可留施工缝，施工缝宜留在楼梯长度中间 1/3 范围内。如楼梯有钢筋混凝土栏板时，应与踏步同时浇筑。楼梯浇捣完毕，应自上而下将其表面抹平。

任务四 ▶ 混凝土养护与施工质量验收

一、混凝土养护

混凝土浇筑捣实后，逐渐凝固硬化，这个过程主要由水泥的水化作用来实现，而水化作用必须在适当的温度和湿度环境下才能完成。因此，为了保证混凝土有适宜的硬化环境，使其强度不断增长，必须对混凝土进行合理养护。

混凝土浇筑后，如果此时气候炎热、空气干燥，不及时进行养护，混凝土中的水分就会蒸发过快出现脱水现象，使已形成凝胶体的水泥颗粒不能充分水化，不能转化为稳定的结晶，不能形成足够的粘接力，从而会在混凝土表面出现片状或粉状剥落，影响混凝土的强度。此外，在混凝土尚未具备足够的强度时，水分过早地蒸发，还会产生较大的变形，出现干缩裂缝，影响混凝土的整体性和耐久性。因此，混凝土养护绝不是一件可有可无的事，而是混凝土质量形成的一个重要的环节，应按照要求，精心进行。

混凝土养护方法分自然养护和人工养护。

（一）自然养护

自然养护是指利用平均气温高于 5℃ 的自然条件，用麻袋、草帘、锯末或砂进行覆盖并适当浇水，使混凝土在一定的时间内在湿润状态下硬化。对于一般塑性混凝土应在浇筑后

10～12h 内开始养护（炎夏时可缩短至 2～3h），对高强混凝土应在浇筑后 1～2h 内开始养护，以保持混凝土具有足够润湿状态。混凝土的养护用水宜与拌制水相同。混凝土浇水养护的持续时间可参照表 5-15。当日最低温度低于 5℃时，不应采用洒水养护。

表 5-15　混凝土浇水养护的持续时间参考表

分类		浇水养护时间/d
拌制混凝土的水泥品种	硅酸盐水泥、普通硅酸盐水泥、矿渣硅酸盐水泥	不小于 7
	火山灰质硅酸盐水泥、粉煤灰硅酸盐水泥	不小于 14
强度等级 C60 及以上的混凝土、抗渗混凝土、混凝土中掺缓凝型外加剂		不小于 14

注：1. 如平均气温低于 5℃时，不得浇水。
　　2. 采用其他品种水泥时，混凝土的养护应根据水泥技术性能确定。

混凝土在养护过程中，如发现遮盖不好，浇水不足，以致表面泛白或出现干缩细小裂缝时，要立即仔细加以遮盖，加强养护工作，充分浇水，并延长浇水日期，加以补救。

在已浇筑的混凝土强度达到 1.2N/mm² 以后，才准许在其上来往行人和安装模板及支架等。

除上述麻袋、草帘、锯末或砂进行覆盖并适当浇水养护外，还可以采用蓄水养护、薄膜布养护、薄膜养生液养护等方法进行自然养护。

蓄水养护：大面积结构如地坪、楼板、屋面等可采用蓄水养护。贮水池一类工程可于拆除内模混凝土达到一定强度后注水养护。

薄膜布养护：在有条件的情况下，可采用不透水、气的薄膜布（如塑料薄膜布）养护。用薄膜布把混凝土表面敞露的部分全部严密地覆盖起来，尽可能地减少水分挥发，保证混凝土在不失水的情况下得到充足的养护。这种养护方法的优点是不必经常浇水，操作方便，但必须经常观察，以防由于覆盖不严出现失水现象，若已出现失水则应及时补水，要求保持薄膜布内有凝结水。

薄膜养生液养护：它是将可成膜的溶液（例如过氯乙烯树脂塑料溶液）喷洒或涂刷在混凝土表面上，溶液挥发后在混凝土表面形成一层塑料薄膜，使混凝土与空气隔绝，防止混凝土内部水分蒸发的方法进行养护。封闭后的混凝土中水分不再被蒸发，而供水泥完成水化作用。这种养护方法适用于高耸构筑物、高大柱子和大面积坡屋面等不易洒水养护的混凝土结构，但应注意薄膜的保护。

（二）人工养护

人工养护就是人为调节混凝土的养护温度和湿度，使混凝土强度加快增长。据试验，养护温度达 65℃时，构件混凝土强度可在 1.5～3d 内达到设计强度的 70%，可缩短养护周期40% 以上。人工养护包括蒸汽养护、热水养护、太阳能养护、保温层覆盖养护等方法，主要用来养护预制构件，现浇构件大多用自然养护。下面简单介绍蒸汽养护。

蒸汽养护是缩短养护时间的方法之一，一般宜用 65℃左右的温度蒸养。蒸汽养护分四个阶段：

静停阶段：混凝土预制构件浇筑完毕至升温前在室温下先放置一段时间。这主要是为了增强混凝土对升温阶段结构破坏作用的抵抗能力。一般需 2～6h。

升温阶段：就是混凝土预制构件在养护坑内，通过注入蒸汽，由原始温度上升至预设温度的这段时间。若温度急速上升，会使混凝土表面因体积膨胀太快而产生裂缝。因而必须控制升温速度，一般为 10～25℃/h。

恒温阶段：是混凝土强度增长最快的阶段。恒温的温度应随水泥品种不同而异，普通水泥的养护温度不得超过80℃，矿渣水泥、火山灰水泥可提高到85～90℃。恒温加热阶段应保持90％～100％的相对湿度。

降温阶段：在降温阶段内，混凝土已经硬化，如降温过快，混凝土会产生表面裂缝，因此降温速度应加控制。一般情况下，构件厚度在10cm左右时，降温速度每小时不大于20～30℃。

为了避免由于蒸汽温度骤然升降而引起混凝土构件产生裂缝变形，必须严格控制升温和降温的速度。出槽的构件温度与室外温度相差不得大于40℃，当室外为负温度时，不得大于20℃。

二、混凝土工程质量检查验收

混凝土工程质量检查验收包括混凝土分项工程质量检查验收、现浇混凝土结构分项工程质量检查验收、混凝土强度检测三部分。

根据《混凝土结构工程施工质量验收规范》（GB 50204—2015）的验收分类：混凝土分项工程质量检验覆盖混凝土从原材料、配合比、拌制、浇筑、养护、试件制作等全部施工过程，分为主控项目、一般项目，按规定的检查方法进行验收，混凝土分项工程的质量验收应在所含检验批验收合格的基础上进行，所含的检验批可根据施工工序和验收的需要确定；现浇结构分项工程质量检验分为外观质量验收、位置和尺寸偏差验收两个大项，分为主控项目、一般项目，按规定的检查方法进行验收，现浇结构分项工程的质量验收应在所含检验批验收合格的基础上进行，所含的检验批可按楼层、结构缝或施工段划分。

混凝土强度检测包括试件制作和强度检测、结构同条件养护试件强度检测、统计方法强度评定和非统计方法强度评定等内容。

（一）混凝土分项工程质量检查验收

混凝土分项工程是从水泥、砂、石、水、外加剂、矿物掺合料等原材料进场检验、混凝土配合比设计及称量、拌制、运输、浇筑、养护、试件制作直至混凝土达到预定强度等一系列技术工作和完成实体的总称。

结构构件的混凝土强度应按现行国家标准《混凝土强度检验评定标准》（GB/T 50107—2010）的规定分批检验评定。对采用蒸汽法养护的混凝土结构构件，其混凝土试件应先随同结构构件同条件蒸汽养护，再转入标准条件养护共28d。当混凝土中掺入矿物掺合料时，确定混凝土强度时的龄期可按现行国家标准《粉煤灰混凝土应用技术规范》（GB/T 50146—2014）等的规定取值。

检验评定混凝土强度用的混凝土试件的尺寸及强度的尺寸换算系数应按表5-16取用；其标准成型方法、标准养护条件及强度试验方法应符合现行国家标准《混凝土物理力学性能试验方法标准》（GB/T 50081—2019）的规定。

表 5-16　混凝土试件的尺寸及强度的尺寸换算系数

骨料最大粒径/mm	试件尺寸/mm×mm×mm	强度的尺寸换算系数
≤30	100×100×100	0.95
≤40	150×150×150	1.00
≤60	200×200×200	1.05

注：对强度等级为C60及以上的混凝土试件，其强度换算系数可通过试验确定。

结构构件拆模、出池、出厂、吊装、张拉、放张及施工期间临时负荷时的混凝土强度，应根据同条件养护的标准尺寸试件的混凝土强度确定。当混凝土试件强度评定不合格时，可采用非破损或局部破损的检测方法，按国家现行有关标准的规定对结构构件中的混凝土强度进行推定，并作为处理的依据。混凝土的冬期施工应符合国家现行标准《建筑工程冬期施工规程》（JGJ/T 104—2011）的规定和施工技术方案的规定。

1. 主控项目

（1）水泥进场时应对其品种、代号、强度等级、包装或散装编号、出厂日期等进行检查，并应对其强度、安定性及其他必要的性能指标进行复验，其质量必须符合现行国家标准《通用硅酸盐水泥》（GB 175—2007）等的规定。

当在使用中对水泥质量有怀疑或水泥出厂超过三个月（快硬硅酸盐水泥超过一个月）时，应进行复验，并按复验结果使用。

钢筋混凝土结构、预应力混凝土结构中，严禁使用含氯化物的水泥。

检查数量：按同一生产厂家、同一强度等级、同一品种、同一代号、同一批号且连续进场的水泥，袋装不超过200t为一批，散装不超过500t为一批，每批抽样不少于一次。

检验方法：检查产品合格证、出厂检验报告和进场复验报告。

说明：水泥进场时，应根据产品合格证检查其品种、级别等，并有序存放，以免造成混料错批。强度、安定性等是水泥的重要性能指标，进场时应作复验，其质量应符合现行国家标准。水泥是混凝土的重要组成成分，若其中含有氯化物，可能引起混凝土结构中钢筋的锈蚀，故应严格控制。本条为强制性条文，应严格执行。

（2）混凝土中掺用外加剂的质量及应用技术应符合现行国家标准《混凝土外加剂》（GB 8076—2008）、《混凝土外加剂应用技术规范》（GB 50119—2013）等和有关环境保护的规定。

预应力混凝土结构中，严禁使用含氯化物的外加剂。钢筋混凝土结构中，当使用含氯化物的外加剂时，混凝土中氯化物的总含量应符合现行国家标准《混凝土质量控制标准》（GB 50164—2011）的规定。

检查数量：按进场的批次和产品的抽样检验方案确定。

检验方法：检查产品合格证、出厂检验报告和进场复验报告。

说明：混凝土外加剂种类较多，且均有相应的质量标准，使用时其质量及应用技术应符合国家现行标准。外加剂的检验项目、方法和批量应符合相应标准的规定。若外加剂中含有氯化物，同样可能引起混凝土结构中钢筋的锈蚀，故应严格控制。

（3）混凝土中氯化物和碱的总含量应符合现行国家标准《混凝土结构设计规范》（2015年版）（GB 50010—2010）和设计的要求。

检查数量：同一配合比的混凝土检查不应少于一次。

检验方法：检查原材料试验报告和氯化物、碱的总含量计算书。

说明：混凝土中氯化物、碱的总含量过高，可能引起钢筋锈蚀和碱骨料反应，严重影响结构构件受力性能和耐久性。

（4）混凝土应按国家现行标准《普通混凝土配合比设计规程》（JGJ 55—2011）的有关规定，根据混凝土强度等级、耐久性和工作性等要求进行配合比设计。

对有特殊要求的混凝土，其配合比设计尚应符合国家现行有关标准的专门规定。

检验方法：检查配合比设计资料。

说明：混凝土应根据实际采用的原材料进行配合比设计并按普通混凝土拌合物性能试验方法等标准进行试验、试配，以满足混凝土强度、耐久性和工作性（坍落度等）的要求，不得采用经验配合比。同时，应符合经济、合理的原则。

（5）结构混凝土的强度等级必须符合设计要求。用于检查结构构件混凝土强度的试件，应在混凝土的浇筑地点随机抽取。取样与试件留置应符合下列规定：

① 每拌制 100 盘且不超过 100m³ 的同配合比的混凝土，取样不得少于一次。

② 每工作班拌制的同一配合比的混凝土不足 100 盘时，取样不得少于一次。

③ 当一次连续浇筑超过 1000m³ 时，同一配合比的混凝土每 200m³ 取样不得少于一次。

④ 每一楼层、同一配合比的混凝土，取样不得少于一次。

⑤ 每次取样应至少留置一组标准养护试件，同条件养护试件的留置组数应根据实际需要确定。

检验方法：检查施工记录及试件强度试验报告。

（6）对有抗渗要求的混凝土结构，其混凝土试件应在浇筑地点随机取样。同一工程、同一配合比的混凝土，取样不应少于一次，留置组数可根据实际需要确定。

检验方法：检查试件抗渗试验报告。

说明：由于相同配合比的抗掺混凝土因施工造成的差异不大，故规定了对有抗渗要求的混凝土结构应按同一工程、同一配合比取样不少于一次。由于影响试验结果的因素较多，需要时可多留置几组试件。

（7）混凝土原材料每盘称量的偏差应符合表 5-17 的规定。

表 5-17　原材料每盘称量的允许偏差

材料名称	允许偏差
水泥、掺合料	±2%
粗、细骨料	±3%
水、外加剂	±1%

注：1. 各种衡器应定期校验，每次使用前应进行零点校核，保持计量准确；

2. 当遇雨天时含水率有显著变化时，应增加含水率检测次数，并及时调整水和骨料的用量。

检查数量：每工作班抽查不应少于一次。

检验方法：复称。

说明：本条提出了对混凝土原材料计量偏差的要求。各种衡器应定期校验，以保持计量准确。生产过程中应定期测定骨料的含水率，当遇雨天施工或其他原因致使含水率发生显著变化时，应增加测定次数，以便及时调整用水量和骨料用量，使其符合设计配合比的要求。

（8）混凝土运输、浇筑及间歇的全部时间不应超过混凝土的初凝时间。同一施工段的混凝土应连续浇筑，并应在底层混凝土初凝之前将上一层混凝土浇筑完毕。

当底层混凝土初凝后浇筑上一层混凝土时，应按施工技术方案中施工缝的要求进行处理。

检查数量：全数检查。

检验方法：观察，检查施工记录。

说明：混凝土的初凝时间与水泥品种、凝结条件、掺用外加剂的品种和数量等因素有关，应由试验确定。当施工环境气温较高时，还应考虑气温对混凝土初凝时间的影响。规定混凝土应连续浇筑并在底层初凝之前将上一层浇筑完毕，主要是为了防止扰动已初凝的混凝土而出现质量缺陷。当因停电等意外原因造成底层混凝土已初凝时，则应在继续浇筑混凝土之前，按照施工技术方案对混凝土接槎的要求进行处理，使新旧混凝土结合紧密，保证混凝土结构的整体性。

（9）预拌混凝土进场时，其质量应符合现行国家标准《预拌混凝土》（GB/T 14902—2012）的规定。

检查数量：全数检查。

检验方法：检查质量证明文件。

（10）首次使用的混凝土配合比应进行开盘鉴定，其原材料、强度、凝结时间、稠度等应满足设计配合比的要求。

检查数量：同一配合比的混凝土检查不应少于一次。

检验方法：检查开盘鉴定资料和强度试验报告。

2. 一般项目

（1）混凝土中掺用矿物掺合料的质量应符合现行国家标准《用于水泥和混凝土中的粉煤灰》（GB/T 1596—2017）等的规定。矿物掺合料的掺量应通过试验确定。

检查数量：按进场的批次和产品的抽样检验方案确定。

检验方法：检查出厂合格证和进场复验报告。

（2）普通混凝土所用的粗、细骨料的质量应符合国家现行有关标准规定。粗骨料的粒径还应满足以下要求。

1）混凝土用的粗骨料，其最大颗粒粒径不得超过构件截面最小尺寸的 1/4，且不得超过钢筋最小净间距的 3/4。

2）对混凝土实心板，骨料的最大粒径不宜超过板厚的 1/3，且不得超过 40mm。

检查数量：按进场的批次和产品的抽样检验方案确定。

检验方法：检查进场复验报告。

（3）拌制混凝土宜采用饮用水；当采用其他水源时，水质应符合国家现行标准《混凝土用水标准》（JGJ 63—2006）的规定。

检查数量：同一水源检查不应少于一次。

检验方法：检查水质试验报告。

（4）混凝土拌合物稠度应满足施工方案的要求。

检查数量：对同一配合比混凝土，取样应符合下列规定：

① 每拌制 100 盘且不超过 100m³ 时，取样不得少于一次；

② 每工作班拌制不足 100 盘时，取样不得少于一次；

③ 连续浇筑超过 100m³ 时，每 200m³ 取样不得少于一次；

④ 每一楼层取样不得少于一次。

检验方法：检查稠度抽样检验记录。

（5）混凝土有耐久性指标要求时，应在施工现场随机抽取试件进行耐久性检验，留置的试件数量及其检验结果应符合国家现行有关标准的规定和设计要求。

检查数量：同一配合比的混凝土，取样不应少于一次。

检验方法：检查试件耐久性试验报告。

（6）混凝土拌制前，应测定砂、石含水率并根据测试结果调整材料用量，提出施工配合比。

检查数量：每工作班检查一次。

检验方法：检查含水率测试结果和施工配合比通知单。

（7）施工缝的位置应在混凝土浇筑前按设计要求和施工技术方案确定。施工缝的处理应按施工技术方案执行。

检查数量：全数检查。

检验方法：观察，检查施工记录。

（8）后浇带的留置位置应按设计要求和施工技术方案确定。后浇带混凝土浇筑应按施工技术方案进行。

　　检查数量：全数检查。

　　检验方法：观察，检查施工记录。

　　（9）混凝土浇筑完毕后，应按施工技术方案及时采取有效的养护措施，并应符合下列规定：

　　1）应在浇筑完毕后的 12h 以内对混凝土加以覆盖并保湿养护。

　　2）混凝土浇水养护的时间：应符合表 5-15 要求，当采用其他品种水泥时，混凝土的养护时间应根据所采用水泥的技术性能确定。

　　3）浇水次数应能保持混凝土处于湿润状态；混凝土养护用水应与拌制用水相同；当日平均气温低于 5℃ 时，不得浇水。

　　4）采用塑料布覆盖养护的混凝土，其敞露的全部表面应覆盖严密，并应保持塑料面布内有凝结水。

　　5）混凝土强度达到 1.2N/mm^2 前，不得在其上踩踏或安装模板及支架。

　　检查数量：全数检查。

　　检查方法：观察，检查施工记录。

3. 混凝土分项工程质量检查验收实务

　　（1）混凝土分项工程原材料、配合比设计的质量检查验收，施工单位和项目监理机构应使用表 5-18《混凝土工程原材料、配合比设计检验批质量验收记录》进行检查监控，若发现错误应当及时纠正。

　　（2）混凝土分项工程施工过程的质量检查验收，施工单位和项目监理机构应使用表 5-19《混凝土工程施工过程检验批质量验收记录》进行检查监控，若发现错误应当及时纠正。

（二）现浇混凝土结构分项工程质量检查验收

　　现浇结构分项工程以模板、钢筋、预应力、混凝土四个分项工程为依托，是拆除模板后的混凝土结构实物外观质量、几何尺寸检验等一系列技术工作的总称。现浇结构分项工程可按楼层、结构缝或施工段划分检验批。

　　现浇结构拆模后，施工单位应及时会同监理（建设）单位对混凝土外观质量、位置和尺寸偏差进行检查，并作出记录。不论何种缺陷都应及时进行处理，并重新检查验收。

1. 现浇结构外观质量验收

　　对现浇结构外观质量的验收，采用缺陷检查，并对缺陷的性质和数量加以限制的方法进行。表 5-20 给出了确定现浇结构外观质量严重缺陷、一般缺陷的标准。各种缺陷的数量限制可由各地根据实际情况作出具体规定。当外观质量缺陷的严重程度超过本条规定的一般缺陷时，可按严重缺陷处理。在具体实施中，外观质量缺陷对结构性能和使用功能等的影响程度，应由设计单位、监理（建设）单位、施工单位等各方共同确定。对于具有重要装饰效果的清水混凝土，考虑到其装饰效果属于主要使用功能，故将其表面外形缺陷、外表缺陷确定为严重缺陷。

2. 对现浇结构位置和尺寸偏差验收

　　对现浇结构位置和尺寸偏差的验收，采用实测实量的检验方法。检查坐标、中心线位置时，应沿纵、横两个方向量测，并取其中的较大值。表 5-21、表 5-22 给出了现浇结构和设备基础尺寸的允许偏差及检验方法。在实际应用时，尺寸偏差除应符合本条规定外，还应满足设计或设备安装提出的要求。

表 5-18　混凝土工程原材料、配合比设计检验批质量验收记录

工程名称				子分部工程名称		验收部位	
施工单位						项目经理	
施工执行标准名称及编号						专业工长	
质量验收规范的规定				检查方法和数量	施工单位检查评定记录	监理（建设）单位验收记录	
原材料（使用商品混凝土的，仅填主控项目第 4 项）							
主控项目	1	水泥	检查品种、级别、包装（厂家和品牌）或散装编号、出厂日期	检查包装，全数检查合格证、出厂检验报告			
			严禁在钢筋混凝土结构中使用含氯化物的水泥				
			严禁不同品种、不同级别、不同厂家、不同品牌的水泥混用				
		复试	强度、安定性及其他必要指标符合 GB 175 要求	按同一生产厂家、同一等级、同一品种、同一批号且连续进场的水泥，袋装不超过 200t，散装不超过 500t 为一批抽样不少于 1 次			
			对质量有怀疑				
			出厂超过 3 个月				
			快硬硅酸盐水泥超过 1 个月				
	2	外加剂	质量和应用技术符合 GB 8076、GB 50119 等，并符合有关环境保护规定	按进场的批次和产品的抽样检验方案查合格证和进场复验报告			
		含氯化物外加剂	预应力混凝土结构严禁使用				
			钢筋混凝土结构中使用符合 GB 50164 的规定				
	3	混凝土中氯化物和碱的总含量	符合 GB 50010 和设计要求	查原材料试验报告和氯化物、碱的总含量计算书			
	4	商品混凝土	出厂合格证	全数检查出厂合格证、出厂检验报告、配合比和试验报告			
			配合比				
			原材料的出厂合格证和复验报告				
			水泥、混凝土强度、外加剂试验报告				
一般项目	1	矿物掺合料	质量符合 GB/T 1596 规定，掺量由试验确定	按进场批次和产品的抽样检验方案查复验报告，矿物掺合料尚须查出厂合格证			
	2	骨料质量	碎石、卵石、砂符合 JGJ 52 规定				
	3	拌制用水	宜用饮用水，采用其他水源应符合 JGJ 63 的规定	查水质试验报告同一水源检查≮1 次			
施工班组长				专业质检员		监理工程师（员）	
配合比设计（使用商品混凝土的不填此栏）							
主控项目	1	配合比设计	根据混凝土强度等级、耐久性和工作性要求且符合 JGJ 55 规定，有特殊要求，尚应符合相关标准	检查配合比设计资料			
	2	开盘鉴定	首次使用的混凝土配合比应进行	查开盘鉴定资料			
一般项目	1	配合比验证	开始生产时至少留置一组标养试件作为依据	试件强度试验报告			
	2	施工配合比	按混凝土拌制前测定的砂石含水率制定	每工作班查一次含水率测试结果和施工配合比通知单			
施工班组长				专业质检员		监理工程师（员）	

表 5-19　混凝土工程施工过程检验批质量验收记录

质量验收规范的规定				检查方法和数量	施工单位检查评定记录	监理(建设)单位验收记录
主控项目	1	混凝土强度等级	符合设计要求	检查施工记录及试件强度试验报告		
		混凝土试件的取样和留置	在浇筑地点随机取样			
			每100盘且不超过100m³的同配合比取样≮1次			
			每工作班的同配合比不足100盘取样≮1次			
			当一次连续浇筑超过1000m³时,同一配合比每200m³取样≮1次			
			每一层楼、同一配合比取样≮1次			
			标准养护试件取样至少留置一组			
		同条件养护试件	根据实际需要确定留置组数			
	2	抗渗混凝土试件的取样和留置	在浇筑地点随机取样	检查试件抗渗试验报告		
			同一工程、同一配合比取样≮1次			
			按实际需要确定留置组数			
	3	每盘混凝土原材料称量允许偏差	水泥 ±2%	每工作班至少复称一次		
			掺合料			
			粗骨料 ±3%			
			细骨料			
			水 ±1%			
			外加剂			
	4	初凝时间控制	混凝土运输、浇筑及间歇的全部时间不应超过混凝土初凝时间			
			同一施工段混凝土连续浇筑并在底层初凝前将上一层混凝土浇筑完毕			
			底层混凝土初凝后浇筑上一层混凝土时,按施工技术方案处理施工缝			
一般项目	1	施工缝位置、处理	位置按设计要求和施工技术方案确定	全数观察检查和全数检查施工记录		
			处理方法按施工技术方案			
	2	后浇带	按设计要求留置,按施工技术方案浇筑			
	3	混凝土养护	浇筑完毕12h内覆盖保湿			
			浇水次数能保持混凝土湿润,养护用水与拌制用水相同			
			硅酸盐水泥、普通硅酸盐水泥或矿渣水泥拌制的混凝土不得少于7d			
			C60及以上混凝土掺用缓凝型外加剂或有抗渗要求的混凝土不得少于14d			
			采用塑料布养护混凝土,敞露表面全部覆盖严密,保持塑料布内有凝结水			
		混凝土上人及安装模板强度	混凝土强度≥1.2N/mm²			
施工班组长				专业质检员	监理工程师(员)	
施工单位检查评定结果	项目专业质量检查员:　　　　　　　年　月　日			监理(建设)单位验收结论	监理工程师:(建设单位项目专业技术负责人)　　　　　　　年　月　日	

注:表中允许偏差的实测数据填入"施工单位检查评定记录"栏,在允许内的数值填入光身数字,如:5等;超出允许值的数值打上圈,如㉕等。

表 5-20　现浇结构外观质量缺陷

名称	现象	严重缺陷	一般缺陷
露筋	构件内钢筋未被混凝土包裹而外露	纵向受力钢筋有露筋	其他钢筋有少量露筋
蜂窝	混凝土表面缺少水泥砂浆而形成石子外露	构件主要受力部位有蜂窝	其他部位有少量蜂窝
孔洞	混凝土中孔穴深度和长度均超过保护层厚度	构件主要受力部位有孔洞	其他部位有少量孔洞
夹渣	混凝土中夹有杂物且深度超过保护层厚度	构件主要受力部位有夹渣	其他部位有少量夹渣
疏松	混凝土中局部不密实	构件主要受力部位有疏松	其他部位有少量疏松
裂缝	缝隙从混凝土表面延伸至混凝土内部	构件主要受力部位有影响结构性能或使用功能的裂缝	其他部位有少量不影响结构性能或使用功能的裂缝
连接部位缺陷	构件连接处混凝土缺陷及连接钢筋、连接件松动	连接部位有影响结构传力性能的缺陷	连接部位有基本不影响结构传力性能的缺陷
外形缺陷	缺棱掉角、棱角不直、翘曲不平、飞边凸肋等	清水混凝土构件有影响使用功能或装饰效果的外形缺陷	其他混凝土构件有不影响使用功能的外形缺陷
外表缺陷	构件表面麻面、掉皮、起砂、沾污等	具有重要装饰效果的清水混凝土构件有外表缺陷	其他混凝土构件有不影响使用功能的外表缺陷

表 5-21　现浇结构尺寸允许偏差和检验方法

项目			允许偏差/mm	检验方法
轴线位置	基础		15	钢尺检查
	独立基础		10	
	墙、柱、梁		8	
	剪力墙		5	
垂直度	层高	≤6m	8	经纬仪或吊线、钢尺检查
		>6m	10	经纬仪或吊线、钢尺检查
	全高(H)≤300m		H/3000+20	经纬仪、钢尺检查
标高	层高		±10	水准仪或拉线、钢尺检查
	全高		±30	
柱、梁、板、墙截面尺寸			+10,-5	钢尺检查
电梯井	长、宽尺寸		+25,0	钢尺检查
	中心位置		10	经纬仪、钢尺检查
表面平整度			8	2m靠尺和塞尺检查
预埋设施中心线位置	预埋件		10	钢尺检查
	预埋螺栓		5	
	预埋管		5	
预留洞中心线位置			15	钢尺检查

表 5-22　设备基础尺寸允许偏差和检验方法

项目		允许偏差/mm	检验方法
坐标位置		20	钢尺检查
不同平面的标高		0,-20	水准仪或拉线、钢尺检查
平面外形尺寸		±20	钢尺检查
凸台上平面外形尺寸		0,-20	钢尺检查
凹槽尺寸		+20,0	钢尺检查
平面水平度	每米	5	水平尺、塞尺检查
	全长	10	水准仪或拉线、钢尺检查

续表

项目		允许偏差/mm	检验方法
垂直度	每米	5	经纬仪或吊线、钢尺检查
	全高	10	
预埋地脚螺栓	标高（顶部）	+20.0	水准仪或拉线、钢尺检查
	中心距	±2	钢尺检查
预埋地脚螺栓孔	中心线位置	10	钢尺检查
	深度	+20.0	钢尺检查
	孔垂直度	$h/100$ 且≤10	吊线、钢尺检查
预埋活动地脚螺栓锚板	标高	+20.0	水准仪或拉线、钢尺检查
	中心线位置	5	钢尺检查
	带槽锚板平整度	5	钢尺、塞尺检查
	带螺纹孔锚板平整度	2	钢尺、塞尺检查

3. 主控项目

（1）现浇结构的外观质量不应有严重缺陷。

对已经出现的严重缺陷，应由施工单位提出技术处理方案，并经设计、监理（建设）单位认可后进行处理。对经处理的部位，应重新检查验收。

检查数量：全数检查。

检验方法：观察，检查处理记录。

说明：外观质量的严重缺陷通常会影响到结构性能、使用功能或耐久性。本条为强制性条文，应严格执行。

（2）现浇结构不应有影响结构性能和使用功能的尺寸偏差。混凝土设备基础不应有影响结构性能和设备安装的尺寸偏差。

对超过尺寸允许偏差且影响结构性能和安装、使用功能的部位，应由施工单位提出技术处理方案，并经设计、监理（建设）单位认可后进行处理。对经处理的部位，应重新检查验收。

检查数量：全数检查。

检验方法：量测，检查处理记录。

说明：过大的尺寸偏差可能影响结构构件的受力性能、使用功能，也可能影响设备在基础上的安装、使用。本条为强制性条文，应严格执行。

4. 一般项目

（1）现浇结构的外观质量不应有一般缺陷。

对已经出现的一般缺陷，应由施工单位按技术处理方案进行处理，并重新检查验收。

检查数量：全数检查。

检验方法：观察，检查技术处理方案。

（2）现浇结构和混凝土设备基础拆模后的尺寸偏差应符合表 5-21、表 5-22 的规定。

检查数量：按楼层、结构缝或施工段划分检验批。在同一检验批内，对梁、柱和独立基础，应抽查构件数量的 10%，且不应少于 3 件；对墙和板，应按有代表性的自然间抽查 10%，且不应少于 3 间；对大空间结构，墙可按相邻轴线高度 5m 左右划分检查面，板可按纵、横轴线划分检查面，抽查 10%，且均不应少于 3 面；对电梯井，应全数检查。对设备基础，应全数检查。

5. 现浇混凝土结构分项工程质量检查验收实务

现浇结构拆模后，施工单位和项目监理机构应使用表 5-23《现浇结构（现浇基础）外观质量检验批质量验收记录》和表 5-24《现浇结构（现浇基础）尺寸偏差检验批质量验收记录》进行检查监控，若发现缺陷或错误应及时进行处理，并重新检查验收。

表 5-23　现浇结构（现浇基础）外观质量检验批质量验收记录

工程名称			子分部工程名称		验收部位	
施工单位			分包单位			
项目经理		分包项目经理	专业工长		施工班组长	
施工执行标准名称及编号						

质量验收规范的规定			检查方法和数量	施工单位检查评定记录	监理（建设）单位验收记录
主控项目	外观质量	无严重缺陷	全数观察检查		
	严重缺陷处理及验收	施工单位提出技术处理方案,经监理(建设)单位认可后进行处理	查处理记录		
		经处理的部位重新检查验收	现场观察		
一般项目	外观质量	不宜有一般缺陷	全数观察检查		
	一般缺陷处理及验收	施工单位提出技术处理方案进行处理	查处理记录		
		经处理的部位应重新检查验收	现场观察		

（三）混凝土强度检测

1. 混凝土试件制作和强度检测

检查混凝土质量应做抗压强度试验。当有特殊要求时，还需做混凝土的抗冻性、抗渗性等试验。试件应用钢模制作。每组 3 个试件应在同盘混凝土中取样制作，并按下列规定确定该组试件的混凝土强度的代表值。

① 取 3 个试件强度的算术平均值。

② 当 3 个试件强度中的最大值或最小值与中间值之差超过中间值的 15％时，取中间值。

③ 当 3 个试件强度中的最大值和最小值与中间值之差均超过 15％时，该组试件不应作为强度评定的依据。

应认真做好工地试件的管理工作，从试模选择、试件取样、成型、编号以至养护等，要指定专人负责，以提高试件的代表性，正确地反映混凝土结构和构件的强度。

2. 混凝土结构同条件养护试件强度检测

（1）同条件养护试件的留置方式和取样数量，应符合下列要求：

① 同条件养护试件所对应的结构构件或结构部位，应由设计、监理（建设）、施工等各方根据其重要性共同选定。

② 对混凝土结构工程中的各混凝土强度等级，均应留置同条件养护试件。

③ 同一强度等级的同条件养护试件，其留置的数量应根据混凝土工程量和重要性确定，不宜少于 10 组，且不应少于 3 组。

④ 同条件养护试件拆模后，应放置在靠近相应结构构件或结构部位的适当位置，并应采取相同的养护方法。

（2）同条件养护试件应在达到等效养护龄期时进行强度试验。

等效养护龄期应根据同条件养护试件强度与在标准养护条件下 28d 龄期试件强度相等的原则确定。

表 5-24　现浇结构（现浇基础）尺寸偏差检验批质量验收记录

质量验收规范的规定			检查方法	施工单位检查评定记录	监理（建设）单位验收记录
主控项目	尺寸偏差	不应影响结构性能和使用功能	量测，全数检查		
	过大尺寸偏差处理及验收	影响结构性能和安装使用功能的,由施工单位提出技术处理方案,经监理（建设）单位认可后进行处理	量测，检查技术处理方案		
		经处理部位重新验收	量测		
一般项目	现浇结构尺寸允许偏差 /mm	轴线位置　基础	15	钢尺检查		
		轴线位置　独立基础	10			
		轴线位置　墙	8			
		轴线位置　柱	8			
		轴线位置　梁	8			
		轴线位置　剪力墙	5			
		层高垂直度　≤6m	8	经纬仪或吊线、钢尺检查		
		层高垂直度　>6m	10			
		层高、标高	±10	水准仪或拉线、钢尺检查		
		柱、梁、板、墙截面尺寸	+10,−5	钢尺检查		
		电梯井井筒长、宽尺寸	+25.0			
		表面平整度	8	2m靠尺和塞尺检查		
		预埋设施中心线位置　预埋件	10	钢尺检查		
		预埋设施中心线位置　预埋螺栓	5			
		预埋设施中心线位置　预埋管	5			
		预留洞中心线位置	15			
施工单位检查评定结果	项目专业质量检查员： 年　月　日			监理（建设）单位验收结论	监理工程师： （建设单位项目专业技术负责人） 年　月　日

注：1. 一般项目的检查数量：按楼层、结构缝或施工段划分检验批。在同一检验批内，对梁、柱和独立基础，抽查构件数量的 10%，且不应少于 3 件；对墙和板，按有代表性的自然间抽查 10%，且不应少于 3 间；对大空间结构，墙按相邻轴线间高度 5m 左右划分检查面，板按纵、横轴线划分检查面，抽查 10%，且均不应少于 3 面；对电梯井，应全数检查。

2. 检查轴线、中心线位置时，应沿纵横两个方向量测，取大值。

3. 表中允许偏差的实测数据填入"施工单位检查评定记录"栏，在允许值内的数值填光身数字，如 5 等；超出允许值的数值打上圈，如 ㉕ 等。

（3）冬期施工、人工加热养护的结构构件，其同条件养护试件的等效养护龄期可按结构构件的实际养护条件，由设计、监理（建设）、施工等各方根据相关规定共同确定。

3. 混凝土强度评定

混凝土强度应分批进行验收。应按单位工程的验收项目划分验收批，同一验收批的混凝土应由强度等级相同、龄期相同以及生产工艺和配合比基本相同的混凝土组成。评定混凝土强度的试件，必须按《混凝土强度检验评定标准》（GB/T 50107—2010）的规定取样、制作、养护和试验。

（1）统计方法评定　由于混凝土生产条件不同，混凝土强度的稳定性也不同，统计方法评定又分为下列两种方法。

① 当混凝土的生产条件在较长时间内能保持一致，且同一品种混凝土的强度变异性能保持稳定时，按以下方法进行评定：

一个检验批的样本容量应为连续的 3 组试件，其强度应同时符合下列规定：

$$m_{f_{cu}} \geqslant f_{cu,k} + 0.7\sigma_0 \tag{5-5}$$

$$f_{cu,min} \geqslant f_{cu,k} - 0.7\sigma_0 \tag{5-6}$$

检验批混凝土立方体抗压强度的标准差应按下式计算：

$$\sigma_0 = \sqrt{\frac{\sum_{i=1}^{n} f_{cu,i}^2 - n m_{f_{cu}}^2}{n-1}} \tag{5-7}$$

a. 当混凝土强度等级不高于 C20 时，其强度的最小值尚应满足下式要求：

$$f_{cu,min} \geqslant 0.85 f_{cu,k} \tag{5-8}$$

b. 当混凝土强度等级高于 C20 时，其强度的最小值尚应满足下列要求：

$$f_{cu,min} \geqslant 0.90 f_{cu,k} \tag{5-9}$$

式中　$m_{f_{cu}}$——同一检验批混凝土立方体抗压强度的平均值，N/mm^2，精确到 $0.1N/mm^2$；

　　　$f_{cu,k}$——混凝土立方体抗压强度标准值，N/mm^2，精确到 $0.1N/mm^2$；

　　　σ_0——检验批混凝土立方体抗压强度的标准差，N/mm^2，精确到 $0.01N/mm^2$；当检验批混凝土强度标准差 σ_0 计算值小于 $2.5N/mm^2$ 时，应取 $2.5N/mm^2$；

　　　$f_{cu,i}$——前一个检验期内同一品种、同一强度等级的第 i 组混凝土试件的立方体抗压强度代表值，N/mm^2，精确到 $0.1N/mm^2$；该检验期不应少于 60d，也不得大于 90d；

　　　n——前一检验期内的样本容量，组，在该期间内样本容量不应少于 45 组；

　　　$f_{cu,min}$——同一检验批混凝土立方体抗压强度的最小值，N/mm^2，精确到 $0.1N/mm^2$。

② 当样本容量不少于 10 组时，其强度应同时满足下列要求：

$$m_{f_{cu}} \geqslant f_{cu,k} + \lambda_1 S_{f_{cu}} \tag{5-10}$$

$$f_{cu,min} \geqslant \lambda_2 f_{cu,k} \tag{5-11}$$

同一检验批混凝土立方体抗压强度的标准差应按下式计算：

$$S_{f_{cu}} = \sqrt{\frac{\sum_{i=1}^{n} f_{cu,i}^2 - n m_{f_{cu}}^2}{n-1}} \tag{5-12}$$

式中　$S_{f_{cu}}$——同一检验批混凝土立方体抗压强度的标准差，N/mm^2，精确到 $0.01N/mm^2$；当检验批混凝土强度标准差 $S_{f_{cu}}$ 计算值小于 $2.5N/mm^2$ 时，应取 $2.5N/mm^2$；

　　　λ_1，λ_2——合格评定系数，按表 5-25 取用；

　　　n——本检验期内的样本容量，组。

表 5-25　混凝土强度的合格评定系数

试件组数/组	10～14	15～19	≥20
λ_1	1.15	1.05	0.95
λ_2	0.90	0.85	

（2）非统计方法评定　对零星生产的构件的混凝土或现场搅拌的批量不大的混凝土，可采用非统计方法评定。此时，验收批混凝土的强度必须同时满足下列要求：

$$m_{f_{cu}} \geqslant 1.15 f_{cu,k} \quad (当混凝土强度 \geqslant C60 时，m_{f_{cu}} \geqslant 1.10 f_{cu,k}) \tag{5-13}$$

$$f_{cu,min} \geqslant 0.95 f_{cu,k} \tag{5-14}$$

当混凝土检验结果能满足上述评定方法中的其中一种时，则该批混凝土评定为合格，反之为不合格。由不合格批混凝土制成的结构或构件，应进行鉴定，对不合格的结构或构件必须进行处理。

三、混凝土施工质量通病的防治与处理

混凝土施工质量通病是指在混凝土施工中经常出现的、对建筑工程正常使用构成一定影响的一般缺陷。混凝土施工质量通病主要有：麻面、蜂窝、露筋、孔洞、缝隙、夹层、缺棱、掉角等。对构成结构质量事故的混凝土质量缺陷，若无法通过加固补强来进行补救，则必须拆除返工。

（一）施工质量通病分类、产生原因及防治方法

1. 麻面

麻面是指结构构件表面呈现出许多小凹坑形成粗糙面，但钢筋尚未外露的现象。

产生原因：模板表面粗糙或黏附水泥浆渣等杂物未清理干净；模板未浇水湿润或湿润不够，构件表面混凝土的水分被吸去，使混凝土失水过多出现麻面；模板拼缝不严密，局部漏浆；模板隔离剂涂刷不匀或局部漏刷或失效，混凝土表面与模板粘接造成麻面；振捣混凝土时，气泡未完全排出停留在模板内表面，拆模后混凝土表面形成麻点。

防治方法：模板表面应清理干净，不得粘有干硬水泥砂浆等杂物；浇筑混凝土前，模板应浇水充分湿润，模板缝隙应堵严，但应考虑预留适当的排气通道；模板隔离剂应涂刷均匀，不得漏刷。

2. 蜂窝

蜂窝是指混凝土表面缺少水泥砂浆而形成石子外露，石子之间形成类似于蜂窝状的窟窿。

产生原因：混凝土配合比不当，砂浆少石子多；或搅拌不匀，或振捣不合理，造成砂浆与石子分离；混凝土下料距离过高，未设溜槽或串筒使石子集中，造成石子、砂浆离析；模板拼缝不严密，局部漏浆较严重。

防治方法：严格按混凝土设计配合比准确计量进料；混凝土要拌和均匀，坍落度满足要求；混凝土下料距离过高时应设串筒或溜槽浇筑，分层下料、分层振捣，防止漏振；模板应拼装严密。

3. 露筋

露筋是指钢筋没有被混凝土包裹而露出在结构构件之外。

产生原因：浇筑混凝土时钢筋保护层垫块移位，致使钢筋紧贴模板造成露筋；钢筋过密，石子卡在钢筋上，水泥砂浆不能充满钢筋周围造成露筋；模板严重漏浆导致露筋；脱模过早，拆模时缺棱、掉角等原因导致露筋。

防治方法：浇筑混凝土时，应保证钢筋位置和保护层厚度正确，并加强检查，及时处理；钢筋密集时，应选用粒径适当的石子；模板应拼装严密；正确掌握脱模时间，防止过早拆模，碰坏棱角。

4. 孔洞

孔洞是指混凝土结构内部有尺寸较大的空隙、局部没有混凝土或蜂窝特别大。

产生原因：骨料粒径过大、钢筋配置过密导致混凝土下料中被钢筋挡住；混凝土离析，砂浆分离、石子成堆、严重跑浆；模板中混入块状异物、混凝土被隔挡等原因所致。

防治方法：浇筑混凝土时，认真分层振捣密实；在钢筋密集处及复杂部位如柱的节点

处，可改用细石混凝土浇筑；预留洞口应两侧同时下料，预留洞口过长时侧模应加开浇筑口，防止混凝土漏浇漏振；应及时清除掉入模板内的木板、工具等杂物。

5. 缝隙、夹层

缝隙、夹层是指混凝土施工缝处有缝隙或夹有杂物。

产生原因：因施工缝处理不当以及混凝土中含有杂物所致。

防治方法：浇筑混凝土前，应清除施工缝表面的垃圾、水泥浮渣、表面上松动砂石和软弱混凝土层；同时还应加以凿毛，用水冲洗干净并充分湿润；继续浇筑前，应在施工缝结合面先抹刷一道水泥浆，或铺上一层 10～15mm 厚的水泥砂浆，其配合比与混凝土内的砂浆成分相同。

6. 缺棱、掉角

缺棱、掉角是指梁、柱、板、墙以及洞口的阳角处混凝土局部残损掉落。

产生原因：混凝土养护不良，表面水分挥发过快，棱角处混凝土强度达不到设计要求，拆模时则棱角损坏；另外，拆模过早、拆模方式粗暴或拆模后保护不善，都会造成棱角损坏。

防治方法：混凝土浇筑后应进行充分养护，确保棱角处混凝土强度满足拆模要求；拆模不宜过早，拆模时也不应生拉硬拽、粗暴进行；拆模后应加强混凝土成品保护。

（二）混凝土表面缺陷的修补

1. 表面抹浆修补

对数量不多的小蜂窝、麻面、露筋、露石的混凝土表面，先用钢丝刷或加压水洗刷基层，再用 1：2～1：2.5 的水泥砂浆抹面修正，抹浆初凝后要加强养护。

当表面裂缝较细，数量不多时，可将裂缝用水冲洗并用水泥浆抹补；对宽度和深度较大的裂缝，应将裂缝附近的混凝土表面凿毛或沿裂缝方向凿成深为 15～20mm、宽为 100～200mm 的 V 形凹槽，扫净并洒水润湿，先刷水泥浆一度，然后用 1：2～1：2.5 的水泥砂浆涂抹 2～3 层，每层涂抹厚度控制在 10mm 以内，最后压实抹光。

2. 细石混凝土填补

当蜂窝比较严重或露筋较深时，应凿去薄弱的混凝土和个别突出的骨料颗粒，然后用钢丝刷或加压水洗刷表面，再用比原混凝土强度等级高一级的细石混凝土填补并仔细捣实。

对于孔洞的处理，可在孔洞处混凝土表面采用施工缝的处理方法：将孔洞处不密实的混凝土和突出的石子剔除，并将洞边凿成敞开面，避免形成死角，然后用水冲洗或用钢丝刷刷净，充分润湿 72h 后，用比原混凝土强度等级高一级的细石混凝土浇筑并振捣。细石混凝土的水灰比宜在 0.5 以内，可掺入适量的膨胀剂，用小振捣棒分层捣实，并按要求进行养护。

3. 注浆修补

对于影响结构防水、防渗性能的裂缝，可用水泥灌浆或化学注浆方式进行修补。裂缝宽度在 0.5mm 以上时，可采用水泥灌浆修补；裂缝宽度小于 0.5mm 时，应采用化学注浆修补。

当裂缝宽度在 0.1mm 以上时，可用环氧树脂注浆修补。修补时先用钢丝刷清除混凝土表面的灰尘、浮渣及松散层，使裂缝处保持干净，然后用环氧树脂砂浆把裂缝表面密封，形成一个密闭空腔、留出注浆口及排气口，借助压缩空气把浆液压入缝隙，使之填实整个裂缝。压注的浆液应与混凝土有良好的粘接性能，能确保修补处达到原设计要求的强度、密实性和耐久性。对 0.05mm 以上的细微裂缝，可用甲凝修补。

防渗堵漏用的注浆材料，常用的有丙凝（能压注入 0.01mm 以上的裂缝）和聚氨酯（能压注入 0.015mm 以上的裂缝）等。

小结

本单元介绍了混凝土组成材料的种类、作用以及验收与保管的相关要求；主要介绍混凝土的搅拌与输送、新拌混凝土的浇筑与振捣密实、混凝土构件的养护与质量验收等工作过程的内容和具体做法；重点介绍了新拌混凝土浇筑与振捣密实的工作原理、施工方法和工艺要求；突出介绍了混凝土施工质量验收的具体要求和做法。

能力训练

一、思考题

1. 混凝土工程施工包括哪些工作过程？

2. 混凝土由哪些原材料组成？水泥的验收保管有哪些要求？

3. 混凝土施工配合比怎样根据实验室配合比求得？施工配料怎样计算？

4. 什么是一次投料、二次投料？二次投料为什么会提高混凝土强度？

5. 液压活塞泵的工作原理如何？混凝土汽车泵、固定式混凝土泵的系统组成和工作性能如何？混凝土搅拌运输车给混凝土泵喂料时有哪些要求？

6. 混凝土浇筑前对模板钢筋应做哪些检查？

7. 混凝土浇筑基本要求有哪些？怎样防止离析？

8. 什么是施工缝？留设位置怎样？继续浇筑混凝土时，对施工缝有何要求？如何处理？

9. 什么是混凝土的自然养护？自然养护有哪些方法？具体做法怎样？混凝土拆模强度怎样？

10. 混凝土质量检查包括哪些内容？对试块制作有哪些规定？强度评定标准怎样？

11. 混凝土分项工程质量检验共涉及哪些主控项目、一般项目？哪些是强制性条文？

12. 现浇混凝土结构分项工程质量检验分为哪两个大项？共涉及哪些主控项目、一般项目？哪些是强制性条文？

13. 混凝土同条件养护试件的留置方式和取样数量应符合哪些要求？混凝土强度统计方法评定和非统计方法评定的方法有何不同？

14. 混凝土施工质量通病的分类、产生原因有哪些？怎样防治？

二、习题

1. 某混凝土实验室配合比为 $1:2.12:4.37$，$W/C=0.62$，每立方米混凝土水泥用量为 290kg，实测现场砂含水率 3%，石含水率 1%。

试求：① 施工配合比为多少？

② 当用 250L（出料容量）搅拌机搅拌时，每拌一盘混凝土需要水泥、砂、石、水各多少？

2. 某高层建筑基础钢筋混凝土底板长×宽×高＝25m×14m×1.2m，要求连续浇筑混凝土，不留施工缝，搅拌站设三台 250L 搅拌机，每台实际生产率为 5m³/h，混凝土运输时间为 25min，气温为 25℃。混凝土 C20，浇筑分层厚 300mm。

试求：① 混凝土浇筑方案；

② 完成浇筑工作所需时间。

三、实训项目

由指导教师带队安排学生到一个正在进行混凝土工程施工的建设项目，现场讲解混凝土工程施工的知识和要求，指导学生按照表 5-18《混凝土工程原材料、配合比设计检验批质量验收记录》、表 5-19《混凝土工程施工过程检验批质量验收记录》、表 5-23《现浇结构（现浇基础）外观质量检验批质量验收记录》、表 5-24《现浇结构（现浇基础）尺寸偏差检验批质量验收记录》的要求对混凝土工程施工的各工作过程进行检查、验收。

综合训练单元六

模板工程专项施工方案编制案例与实训

中华人民共和国住房和城乡建设部于 2018 年 2 月 12 日发布了《危险性较大的分部分项工程安全管理规定》，该办法要求施工单位应当在危险性较大的分部分项工程施工前编制专项施工方案，专项施工方案编制应当包括计算书及相关图纸；对于超过一定规模的危险性较大的分部分项工程，施工单位应当组织专家对专项施工方案进行论证。相关内容已在学训单元三中进行了介绍。

本单元主要介绍一个模板工程专项施工方案编制案例，并提供了两个实训项目，即：模板工程专项施工方案编制实训和模板工程模拟施工实训。同时，利用 BIM 技术针对案例制作了高精度的虚拟建造框架钢筋及节点、模板及支架两大模型的立体信息化教学资源库，帮助学生加强对建筑工程识图平法知识和建筑信息模型技术（BIM）知识的理解和掌握。目的是通过学中做，做中学，使学生在学习期间能够进行贴近岗位工作的技能训练。

任务一 ▶ 模板工程专项施工方案编制案例

危险性较大的分部分项工程安全专项施工方案，是指施工单位在编制施工组织（总）设计的基础上，针对危险性较大的分部分项工程单独编制的安全技术措施文件。

专项施工方案编制应当包括以下内容：

（1）工程概况：危险性较大的分部分项工程概况、施工平面布置、施工要求和技术保证条件。

（2）编制依据：相关法律、法规、规范性文件、标准、规范及图纸、施工组织设计等。

（3）施工计划：包括施工进度计划、材料与设备计划。

（4）施工工艺技术：技术参数、工艺流程、施工方法、检查要求等。

（5）施工安全保证措施：组织保障、技术措施、应急预案、监测监控等。

（6）劳动力计划：专职安全生产管理人员、特种作业人员等。

（7）验收要求：验收标准、验收程序、验收内容、验收人员等。

（8）计算书及相关图纸。

本任务选用了一个具有普遍代表性的常规现浇钢筋混凝土小型仓库作为案例，重点介绍该项目模板工程专项施工方案的编制方法，详细演示了模板工程的设计与计算过程。并在设计计算中介绍了一种较为简单和实用的算法，而且配有分析图形，直观形象。

案例 某现浇钢筋混凝土小型仓库，其结构平面布置如图 6-1 所示，工程结构情况详见说明。现要求编制该项目模板工程专项施工方案。

结构说明如下：

（1）图中除注明外，轴线均对梁中；除标高以 m 为单位外，其余均以 mm 为单位。

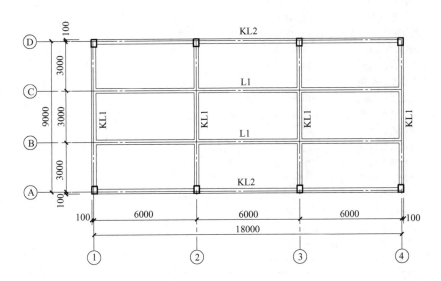

图 6-1　某仓库工程结构平面布置图

（2）板厚均为 90mm，板面标高为 4.470m，梁面标高与板面标高齐平。

（3）图中各构件的截面尺寸如下：

KZ　300mm×400mm；KL1　250mm×900mm；KL2　250mm×600mm；L1　250mm×600mm

（4）柱、梁、板混凝土强度等级均为 C30。

（5）室内外高差为 0.2m，室外地坪至柱下独立基础顶面的距离为 800mm。

（6）地梁标高为 −0.1m。

模板工程专项施工方案编制如下：

某仓库工程
模板专项施工方案

编制：＿＿＿＿＿＿＿＿
审核：＿＿＿＿＿＿＿＿
审批：＿＿＿＿＿＿＿＿

××××年××月××日

封面示意

目录示意

一、编制依据

（一）本工程有关图纸及设计说明
（二）《建筑施工模板安全技术规范》（JGJ 162—2008）
（三）《建筑施工扣件式钢管脚手架安全技术规范》（JGJ 130—2011）
（四）广西壮族自治区地方标准《建筑施工模板及作业平台钢管支架构造安全技术规范》（DB45/T 618—2009）
（五）《混凝土结构工程施工质量验收规范》（GB 50204—2015）
（六）《冷弯薄壁型钢结构技术规范》（GB 50018—2002）
（七）《建筑施工手册》（第 5 版，中国建筑工业出版社）
（八）《建筑施工计算手册》（江正荣编著　中国建筑工业出版社）
（九）《建筑结构荷载规范》（GB 50009—2012）
（十）《建筑结构可靠性设计统一标准》（GB 50068—2018）
（十一）《建筑地基基础设计规范》（GB 50017—2011）
（十二）《钢结构设计标准》（GB 50017—2017）
（十三）《混凝土结构设计规范》（2015 年版）（GB 50010—2010）
（十四）《钢框胶合板模板技术规程》（JGJ 96—2011）
（十五）《混凝土模板用胶合板》（GB/T 17656—2018）
（十六）《建筑施工安全检查标准》（JGJ 59—2011）
（十七）《钢管脚手架扣件》（GB 15831—2006）

二、工程概况

工程名称：某仓库工程；

工程规模：地上一层，建筑面积 167.44m²；

工程结构：基础为柱下独立基础，主体为框架结构。

三、方案选择

应满足施工工期、工程质量和施工安全的要求，故在选择方案时，充分考虑以下几点：

（1）模板及其支架的结构设计，力求做到结构安全可靠，造价经济合理。

（2）在规定的条件下和规定的使用期限内，能够充分满足预期的安全性和耐久性。

（3）选用材料时，力求做到常见通用，可周转利用，便于保养维修。

（4）结构选型时，力求做到受力明确，构造措施到位，搭拆方便，便于检查验收。

（5）必须符合《建筑施工模板安全技术规范》（JGJ 162—2008）、《混凝土结构工程施工质量验收规范》（GB 50204—2015）、《建筑施工扣件式钢管脚手架安全技术规范》（JGJ 130—2011）、《建筑施工模板及作业平台钢管支架构造安全技术规范》（DB45/T 618—2009）等规范的要求。

结合以上原则与本工程的实际情况，并综合考虑以往的施工经验，决定采用胶合板模板，模板支架采用扣件式钢管架。

四、材料选择

采用 18mm 厚胶合板，60mm×90mm 枋木，φ48.3mm×3.6mm 圆钢管。

1. 柱模板

面板采用 18mm 厚胶合板，内楞采用 60mm×90mm 枋木，柱箍采用 φ48.3mm×3.6mm 圆钢管，边角处采用木板条镶补，保证楞角方直、美观；斜向支撑采用 φ48.3mm×3.6mm 钢管、斜向加固（尽量取 45°）；根据实际尺寸验算是否需要采用 M12 对拉螺栓进行加固。

2. 梁模板（扣件钢管架）

侧模、底模均采用 18mm 厚胶合板，内楞采用 60mm×90mm 枋木，外楞采用 φ48.3mm×

3.6mm 圆钢管；承重架采用扣件式钢管脚手架，由扣件、立杆、横杆、扫地杆、支座、垫板组成，采用 ϕ48.3mm×3.6mm 圆钢管；侧模根据实际尺寸验算是否需要采用 M12 对拉螺栓进行加固。

3. 板模板（扣件钢管架）

面板采用 18mm 厚胶合板，板底支撑 60mm×90mm 枋木，承重架采用扣件式钢管脚手架，由扣件、立杆、横杆、封顶杆、扫地杆、支座、垫板组成，采用 ϕ48.3mm×3.6mm 圆钢管。

五、模板安装

（一）模板安装的一般要求

竖向结构钢筋等隐蔽工程验收完毕、施工缝处理完毕后方可准备模板安装。安装柱模前，要清除杂物，调整、固定模板的定位预埋件，做好测量放线工作，抹好模板下的找平砂浆。

模板在现场拼装时，要控制好相邻板面之间拼缝，两板接头处要加设卡板，以防漏浆，拼装完成后用钢丝把模板和竖向钢管绑扎牢固，以保持模板的整体性。拼装的精度要求如下：

（1）两块模板之间拼缝≤1mm。

（2）相邻模板之间高低差≤1mm。

（3）模板平整度≤2mm。

（4）模板平面尺寸偏差±3mm。

（二）模板定位

当地圈梁（基础梁）混凝土浇筑完毕并具有一定强度（≥1.2MPa），即用手按不松软、无痕迹，方可上人开始进行轴线投测。首先引测建筑物的主轴线的控制线，并以该控制线为起点，引出每道细部轴线，根据轴线位置放出细部截面位置尺寸线、模板 500mm 控制线，以便于模板的安装和校正。当地圈梁（基础梁）混凝土浇筑完毕、模板拆除以后，开始引测楼层 500mm 标高控制线，并根据该 500mm 线将板底的控制线直接引测到墙、柱上。

（三）±0.000 以上模板安装要求

1. 柱模板安装顺序

安装前检查→模板定位→柱模安装→垂直度调整→安装柱箍→安装穿柱对拉螺栓→全面检查校正→整体固定。

2. 梁模板安装顺序

弹出梁轴线及水平线并复核→搭设梁模支架→安装梁底楞或梁卡具→安装梁底模板→梁底起拱→绑扎钢筋→安装侧梁模→安装另一侧梁模→安装上下锁口楞、斜撑楞及腰楞和对拉螺栓→复核梁模尺寸、位置→与相邻模板连固。

注：也可以先安装好梁模板后再绑扎钢筋，然后将梁筋整体沉入梁模中。

3. 楼板模板安装顺序

"满堂"脚手架→大楞→小楞→楼板模板安装→模板调整验收→进行下道工序

4. 技术要点

1）柱模板支模为四面支模，柱模板下部要设底框固定定位，上部采用钢管加对拉螺栓作柱箍进行固定，间距按本方案布置。

2）安装柱模前，要对柱子接茬处凿毛，用空压机清除柱根内的杂物，清扫口封闭后要固定好，防止柱子模板根部出现漏浆"烂根"现象。做好测量控制工作，监控柱模垂直度。

3）安装梁底模板：底模要求平直，标高正确。跨度≥4m 时，梁底模应起 1‰～3‰的起拱高度。

4）楼板模板接缝应平直，为防止接缝处漏浆，在接缝处采用粘胶带盖缝。

5）楼板模板当采用单块就位时，宜以每个铺设单元从四周先用阴角模板与墙、梁模板连接，然后向中央铺设，跨度大于 4m 时，中间应起拱 2‰。

（四）模板构造

1. 柱（截面尺寸：300mm×400mm）模板

采用 18mm 胶合板，竖向内楞采用 60mm×90mm 枋木，柱箍采用圆钢管 φ48.3mm×3.6mm。水平方向：柱截面 B 方向间距 138mm、柱截面 H 方向间距 188mm，用可回收的 M12 普通穿墙螺栓加固；竖向间距：同柱箍间距 350mm，四周加钢管抛撑。柱边角处采用木板条找补海棉条封堵，保证楞角方直、美观。斜向支撑每隔 1500mm 一道，采用双向钢管对称斜向加固（尽量取 45°），柱与柱之间采用拉通线检查验收。柱模木楞盖住板缝，以减少漏浆。

2. 梁（截面尺寸：250mm×900mm）模板（扣件钢管架）

面板采用 18mm 胶合板，梁侧模板采用 60mm×90mm 枋木作为立档，间距 350mm；钢管作为外楞，间距不大于 600mm；采用 M12 普通穿墙螺栓加固水平间距 600mm，竖向间距同外楞。梁底支撑采用 60mm×90mm 枋木，间距 350mm；扣件式钢管脚手架作为支撑系统，梁两侧立杆间距 1m，步距 1.6m。

3. 梁（截面尺寸：250mm×600mm）模板（扣件钢管架）

面板采用 18mm 胶合板，梁侧模板采用 60mm×90mm 枋木作为内楞，间距 400mm；梁底支撑采用 60mm×90mm 枋木，间距 400mm；扣件式钢管脚手架作为支撑系统，梁两侧立杆间距 1m，排距 1m，步距 1.6m。

4. 板模板（扣件钢管架）

楼板模板采用 60mm×90mm 枋木做板底支撑，中心间距 500mm，扣件式钢管脚手架作为支撑系统，脚手架立杆排距 1m，跨距 1m，步距 1.6m。

六、模板拆除

1. 模板及其支架在拆除时混凝土强度要达到如下要求

在拆除侧模时，混凝土强度应能保证其表面及棱角不因拆除模板而受损后方可拆除，一般要求达到 1.2MPa；混凝土的底模，其混凝土强度（依据同条件养护试块强度而定）必须符合表 2-3 规定后方可拆除。

2. 拆除模板的顺序与安装模板顺序相反，先支的模板后拆，后支的先拆

（1）柱模板拆除　拆柱模板时，首先拆下对拉螺栓，再松开地脚螺栓，使模板向后倾斜与柱脱开。不得在柱上撬模板，或用大锤砸模板，保证拆模时不晃动混凝土柱。

（2）楼板模板拆除　楼板模板拆除时，先调节顶部支撑头，使其向下移动，达到模板与楼板分离的要求，保留养护用支撑及其上的养护枋木或养护模板，其余模板均落在满堂脚手架上。

3. 模板拆除运至存放地点时，模板保持平放，然后用铲刀、湿布进行清理。支模前刷脱模剂。模板有损坏的地方及时进行修理，以保证使用质量

七、模板技术措施

（一）进场材料质量标准

1. 模板要求

技术性能必须符合相关质量标准（通过收存、检查进场木胶合板出厂合格证和检测报告来检验）。

（1）外观质量检查标准（通过观察检验）：任意部位不得有腐朽、霉斑、鼓包，不得有板边缺损、起毛，每平方米单板脱胶不大于 0.001m²，每平方米污染面积不大于 0.005m²。

（2）规格尺寸标准（每批进场胶合板抽检不少于 3 张）。

①厚度检测方法：用钢卷尺在距板边 20mm 处，长短边分别测 3 点、1 点，取 8 点平均值；各测点与平均值差为偏差。②长、宽检测方法：用钢卷尺在距板边 100mm 处分别测量每张板长、宽各 2 点，取平均值。③对角线差检测方法：用钢卷尺测量两对角线之差。④翘曲度检测方法：用钢直尺量对角线长度，并用楔形塞尺（或钢卷尺）量钢直尺与板面间最大弦高，后者与前者的比值为翘曲度。

2. 钢管要求

钢管表面应平直光滑，不应有裂纹、分层、压痕、划道和硬弯，新用的钢管要有出厂合格证。脚手架施工前必须将入场钢管取样，送有资质的试验单位进行钢管抗弯、抗拉等力学试验，试验结果满足设计要求后，方可在施工中使用。

3. 扣件要求

扣件应符合《钢管脚手架扣件》（GB 15831—2006）的要求，由有扣件生产许可证的生产厂家提供，不得有裂纹、气孔、缩松、砂眼等锻造缺陷，扣件的规格应与钢管相匹配，贴合面应干净，活动部位灵活，夹紧钢管时开口处最小距离不小于 5mm。钢管螺栓拧紧力矩达 70N·m 时不得破坏。如使用旧扣件时，扣件必须取样送有资质的试验单位，进行扣件抗滑力等试验，试验结果满足设计要求后方可在施工中使用。

（二）模板安装质量控制

1. 主控项目控制

（同学训单元二任务四"模板工程质量检查验收及安全文明施工"一、模板工程质量检查验收）

2. 一般项目控制

（同学训单元二任务四"模板工程质量检查验收及安全文明施工"一、模板工程质量检查验收）

3. 现浇结构模板安装的偏差控制

（同学训单元二任务四"模板工程质量检查验收及安全文明施工"一、模板工程质量检查验收）

4. 模板支架的安装控制

（同学训单元三任务二"钢管支架安全技术构造措施"）

5. 模板垂直度控制

（1）对模板垂直度严格控制，在模板安装就位前，必须对每一块模板线进行复测，无误后，方可模板安装。

（2）模板拼装配合，施工员及质检员逐一检查模板垂直度，确保垂直度不超过 3mm，平整度不超过 2mm。

（3）模板就位前，检查顶撑的位置、间距是否满足要求。

6. 模板标高控制

顶板抄测标高控制点，测量抄出混凝土柱上的 500mm 线，根据层高及板厚，沿墙周边弹出楼板模板的底标高线。

7. 模板的变形控制

（1）模板支立后，拉水平、竖向通线，保证混凝土浇筑时易观察模板变形，跑位；

（2）浇筑前认真检查螺栓、顶撑及斜撑是否松动；

（3）模板支立完毕后，禁止模板与脚手架拉结。

8. 模板的拼缝、接头控制

模板拼缝、接头不密实时，用塑料密封条堵塞；钢模板如发生变形时，及时修整。

9. 清扫口的留置

楼梯模板清扫口留在平台梁下口，清扫口为 50mm×100mm 大小，以便用空压机清扫模内的杂物，清理干净后，用木胶合板背订枋木固定。

10. 模板底部起拱控制

跨度小于 4m 不起拱；4～6m 的板起拱 10mm；跨度大于 6m 的板起拱 15mm。

11. 工种配合控制

合模前与钢筋、水、电安装等工种协调配合，合模通知书发放后方可合模。

12. 混凝土浇筑时，所有墙板全长、全高拉通线，边浇筑边校正墙板垂直度，每次浇筑时，均派专人专职检查模板，发现问题及时解决

13. 为提高模板周转、安装效率，事先按工程轴线位置、尺寸将模板编号，以便定位使用。拆除后的模板按编号整理、堆放。安装操作人员应采取定段、定编号负责制

（三）其他注意事项

在模板工程施工过程中，严格按照模板工程质量控制程序施工，另外对于一些质量通病制定预防措施，防患于未然，以保证模板工程的施工质量。严格执行交底制度，操作前必须有专项的施工方案和给施工队伍的书面形式的技术交底。

（1）胶合板选统一规格，面板平整光洁、防水性能好的。

（2）进场枋木先压刨平直统一尺寸，并码放整齐，枋木下口要垫平。

（3）模板配板后四边弹线刨平，以保证柱子、楼板阳角顺直。

（4）柱模板安装基层找平，并粘贴海棉条，模板下端与事先做好的定位基准靠紧，以保证模板位置正确和防止模板底部漏浆。

（5）支柱所设的水平撑与剪刀撑，按构造与整体稳定要求布置。

（四）脱模剂及模板堆放、维修

（1）木胶合板选择水性脱模剂，在安装前将脱膜剂刷上，防止过早刷上后被雨水冲洗掉。钢模板用油性脱模剂，机油：柴油＝2：8。

（2）模板贮存时，其上要有遮蔽，其下垫有垫木。垫木间距要适当，避免模板变形或损伤。

（3）装卸模板时轻装轻卸，严禁抛掷，并防止碰撞，损坏模板。周转模板分类清理、堆放。

（4）拆下的模板，如发现翘曲、变形，及时进行修理，破损的板面及时进行修补。

八、安全、环保文明施工措施

（1）支模前必须搭好相关脚手架。

（2）浇筑混凝土前必须检查支撑是否可靠，扣件是否松动。浇筑混凝土时必须由模板支设班组设专人看模，随时检查支撑是否变形、松动，并组织及时恢复。经常检查支设模板吊钩、斜支撑及平台连接处螺栓是否松动，发现问题及时组织处理。

（3）拆模时操作人员必须挂好、系好安全带。

（4）在拆模前不准将脚手架拆除；拆除顶板模板前划定安全区域和安全通道，将非安全通道用钢管、安全网封闭，挂"禁止通行"安全标志，操作人员不得在此区域作业。

（5）木工机械必须严格使用倒顺开关和专用开关箱，一次线不得超过 3m，外壳接保护零线，且绝缘良好。电锯和电刨必须接漏电保护器，锯片不得有裂纹（使用前检查，使用中随时检查），且电锯必须具备皮带防护罩、锯片防护罩、分料器和护手装置。使用木工多功

能机械时严禁电锯和电刨同时使用；使用木工机械严禁戴手套；长度小于 50cm 或厚度大于锯片半径的木料严禁使用电锯；两人操作时相互配合，不得硬拉硬拽；机械停用时断电加锁。

（6）环保与文明施工。夜间 22：00～6：00 之间现场停止模板加工和其他模板作业。现场模板加工垃圾及时清理，并存放进指定垃圾站，做到工完场清。整个模板堆放场地与施工现场要达到整齐有序、干净无污染、低噪声、低扬尘、低能耗的整体效果。

九、模板计算书

◆ 已知条件

1. 材料的强度设计值

（1）胶合板：抗弯强度设计值 $f_m=15N/mm^2$；抗剪强度设计值 $f_v=1.4N/mm^2$。

（2）枋木：抗弯强度设计值 $f_m=13N/mm^2$；抗剪强度设计值 $f_v=1.3N/mm^2$。

（3）$\phi48.3mm\times3.6mm$ 钢管：抗拉、抗压强度设计值 $f=205N/mm^2$；

抗弯强度设计值 $f_m=205N/mm^2$；

抗剪强度设计值 $f_v=120N/mm^2$。

2. 材料的弹性模量

（1）枋木的弹性模量：$E=9000N/mm^2$；

（2）木胶合板的弹性模量：$E=6000N/mm^2$；

（3）钢管的弹性模量：$E=206000N/mm^2$。

3. $\phi48.3mm\times3.6mm$ 钢管的截面几何特征

（1）截面面积 $A=506mm^2$；

（2）截面惯性矩 $I=1.271\times10^5mm^4$；

（3）抗弯截面模量 $W_z=5260mm^3$。

4. 配套 3 形扣件型号为 12 型，其容许荷载为 12kN

5. 模板的允许挠度

$$[v]=\frac{L}{400}，L 为模板的计算跨度。$$

◆ 主要受力构件的设计计算过程

注：在梁、板、柱与墙的模板设计中，梁模板的设计计算较为繁琐，本案例对梁模板设计计算的解释也较为详细。初学者可根据本书的特点，先学习梁模板的计算，在掌握梁模板的设计计算后，对板、柱模板的设计计算也会触类旁通。

（一）柱模板计算书

柱模板的支撑由两层组成，第一层为直接支撑模板的竖楞，用以支撑混凝土对模板的侧压力；第二层为支撑竖楞的柱箍，用以支撑竖楞所受的压力；柱箍之间用对拉螺栓相互拉接，形成一个完整的柱模板支撑体系。柱施工支模示意如图 6-2 所示。

柱截面宽度 B：300mm；柱截面高度 H：400mm；柱模板的总计算高度：$H=3.7m$。

注：柱模板的计算高度：$H=4.5+0.1-0.9=3.7(m)$

1. 参数信息

（1）基本参数

柱截面宽度 B 方向对拉螺栓数目：1；　柱截面宽度 B 方向竖楞数目：3；

柱截面高度 H 方向对拉螺栓数目：1；　柱截面高度 H 方向竖楞数目：3；

对拉螺栓直径（mm）：M12。

（2）柱箍信息

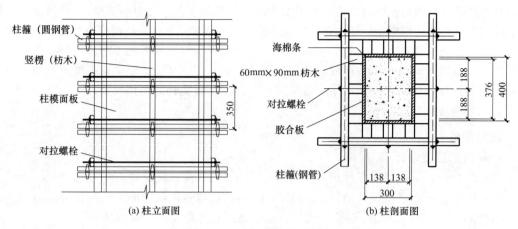

图 6-2　柱施工支模示意图

柱箍材料：钢楞；　　　　　　　　　　截面类型：圆钢管 48.3mm×3.6mm；
钢楞截面惯性矩 I：12.71cm^4；　　　　钢楞截面抵抗矩 W：5.260cm^3；
柱箍的间距：350mm；　　　　　　　　柱箍肢数：2。
（3）竖楞信息
竖楞材料：枋木；　　宽度：60mm；　　高度：90mm；　　竖楞肢数：1。
（4）面板参数
面板类型：木胶合板；　　面板厚度：18mm；　　面板弹性模量：6000N/mm^2；
面板抗弯强度设计值 f_m：15N/mm^2；面板抗剪强度设计值 f_v：1.4N/mm^2。
（5）枋木和钢楞
枋木抗弯强度设计值 f_m：13.00N/mm^2；　　枋木抗剪强度设计值 f_v：1.30N/mm^2；
枋木弹性模量 E：9000N/mm^2；　　钢楞弹性模量 E：206000N/mm^2；
钢楞抗弯强度设计值 f_m：205N/mm^2。

2. 柱模板荷载的计算

（1）新浇混凝土作用于模板的最大侧压力标准值 G_{4k}，按下列公式计算，并取其中的较小值：

$$F=0.22\gamma_c t_0 \beta_1 \beta_2 V^{1/2} \qquad F=\gamma_c H$$

式中　F——新浇筑混凝土对模板的最大侧压力，kN/m^2；
　　　γ_c——混凝土的重力密度，取 24.000kN/m^3；
　　　t_0——新浇筑混凝土的初凝时间，h，可按实测确定；当缺乏试验资料时，可采用 $t_0=200/(T+15)$ 计算（T 为混凝土的入模温度，取 20℃）；
　　　V——混凝土的浇筑速度，取 3m/h；
　　　H——混凝土侧压力计算位置处至新浇筑混凝土顶面的总高度，取 3.7m；
　　　β_1——外加剂影响修正系数，取 1.2；
　　　β_2——混凝土坍落度影响修正系数，取 1.15。
根据以上两个公式计算的新浇筑混凝土对模板的最大侧压力 F，分别为：

$$F=0.22\gamma_c t_0 \beta_1 \beta_2 V^{1/2}=0.22\times24\times\frac{200}{20+15}\times1.2\times1.15\times3^{1/2}=72.12(\text{kN/m}^2)$$

$$F=\gamma_c H=24\times3.7=88.80(\text{kN/m}^2)$$

取较小值 72.12kN/m^2 作为计算荷载。
计算中采用新浇混凝土侧压力标准值 $G_{4k}=72.12$kN/m^2。

（2）当采用溜槽、串筒或导管时，倾倒混凝土产生的荷载标准值 $Q_{3k}=2.0\mathrm{kN/m^2}$。

（3）强度验算要考虑新浇混凝土侧压力 G_{4k} 和倾倒混凝土时产生的荷载 Q_{3k}；挠度验算只考虑新浇混凝土侧压力 G_{4k}。

① 强度验算时的荷载组合设计值：

由可变荷载效应控制的组合：$(72.12\times1.2+2\times1.4)\times0.9=80.41(\mathrm{kN/m^2})$；

由永久荷载效应控制的组合：$(72.12\times1.35+2\times1.4\times0.7)\times0.9=89.39(\mathrm{kN/m^2})$；

取强度验算的荷载设计值 q_1：$89.39\mathrm{kN/m^2}$。

② 挠度验算时的荷载设计值 q_2：$72.12\mathrm{kN/m^2}$。

3. 柱模板面板的计算

模板结构构件中的面板属于受弯构件，按简支梁或连续梁计算。本工程中取柱截面宽度 B 方向和 H 方向中竖楞间距最大的面板作为验算对象，进行强度、刚度计算。

由前述参数信息可知，柱截面高度 H 方向竖楞间距最大，计算跨度为 $l_0=188\mathrm{mm}$，且竖楞数为 3，面板为两跨，因此柱截面高度 H 方向面板按均布荷载作用下的两跨连续梁进行计算。

（1）取 1000mm 宽板带进行计算，面板上的面荷载的值即为线荷载的值，其计算简图如图 6-3 所示。

计算简图的简化详见图 6-4。

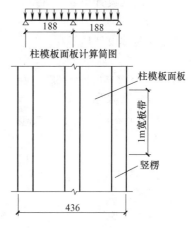

图 6-4　柱模板面板受荷正立面图

强度验算：89.39kN/m；挠度验算：72.12kN/m

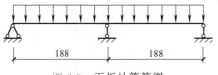

图 6-3　面板计算简图

（2）抗弯强度验算：

$$\sigma=\frac{M}{W}=\frac{Kq_1l^2}{W}=\frac{0.125\times89.39\times188^2}{\dfrac{1000\times18^2}{6}}=7.31(\mathrm{N/mm^2})<f_m=15\mathrm{N/mm^2}$$

所以满足要求。

（3）抗剪强度验算

$$\tau=\frac{3Q}{2A}=\frac{3Kq_1l}{2A}=\frac{3\times0.625\times89.39\times188}{2\times1000\times18}=0.88(\mathrm{N/mm^2})<f_v=1.4\mathrm{N/mm^2}$$

所以满足要求。

（4）挠度验算：

$$v=\frac{Kq_2l^4}{100EI}=\frac{0.521\times72.12\times188^4}{100\times6000\times\dfrac{1000\times18^3}{12}}=0.16(\mathrm{mm})<\frac{l}{400}=\frac{188}{400}=0.47(\mathrm{mm})$$

所以满足要求。

4. 竖楞枋木的计算

竖楞采用枋木，截面尺寸 $b×h＝60mm×90mm$；长度：1500mm。

考虑 B 方向和 H 方向布置相同，但明显 H 方向的竖楞承受荷载较大，故仅验算 H 方向的中部竖楞。

本工程柱模板计算高度为 3.7m，竖楞的计算跨度（柱箍间距）：$l＝350mm$，考虑竖楞枋木的实际长度，竖楞跨数大于 3 跨，因此按均布荷载作用下的三跨连续梁计算。计算简图如图 6-5 所示。

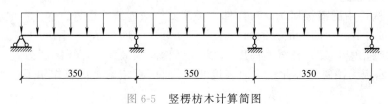

图 6-5　竖楞枋木计算简图

计算简图的简化详见图 6-6。

（1）荷载计算

验算强度荷载设计值 q_3：$89.39×0.2＝17.88(kN/m)$

验算挠度荷载设计值 q_4：$72.12×0.2＝14.42(kN/m)$

注：0.2 为中间竖楞的负载宽度。

（2）抗弯强度验算

$$\sigma=\frac{M}{W}=\frac{Kq_3l^2}{W}=\frac{0.1×17.88×350^2}{\frac{60×90^2}{6}}$$

$$=2.70(MPa)<f_m=13MPa$$

所以满足要求。

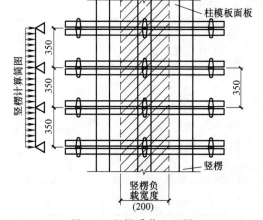

图 6-6　竖楞受荷立面图

（3）抗剪强度验算

$$\tau=\frac{3Q}{2A}=\frac{3Kq_3l}{2A}=\frac{3×0.6×17.88×350}{2×60×90}=1.04(N/mm^2)<f_v=1.3N/mm^2$$

所以满足要求。

（4）挠度验算

$$v=\frac{Kq_4l^4}{100EI}=\frac{0.677×14.42×350^4}{100×9000×\frac{60×90^3}{12}}=0.04(mm)<\frac{l}{400}=\frac{350}{400}=0.875(mm)$$

所以满足要求。

5. 柱箍的计算

柱箍采用钢楞，截面类型为圆钢管 $\phi48.3mm×3.6mm$；考虑 B 方向和 H 方向布置相同，但明显 H 方向柱箍承受荷载较大，故仅验算 H 方向的柱箍。

柱箍为 2 跨，按集中荷载作用下二等跨连续梁计算，计算跨度（即对拉螺栓间距）：

$$l_0=\frac{400}{2}+18+90+\frac{48.3}{2}=332.15(mm)$$。计算简图如图 6-7 所示。

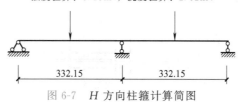

强度验算：3.13kN；挠度验算：2.52kN

图 6-7　H 方向柱箍计算简图

注：1. 计算简图的简化详见图 6-8。

2. 本工程柱子截面较小，也可以不在柱子中部设对拉螺栓，考虑到大家初次学习模板设计，故在本算例中设置了对拉螺栓，以便学会对拉螺栓的算法。如果不在柱子中部设对拉螺栓，则柱箍就按单跨简支梁计算。

（1）荷载计算

其中竖楞枋木传递到柱箍的集中荷载：（亦可以简化为满跨布置的均布荷载）

验算强度荷载设计值 F_1：$89.39 \times 0.35 \times 0.1 = 3.13(\mathrm{kN}) = 3130(\mathrm{N})$

验算挠度荷载设计值 F_2：$72.12 \times 0.35 \times 0.1 = 2.52(\mathrm{kN}) = 2520(\mathrm{N})$

为简化计算，将集中荷载作用点移至跨中。

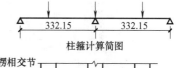

柱箍计算简图

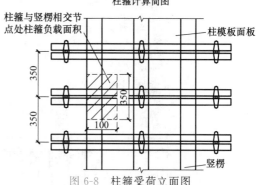

图 6-8　柱箍受荷立面图

（2）抗弯强度验算

$$\sigma = \frac{M}{W} = \frac{KF_1 l}{W} = \frac{0.188 \times 3130 \times 332.15}{5260} = 37.16(\mathrm{N/mm^2}) < f_m = 205\mathrm{N/mm^2}$$

所以满足要求。

（3）抗剪强度验算（可不作验算）

$$\tau = \frac{2Q}{A} = \frac{2KF_1}{A} = \frac{2 \times 0.688 \times 3130}{506} = 8.51(\mathrm{N/mm^2}) < f_v = 120\mathrm{N/mm^2}$$

所以满足要求。

（4）挠度验算

$$v = \frac{KF_2 l^3}{100EI} = \frac{0.911 \times 2520 \times 332.15^3}{100 \times 2.06 \times 10^5 \times 1.271 \times 10^5} = 0.032(\mathrm{mm}) < \frac{l}{250} = \frac{332.15}{250} = 1.329(\mathrm{mm})$$

所以满足要求。

6. 对拉螺栓的计算

考虑 B 方向和 H 方向布置相同，但明显 H 方向的对拉螺栓承受荷载较大，故仅验算 H 方向中部的对拉螺栓。

对拉螺栓的型号：M12。

3 形扣件：12 型。

计算公式如下：　　　　　　　　　　$N < N_t^b$

式中　N_t^b——M12 对拉螺栓和 3 形扣件的允许荷载二者中的较小值；

N——对拉螺栓所受的拉力。

$$N = 89.39 \times 0.35 \times 0.2 = 6.26(\mathrm{kN}) < N_t^b = 12\mathrm{kN}$$

所以满足要求。

计算简图的简化详见图 6-9。

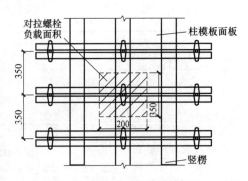

图 6-9　对拉螺栓受荷平面图

(二) 梁模板计算过程

梁施工支模示意如图 6-10 所示。

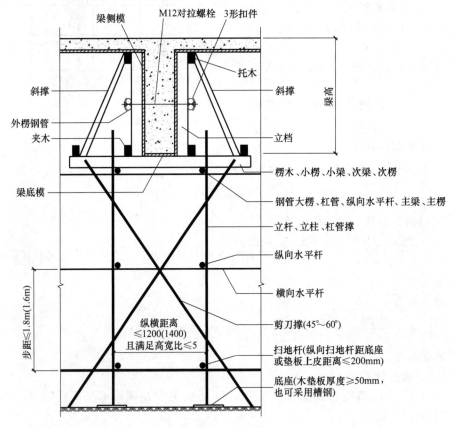

图 6-10　梁施工支模示意图

注：考虑到全国各地支模方式可能不同，在模板设计计算过程中应给出各种构件的支模示意图。

1. 底模验算

选取模板截面尺寸：$b \times h = 250\text{mm} \times 18\text{mm}$；长度：1830mm；

计算跨度（小楞间距）：KL1　350mm；KL2　400mm。

按三等跨连续梁计算（也可根据 JGJ 162—2008 规范的要求，简化为简支梁），计算简图如图 6-11 所示。

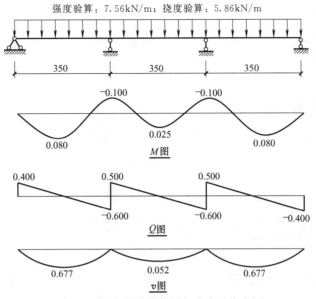

图 6-11　梁底模计算简图与内力及挠度图

注：1. 上述 M、Q 和 v 图中的数字均为系数，从附录 B 中可直接查出，实际 $M=$ 图中系数 $\times ql^2$；$Q=$ 图中系数 $\times ql$；$v=$ 图中系数 $\times ql^4/100EI$。

2. 计算简图的简化详见图 6-12。

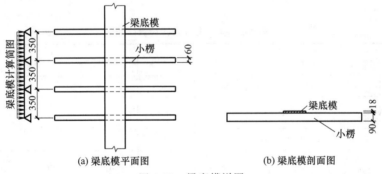

图 6-12　梁底模详图

（1）荷载计算（仅以 KL1 为例）

梁底模所受荷载计算详见表 6-1。

表 6-1　梁底模荷载计算

梁编号	KL1
梁截面	$250mm \times 900mm$
底模自重标准值 G_{1k}	$0.25 \times 0.5 = 0.125(kN/m)$
混凝土自重标准值 G_{2k}	$0.25 \times 0.9 \times 24 = 5.4(kN/m)$
钢筋荷载标准值 G_{3k}	$0.25 \times 0.9 \times 1.5 = 0.34(kN/m)$
振捣混凝土荷载标准值 Q_{2k}	$0.25 \times 2 = 0.5(kN/m)$
验算强度时 $q(q_1)$	由可变荷载效应控制的组合： $[(0.125+5.4+0.34) \times 1.2+0.5 \times 1.4] \times 0.9 = 6.96(kN/m)$ 由永久荷载效应控制的组合： $[(0.125+5.4+0.34) \times 1.35+0.5 \times 1.4 \times 0.7] \times 0.9 = 7.56(kN/m)$，取 $q=7.56kN/m$
验算挠度时 $q(q_2)$	$0.125+5.4+0.34 = 5.86(kN/m)$

213

（2）抗弯强度验算：

$$\sigma=\frac{M}{W}=\frac{Kq_1l^2}{\frac{bh^2}{6}}=\frac{0.100\times7.56\times350^2}{\frac{250\times18^2}{6}}=6.86(\text{N/mm}^2)<f_\text{m}=15\text{N/mm}^2$$

所以满足要求。

（3）抗剪强度验算（也可不算）

$$\tau=\frac{3Q}{2A}=\frac{3Kq_1l}{2A}=\frac{3\times0.600\times7.56\times350}{2\times250\times18}=0.53(\text{N/mm}^2)<f_\text{v}=1.4\text{N/mm}^2$$

所以满足要求。

（4）挠度验算：

$$v=\frac{Kq_2l^4}{100EI}=\frac{0.677\times5.86\times350^4}{100\times6000\times\frac{250\times18^3}{12}}=0.817(\text{mm})<\frac{l}{400}=\frac{350}{400}=0.875(\text{mm})$$

所以满足要求。

注：从多次"试算"过程可知，要想设计出安全、经济、可行的模板支撑，其计算过程是比较繁琐的，需要经过多次"试算"，即反复计算。由于"试算"都是将不同的数据套用同样的公式，因此，若利用 Excel 程序进行计算，则可以通过程序自带的公式计算功能，解决上述问题，比手算更快更准确，且各次计算结果一目了然，比较方便设计，表 6-2 即为梁底模的 Excel 计算过程。Excel 不仅可存放数字、文字，也可存放公式及计算结果等。当单元格中的数值发生变化时，Excel 程序将自动修改这些公式的计算结果。当输入某个工程的设计计算书模式后，也可在别的工程中使用，只需输入新工程的有关数据即可得到新的结果。

表 6-2　梁底模 Excel 计算表格

抗弯强度验算	弯矩系数 K	q/(kN/m)	跨度 l/mm	M/N·mm	b/mm	h/mm	W/mm³	σ/(N/mm²)	f_m/(N/mm²)	是否满足
	0.1	7.564	350	92659	250	18	13500	6.86	15	满足要求
抗剪强度验算	剪力系数 K	q/(kN/m)	跨度 l/mm	Q/N	b/mm	h/mm	A/mm²	τ/(N/mm²)	f_v/(N/mm²)	是否满足
	0.6	7.564	350	1588.44	250	18	4500	0.53	1.4	满足要求
挠度验算	挠度系数 K	q/(kN/m)	跨度 l/mm	E/(N/mm²)	b/mm	h/mm	I/mm⁴	v/mm	$L/400$/mm	是否满足
	0.677	5.863	350	6000	250	18	121500	0.817	0.875	满足要求

如将小楞的间距由 350mm 改为 600mm，其计算表格如表 6-3 所示。

表 6-3　梁底模 Excel 计算表格

抗弯强度验算	弯矩系数 K	q/(kN/m)	跨度 l/mm	M/N·mm	b/mm	h/mm	W/mm³	σ/(N/mm²)	f_m/(N/mm²)	是否满足
	0.1	7.564	600	272304	250	18	13500	20.17	15	不满足
抗剪强度验算	剪力系数 K	q/(kN/m)	跨度 l/mm	Q/N	b/mm	h/mm	A/mm²	τ/(N/mm²)	f_v/(N/mm²)	是否满足
	0.6	7.564	600	2723.04	250	18	4500	0.91	1.4	满足
挠度验算	挠度系数 K	q/(kN/m)	跨度 l/mm	E/(N/mm²)	b/mm	h/mm	I/mm⁴	v/mm	$L/400$/mm	是否满足
	0.677	5.863	600	6000	250	18	121500	7.056	1.5	不满足

注：由此可以看出，如采用 Excel 进行试算，很方便看出抗弯强度和刚度不满足要求，因此可以得出梁底模的小楞布置不合适，应修改布置，重新计算。

2. 小楞验算

选取楞木截面尺寸：$b \times h = 60\text{mm} \times 90\text{mm}$；长度：1500mm。

计算跨度（立杆横距）：KL1　$l_{b1} = 1000\text{mm}$。

按简支梁计算，计算简图如图 6-13 所示。计算简图的简化详见图 6-14。

强度验算：10.59kN/m；挠度验算：8.21kN/m

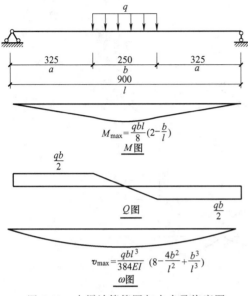

$$M_{\max} = \frac{qbl}{8}\left(2 - \frac{b}{l}\right)$$

M 图

$$v_{\max} = \frac{qbl^3}{384EI}\left(8 - \frac{4b^2}{l^2} + \frac{b^3}{l^3}\right)$$

ω 图

图 6-13　小楞计算简图与内力及挠度图

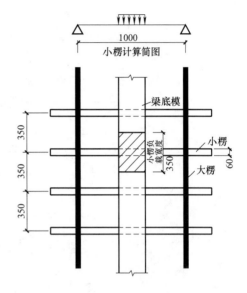

图 6-14　小楞受荷平面图

（1）荷载计算

验算强度时 q_3：$\dfrac{7.56 \times 350}{250} = 10.59(\text{kN/m})$

验算挠度时 q_4：$\dfrac{5.86 \times 350}{250} = 8.21(\text{kN/m})$

（2）抗弯强度验算

$$\sigma = \frac{M}{W} = \frac{\dfrac{q_3 bl}{8}\left(2 - \dfrac{b}{l}\right)}{W} = \frac{\dfrac{10.59 \times 250 \times 1000}{8} \times \left(2 - \dfrac{250}{1000}\right)}{\dfrac{60 \times 90^2}{6}} = 7.15(\text{N/mm}^2) < f_m = 13\text{N/mm}^2$$

所以满足要求。

（3）抗剪强度验算

$$\tau = \frac{3Q}{2A} = \frac{3q_3 b/2}{2A} = \frac{3 \times 0.5 \times 10.59 \times 250}{2 \times 60 \times 90} = 0.37(\text{N/mm}^2) < f_v = 1.3\text{N/mm}^2$$

所以满足要求。

（4）挠度验算

$$v = \frac{q_4 bl^3}{384EI}\left(8 - \frac{4b^2}{l^2} + \frac{b^3}{l^3}\right) = \frac{8.21 \times 250 \times 1000^3}{384 \times 9000 \times \dfrac{60 \times 90^3}{12}} \times \left(8 - \frac{4 \times 250^2}{1000^2} + \frac{250^3}{1000^3}\right)$$

$$= 1.265(\text{mm}) < \frac{l}{400} = 2.5\text{mm}$$

所以满足要求。

215

3. 钢管大楞验算

选取钢管 $\phi48.3mm\times3.6mm$，钢管大楞跨度（即立杆纵距）取 1000mm 计，按三等跨连续梁计算。枋木小楞间距为 350mm，作用在钢管上的集中荷载间距均按 330mm 作近似简化计算。另外，尚应考虑到荷载的最不利布置，近似认为图 6-15 所示情况可以求得最大的支座负弯矩，其计算简图如图 6-15 所示。

强度验算：1324N；挠度验算：1026N

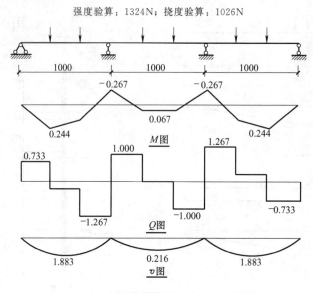

图 6-15　大楞计算简图与内力及挠度图

注：1. 上述 M、Q 和 v 图中的数字均为系数，从附录 B 中可直接查出，实际 $M=$ 图中系数 $\times Fl$；$Q=$ 图中系数 $\times F$；$v=$ 图中系数 $\times Fl^3/(100EI)$。

2. 计算简图的简化详见图 6-16。

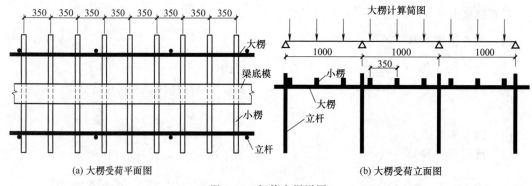

(a) 大楞受荷平面图　　　　　　　　(b) 大楞受荷立面图

图 6-16　钢管大楞详图

3. 模板设计计算只是一个验算承载力的过程，在精确计算遇到困难时，可以简化，简化到一种保守的状态，只要在保守状态验算通过，那实际情况肯定能满足工程中的安全承载和变形的要求。

4. 本次对作用在钢管上的集中荷载间距均按 330mm 作近似简化的原因：

(1) 如不简化，则每跨的荷载作用位置都不同，其布置如图 6-17 所示，而且无法确定最不利荷载作用位置。

(2) 本次简化偏于保守是切实可行的。

(3) 采用上述简化后，可以简化计算。

(4) 当考虑荷载的最不利布置时，将两个集中力简化至跨中，如图 6-15 所示。这样就可以直接利用附录 B 中的系数，直接求出大楞的内力和挠度。

5. 另外，还可以进行如下简化：对于钢管大楞，当楞木的间距≤400mm 或大楞每跨的集中荷载个数较多时，一般不少于三个，可近似按均布荷载作用下的多跨连续梁计算，此时，把小楞传来的集中荷载除以小楞间距即得均布荷载，即 $q = \dfrac{F \times \dfrac{1000}{350}}{1000} = \dfrac{F}{350}$。

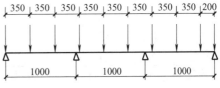

图 6-17　钢管大楞实际承受荷载计算简图

6. 如果要精确求出钢管大楞的内力和挠度，可用电算软件《结构力学求解器》来求解内力和变形。在学习过《结构力学》课程后很容易学会《结构力学求解器》软件的操作。如图 6-18 所示是启动软件后的工作界面。大楞的弯矩如图 6-19 所示。

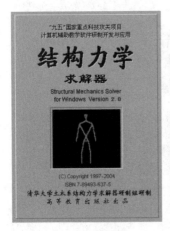
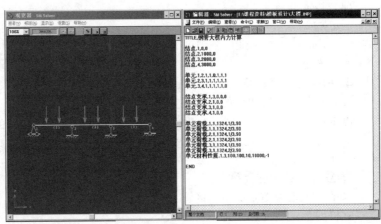

图 6-18　结构力学求解器工作界面

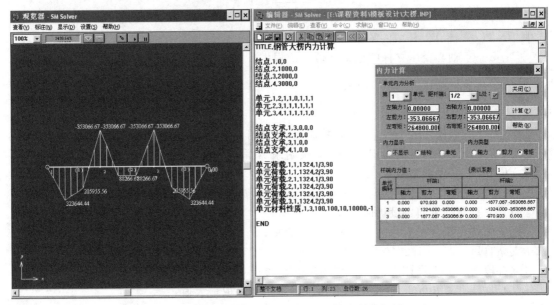

图 6-19　结构力学求解器所求的钢管大楞弯矩图

（1）荷载计算

验算强度时 F_1：$\dfrac{10.59 \times 250}{2} = 1324(\text{N})$

验算挠度时 F_2：$\dfrac{8.21\times250}{2}=1026(\text{N})$

（2）抗弯强度验算

$$\sigma=\frac{M}{W}=\frac{KF_1l}{W}=\frac{0.267\times1324\times1000}{5260}=67.21(\text{N/mm}^2)<f_\text{m}=205\text{N/mm}^2$$

所以满足要求。

（3）抗剪强度验算（可不验算）

$$\tau=\frac{2Q}{A}=\frac{2KF_1}{A}=\frac{2\times1.267\times1324}{506}=6.63(\text{N/mm}^2)<f_\text{v}=120\text{N/mm}^2$$

所以满足要求。

（4）挠度验算

$$v=\frac{KF_2l^3}{100EI}=\frac{1.883\times1026\times1000^3}{100\times2.06\times10^5\times1.271\times10^5}=0.738(\text{mm})<\frac{l}{400}=\frac{1000}{400}=2.5(\text{mm})$$

所以满足要求。

4. 扣件抗滑移验算

直角扣件、旋转扣件的单扣件抗滑承载力设计值 $R_\text{c}=8\text{kN}$。

以 KL1：$250\text{mm}\times900\text{mm}$ 为例，由钢管大楞传给每根立柱的力近似为：

$R=1324\times3=3972(\text{N})=3.972(\text{kN})<R_\text{c}=8\text{kN}$，满足要求。

注：3 为小楞通过大楞、扣件最终传给立杆的集中荷载的个数。

5. 立杆的稳定性计算

水平杆步距为 1600mm，钢管：$\phi48.3\text{mm}\times3.6\text{mm}$

立杆的稳定性计算公式

$$\frac{N_\text{ut}}{\varphi AK_\text{H}}\leqslant f$$

式中　N_ut——计算立杆段的轴向力设计值，N；

　　　φ——轴心受压立杆的稳定系数，应根据长细比 λ 由附录 C 采用；

　　　λ——长细比，$\lambda=\dfrac{l_0}{i}\leqslant210$；

　　　l_0——立杆计算长度，mm；

　　　i——截面回转半径，mm，按附录 A 采用，取 15.86mm；

　　　A——立杆的截面面积，mm^2，按附录 A 采用，取 506mm^2；

　　　K_H——高度调整系数；

　　　f——钢材的抗压强度设计值，N/mm^2，按表 4-6 采用，取 205N/mm^2。

（1）立杆段的轴向力设计值计算

钢管大楞传给每根立柱的力：$N_1=3.972\text{kN}$

支架自重：$N_2=1.2\times0.15\times4.5\times0.9=0.729(\text{kN})$

立杆段的轴向力设计值：$N_\text{ut}=3.972+0.729=4.701(\text{kN})$

（2）立杆计算长度 l_0 应按下列表达式计算的结果取最大值：

$$l_0=h+2a \qquad\qquad l_0=k\mu h$$

式中　h——立杆步距，mm，取 1600mm；

　　　a——模板支架立杆伸出顶层横向水平杆中心线至模板支撑点的长度，mm，取 300mm；

　　　k——计算长度附加系数，按附录 D 计算，取 1.163；

μ——考虑支架整体稳定因素的单杆等效计算长度系数，按附录 D 采用。

根据 $h/l_a = \dfrac{1.6}{1} = 1.6$、$h/l_b = \dfrac{1.6}{1} = 1.6$，查附表 D-1 得 $\mu = 1.473$（其中，l_a 为立杆纵距，取 1m；l_b 为立杆横距，取 1m。）

$$l_{01} = h + 2a = 1600 + 2 \times 300 = 2200 \text{(mm)}$$
$$l_{02} = k\mu h = 1.163 \times 1.473 \times 1600 = 2741 \text{(mm)}$$

取最大值：$l_0 = 2741\text{mm}$

（3）长细比：$\lambda = \dfrac{l_0}{i} = \dfrac{2741}{15.86} = 172.82 < [\lambda] = 210$

（4）查附录 C，线性插值得 $\varphi = 0.236$

（5）当模板支架高度超过 4m 时，应采用高度调整系数 K_H 对立杆的稳定承载力进行调降，按下列公式计算：

$$K_H = \frac{1}{1 + 0.005(H-4)} = \frac{1}{1 + 0.005 \times (4.5-4)} = 0.998$$

（6）立杆稳定性验算：

$$\frac{N_{ut}}{\varphi A K_H} = \frac{4701}{0.236 \times 506 \times 0.998} = 39.45 \text{(N/mm}^2) \leqslant f = 205\text{N/mm}^2$$

所以满足要求。

注：按 DB45/T 618—2009 规范中的规定，可以不做立杆稳定性计算。

6. 侧模验算

以 KL1：250mm×900mm 为例。

梁侧模截面尺寸采用 $b \times h = 810\text{mm} \times 18\text{mm}$，长度 1830mm，立档采用 60mm×90mm 枋木条立放，间距与小楞相同，即侧模计算跨度为 350mm。

（1）荷载计算

① 混凝土侧压力标准值 G_{4k}：

$$F = 0.22\gamma_c t_0 \beta_1 \beta_2 V^{1/2} = 0.22 \times 24 \times \frac{200}{20+15} \times 1.2 \times 1.15 \times 2^{1/2} = 58.88 \text{(kN/m}^2)$$
$$F = \gamma_c H = 24 \times 0.9 = 21.6 \text{(kN/m}^2)$$

经计算且取较小值后得 KL1 250mm×900mm 梁的侧模荷载标准值 G_{4k} 为 21.6kN/m²；且有效压头高度为 $h = F/\gamma_c = 21.6/24 = 0.9$（m）。

② 振捣混凝土时产生的荷载标准值 Q_{2k} 为 4kN/m²，则强度验算荷载设计值：

由可变荷载效应控制的组合：$0.9 \times (21.6 \times 1.2 + 4 \times 1.4) = 28.37$（kN/m²）；

由永久荷载效应控制的组合：$0.9 \times (21.6 \times 1.35 + 4 \times 1.4 \times 0.7) = 29.77$（kN/m²）；

故强度验算荷载设计值取为 29.77kN/m²；

挠度验算荷载设计值：21.6kN/m²。

（2）侧模面板验算

按三等跨连续梁计算（也可按简支梁计算），其计算简图如图 6-20 所示：

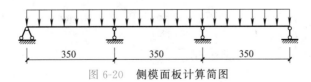

图 6-20　侧模面板计算简图

计算简图的简化详见图 6-21。

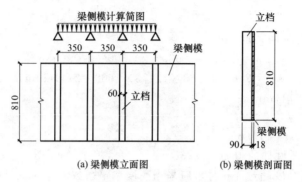

图 6-21　梁侧模受荷图

① 荷载计算

强度验算时线性荷载：$q_1=29.77×0.81=24.12(kN/m)$

挠度验算时线性荷载：$q_2=21.6×0.81=17.50(kN/m)$

② 抗弯强度验算

$$\sigma=\frac{M}{W}=\frac{Kq_1l^2}{W}=\frac{0.100×24.12×350^2}{\dfrac{810×18^2}{6}}=6.75(N/mm^2)<f_m=15N/mm^2$$

所以满足要求。

③ 抗剪强度验算（也可不验算）

$$\tau=\frac{3Q}{2A}=\frac{3Kq_1l}{2A}=\frac{3×0.600×24.12×350}{2×810×18}=0.52(N/mm^2)<f_v=1.4N/mm^2$$

所以满足要求。

④ 挠度验算

$$v=\frac{Kq_2l^4}{100EI}=\frac{0.677×17.5×350^4}{100×6000×\dfrac{810×18^3}{12}}=0.75(mm)<\frac{l}{400}=0.875mm$$

所以满足要求。

强度验算：10.42kN/m；挠度验算：7.56kN/m

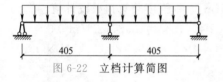

图 6-22　立档计算简图

（3）立档验算

以 KL1 为例。

梁高大于 700mm 时，应采用对拉螺栓在梁侧中部设置通长横楞用螺栓紧固。故根据实际布置，立档按两等跨连续梁计算，其计算简图如图 6-22 所示。

注：1. 此处计算跨度 405mm 比实际情况偏大，亦可根据实际情况取支座中心线之间的距离。

2. 计算简图的简化详见图 6-23。

① 抗弯强度验算

转化为线荷载：$\qquad q_3=29.77×0.35=10.42(kN/m)$

$$\sigma=\frac{M}{W}=\frac{Kq_3l^2}{W}=\frac{0.125×10.42×405^2}{\dfrac{60×90^2}{6}}=2.64(N/mm^2)<f_m=13N/mm^2$$

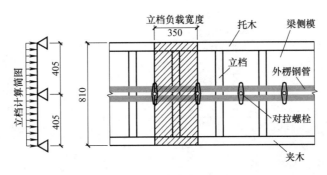

图 6-23　立档受荷立面图

所以满足要求。

② 抗剪强度验算

$$\tau=\frac{3Q}{2A}=\frac{3Kq_3l}{2A}=\frac{3\times0.625\times10.42\times405}{2\times60\times90}=0.73(\text{N/mm}^2)<f_v=1.3\text{N/mm}^2$$

所以满足要求。

③ 挠度验算

转化为线荷载：$q_4=21.6\times0.35=7.56$（kN/m）

$$v=\frac{Kq_4l^4}{100EI}=\frac{0.521\times7.56\times405^4}{100\times9000\times\dfrac{60\times90^3}{12}}=0.032(\text{mm})<\frac{l}{400}=\frac{405}{400}=1.0125(\text{mm})$$

所以满足要求。

（4）外楞钢管验算

本工程仅 KL1：250mm×900mm 需设置外楞钢管，KL2：250mm×600mm 的梁无外楞，直接用压脚枋木和斜撑支撑。

KL1 的对拉螺栓沿梁长方向的距离（即外楞钢管的计算跨度）为 350mm（与立档等间距），按三等跨连续梁计算，考虑到荷载的最不利布置，把立档传来的荷载简化至每跨的跨中，其计算简图如图 6-24 所示。计算简图的简化详见图 6-25。

强度验算：2110.1N；挠度验算：1530.9N

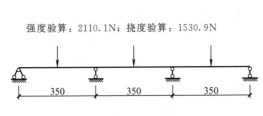

图 6-24　外楞钢管计算简图

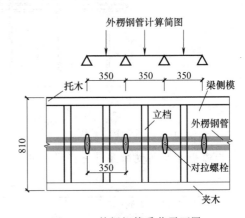

图 6-25　外楞钢管受荷平面图

① 荷载计算

强度验算荷载设计值：$F_1=10.42\times405/2=2110.1(\text{N})$

挠度验算荷载设计值：$F_2=7.56\times405/2=1530.9(\text{N})$

② 抗弯强度验算

$$\sigma = \frac{M}{W} = \frac{KF_1L}{W} = \frac{0.175 \times 2110.1 \times 350}{5260} = 24.57(\text{N/mm}^2) < f_m = 205\text{N/mm}^2$$

所以满足要求。

③ 挠度验算

$$v = \frac{KF_2l^3}{100EI} = \frac{1.146 \times 1530.9 \times 350^3}{100 \times 2.06 \times 10^5 \times 1.271 \times 10^5} = 0.03(\text{mm}) < \frac{l}{400} = \frac{350}{400} = 0.875(\text{mm})$$

所以满足要求。

（5）对拉螺栓及 3 形扣件验算

仅以 KL1 为例。

沿梁高方向设对拉螺栓一道，对拉螺栓直径 12mm，对拉螺栓在垂直于梁截面方向距离（即沿梁长方向的距离）为 350mm。

$$N = Fab = 29.77 \times 0.81 \times 0.5 \times 0.35 \times 0.95/0.9 = 4.45(\text{kN})$$

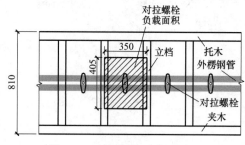

图 6-26　对拉螺栓受荷平面图

小于 M12 螺栓的容许拉力 $N_t^b = 12.9\text{kN}$，小于配套 3 形扣件的容许荷载 12kN，满足要求。

计算简图的简化详见图 6-26。

（三）楼板模板计算

楼板厚度 90mm，满堂架用 $\phi48.3\text{mm} \times 3.6\text{mm}$ 钢管搭设。小楞选用 60mm×90mm 枋木，间距为 500mm，大楞间距为 1000mm，立杆间距纵横向间距均为 1000mm。

模板支架四边满布竖向剪刀撑，中间每隔三排立杆设置一道纵、横向竖向剪刀撑，每道竖直剪刀撑均为全高全长设置；从封顶杆开始并往下每≤4.5m 设一道水平剪刀撑，每道水平剪刀撑均为全平面设置。

楼板施工支模示意如图 6-27 所示。

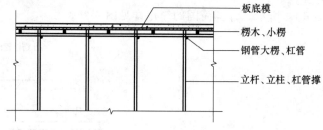

图 6-27　楼板施工支模示意图

1. 荷载计算

板模板体系所受荷载计算详见表 6-4。

表 6-4　**板模板体系荷载计算**

模板自重标准值 G_{1k}		0.5kN/m^2
混凝土自重标准值 G_{2k}		$24 \times 0.09 = 2.16(\text{kN/m}^2)$
钢筋自重标准值 G_{3k}		$1.1 \times 0.09 = 0.1(\text{kN/m}^2)$
施工人员及施工设备标准值 Q_{1k}	验算底模、小楞时	对均布荷载取 2.5kN/m^2，另应以集中荷载 2.5kN 再进行验算
	验算大楞时	取均布荷载 1.5kN/m^2
	验算立杆时	取均布荷载 1.0kN/m^2

（1）验算强度荷载设计值

板模板体系验算强度时的荷载组合设计值详见表 6-5。

表 6-5　板模板体系验算强度时的荷载组合设计值

验算底模、小楞时 （此处仅考虑均布荷载作用下）	由可变荷载效应控制的组合： $[(0.5+2.16+0.1)\times1.2+2.5\times1.4]\times0.9=6.13(\text{kN/m}^2)$ 由永久荷载效应控制的组合： $[(0.5+2.16+0.1)\times1.35+2.5\times1.4\times0.7]\times0.9=5.56(\text{kN/m}^2)$ 故取 $q=6.13\text{kN/m}^2$
验算大楞时	由可变荷载效应控制的组合： $[(0.5+2.16+0.1)\times1.2+1.5\times1.4]\times0.9=4.87(\text{kN/m}^2)$ 由永久荷载效应控制的组合： $[(0.5+2.16+0.1)\times1.35+1.5\times1.4\times0.7]\times0.9=4.68(\text{kN/m}^2)$ 故取 $q=4.87\text{kN/m}^2$
验算立杆时	由可变荷载效应控制的组合： $[(0.5+2.16+0.1)\times1.2+1.0\times1.4]\times0.9=4.24(\text{kN/m}^2)$ 由永久荷载效应控制的组合： $[(0.5+2.16+0.1)\times1.35+1.0\times1.4\times0.7]\times0.9=4.23(\text{kN/m}^2)$ 故取 $q=4.24\text{kN/m}^2$

（2）验算挠度荷载设计值：$0.5+2.16+0.1=2.76(\text{kN/m}^2)$。

2. 底模验算

按三等跨连续梁计算（也可按简支梁计算）。

取 1000mm 宽板带进行计算，其计算简图如图 6-28 所示。计算简图的简化详见图 6-29。

强度验算：6.13kN/m；挠度验算：2.76kN/m

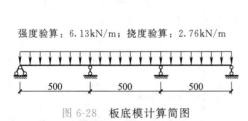

图 6-28　板底模计算简图

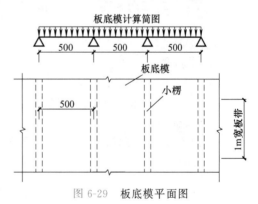

图 6-29　板底模平面图

（1）抗弯强度验算

$$\sigma=\frac{M}{W}=\frac{Kq_1l^2}{W}=\frac{0.100\times6.13\times500^2}{\dfrac{1000\times18^2}{6}}=2.84(\text{N/mm}^2)<f_{\text{m}}=15\text{N/mm}^2$$

所以满足要求。

（2）抗剪强度验算（一般不需要）

（3）挠度验算

$$v=\frac{Kq_2l^4}{100EI}=\frac{0.677\times2.76\times500^4}{100\times6000\times\dfrac{1000\times18^3}{12}}=0.400(\text{mm})<\frac{l}{400}=\frac{500}{400}=1.25(\text{mm})$$

所以满足要求。

注：在 JGJ 162—2008 中，对于验算底模、小楞时，施工人员及施工设备重量标准值 Q_{1k}，对均布荷载取 $2.5kN/m^2$，另应以集中荷载 $2.5kN$ 再进行验算，比较两者所得的弯矩值，按其中较大者采用。如按此条要求，计算过程如下。

（1）抗弯强度验算

施工人员及施工设备标准值 Q_{1k}，应考虑均布荷载取 $2.5kN/m^2$ 及跨中集中荷载 $2.5kN$ 两种情况分别作用。

① 均布荷载作用下

$$M_1 = \frac{1}{8}q_1 l^2 = \frac{1}{8} \times 6.13 \times 0.5^2 = 0.192 (kN \cdot m)$$

② 集中荷载作用下

楼板自重线荷载设计值：$q_3 = 0.9 \times 1.2 \times 0.5 = 0.54$（kN/m）

跨中集中荷载设计值：$P = 0.9 \times 1.4 \times 2.5 = 3.15$（kN）

$$M_2 = \frac{1}{8}q_3 l^2 + \frac{Pl}{4} = \frac{1}{8} \times 0.54 \times 0.5^2 + \frac{3.15 \times 0.5}{4} = 0.411 (kN \cdot m)$$

由于 $M_2 > M_1$，应采用 M_2 验算抗弯强度。

$$\sigma = \frac{M}{W} = \frac{M_2}{W} = \frac{0.411 \times 10^6}{\dfrac{1000 \times 18^2}{6}} = 7.61 (N/mm^2) < f_m = 15N/mm^2$$

所以满足要求。

（2）抗剪强度验算（一般不需要）

（3）挠度验算

$$v = \frac{5q_2 l^4}{384EI} = \frac{5 \times 2.76 \times 500^4}{384 \times 6000 \times \dfrac{1000 \times 18^3}{12}} = 0.770 (mm) < \frac{l}{400} = \frac{500}{400} = 1.25 (mm)$$

所以满足要求。

3. 小楞验算

选用 $60mm \times 90mm$ 枋木，长度 $1500mm$，计算跨度（即大楞间距）$l_0 = 1000mm$，按简支梁计算，其计算简图如图 6-30 所示。计算简图的简化详见图 6-31。

（1）荷载计算

强度验算时线性荷载：$q_4 = 6.13 \times 0.5 = 3.07 (kN/m)$

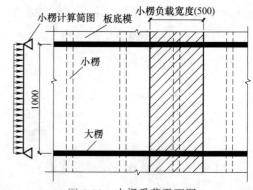

图 6-31　小楞受荷平面图

强度验算：3.07kN/m；挠度验算：1.38kN/m

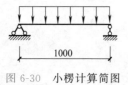

图 6-30　小楞计算简图

挠度验算时线性荷载：$q_5 = 2.76 \times 0.5 = 1.38 (kN/m)$

（2）抗弯强度验算

$$\sigma=\frac{M}{W}=\frac{\frac{1}{8}q_4 l^2}{W}=\frac{\frac{1}{8}\times 3.07\times 1000^2}{\frac{60\times 90^2}{6}}=4.74(\text{N/mm}^2)<f_m=13\text{N/mm}^2$$

所以满足要求。

（3）抗剪强度验算

$$\tau=\frac{3Q}{2A}=\frac{3Kq_4 l}{2A}=\frac{3\times 0.5\times 3.07\times 1000}{2\times 60\times 90}=0.43(\text{N/mm}^2)<f_v=1.3\text{N/mm}^2$$

所以满足要求。

（4）挠度验算

$$v=\frac{5q_5 l^4}{384EI}=\frac{5\times 1.38\times 1000^4}{384\times 9000\times \frac{60\times 90^3}{12}}=0.548(\text{mm})<\frac{l}{400}=\frac{1000}{400}=2.5(\text{mm})$$

所以满足要求。

注：在 JGJ 162—2008 中，对于验算底模、小楞时，施工人员及施工设备重量标准值 Q_{1k}，对均布荷载取 2.5kN/m²，另应以集中荷载 2.5kN 再进行验算，比较两者所得的弯矩值，按其中较大者采用。如按此条要求，计算过程如下。

（1）抗弯强度验算

施工人员及施工设备重量标准值 Q_{1k}，应考虑均布荷载取 2.5kN/m² 及跨中集中荷载 2.5kN 两种情况分别作用：

① 均布荷载作用下

$$M_1=\frac{1}{8}q_4 l^2=\frac{1}{8}\times 3.07\times 1000^2=383750\ (\text{N}\cdot\text{mm})$$

② 集中荷载作用下

小楞自重线荷载设计值：$q_6=0.9\times 1.2\times 0.0351=0.038\ (\text{N/mm})$

跨中集中荷载设计值：$P=0.9\times 1.4\times 2.5=3.15(\text{kN})=3150\ (\text{N})$

$$M_2=\frac{1}{8}q_6 l^2+\frac{Pl}{4}=\frac{1}{8}\times 0.038\times 1000^2+\frac{3150\times 1000}{4}=792250(\text{N}\cdot\text{mm})$$

由于 $M_2>M_1$，应采用 M_2 验算抗弯强度。

$$\sigma=\frac{M}{W}=\frac{M_2}{W}=\frac{792250}{\frac{1000\times 18^2}{6}}=14.67(\text{N/mm}^2)<f_m=15\text{N/mm}^2$$

所以满足要求。

（2）抗剪强度验算

① 均布荷载作用下：$Q_1=\frac{1}{2}q_4 l=\frac{1}{2}\times 3.07\times 1000=1535\ (\text{N})$

② 集中荷载作用下：$Q_2=\frac{1}{2}q_6 l+\frac{P}{2}=\frac{1}{2}\times 0.038\times 1000+\frac{3150}{2}=1594(\text{N})$

由于 $Q_2>Q_1$，应采用 Q_2 验算抗弯强度。

$$\tau=\frac{3Q}{2A}=\frac{3Q_2}{2A}=\frac{3\times 1594}{2\times 60\times 90}=0.44(\text{N/mm}^2)<f_v=1.3\text{N/mm}^2$$

所以满足要求。

（3）挠度验算

$$v=\frac{5q_5 l^4}{384EI}=\frac{5\times 1.38\times 1000^4}{384\times 9000\times \frac{60\times 90^3}{12}}=0.548(\text{mm})<\frac{l}{400}=\frac{1000}{400}=2.5(\text{mm})$$

所以满足要求。

4. 大楞验算

选取钢管 $\phi48.3\text{mm}\times3.6\text{mm}$，钢管大楞跨度（即立杆间距）取 1000mm 计，按三等跨连续梁计算，其计算简图如图 6-32 所示。计算简图的简化详见图 6-33。

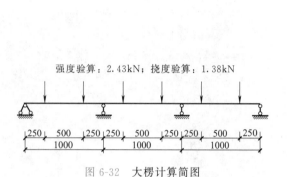

强度验算：2.43kN；挠度验算：1.38kN

图 6-32　大楞计算简图

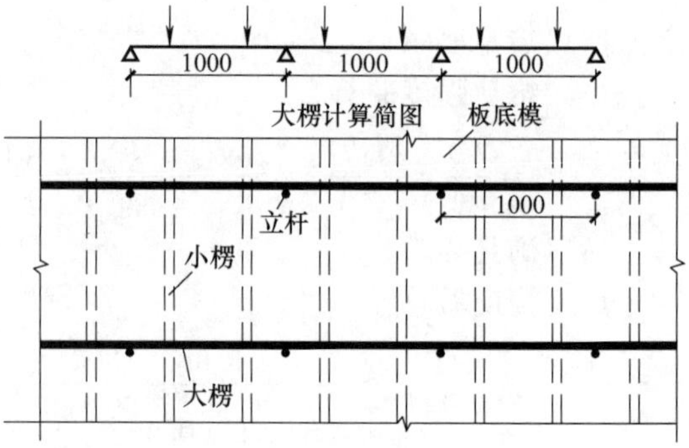

图 6-33　大楞受荷平面图

（1）荷载计算（作用在钢管上的集中力）（能否用小楞的支座反力来求荷载？答：不能）

强度验算时集中荷载设计值：$F_1=4.87\times0.5\times1=2.435(\text{kN})$

挠度验算时集中荷载设计值：$F_2=2.76\times0.5\times1=1.38(\text{kN})$

（2）抗弯强度验算（此处在计算弯矩时存在简化）

$$\sigma=\frac{M}{W}=\frac{KF_1l}{W}=\frac{0.267\times2.435\times10^3\times1000}{5260}=123.6(\text{N}/\text{mm}^2)<f_m=205\text{N}/\text{mm}^2$$

所以满足要求。

（3）挠度验算

$$v=\frac{KF_2l^3}{100EI}=\frac{1.883\times1.38\times10^3\times1000^3}{100\times206000\times127100}=0.992(\text{mm})<\frac{l}{400}=\frac{1000}{400}=2.5(\text{mm})$$

所以满足要求。

5. 扣件抗滑移验算

钢管：$\phi48.3\text{mm}\times3.6\text{mm}$，钢管立柱间距为 1000mm。

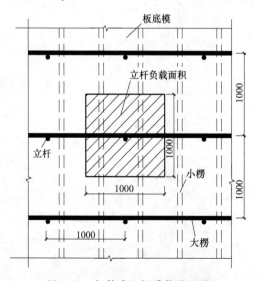

图 6-34　扣件或立杆受荷平面图

直角扣件、旋转扣件的单扣件抗滑承载力设计值 $R_c=8\text{kN}$。

由钢管大楞传给每根立柱的力 $R=4.24\times1\times1=4.24(\text{kN})<R_c=8\text{kN}$，满足要求。

计算简图的简化详见图 6-34。

6. 立杆的稳定性计算

水平杆步距为 1600mm，钢管：$\phi48.3\text{mm}\times3.6\text{mm}$，立杆的稳定性计算公式：$\frac{N_{ut}}{\varphi AK_H}\leqslant f$

（1）钢管大楞传给每根立柱的力 $N_1=4.24\text{kN}$

支架自重：$N_1=1.2\times0.15\times4.5\times0.9=0.729(\text{kN})$

立杆段的轴向力设计值 $N_{ut}=4.24+0.729=4.969(\text{kN})$

（2）立杆计算长度 l_0 应按下列表达式计算的结果取最大值：

$$l_0 = h + 2a \qquad l_0 = k\mu h$$

$h/l_a = \dfrac{1.6}{1} = 1.6$，$h/l_b = \dfrac{1.6}{1.0} = 1.6$，查附表 D-1 得 $\mu = 1.473$

$l_{01} = h + 2a = 1600 + 2 \times 300 = 2200 \text{(mm)}$

$l_{02} = k\mu h = 1.163 \times 1.473 \times 1600 = 2741 \text{(mm)}$

取最大值：$l_0 = 2741\text{mm}$

（3）长细比：$\lambda = \dfrac{l_0}{i} = \dfrac{2741}{15.86} = 172.82 < [\lambda] = 210$

（4）查附录 C，线性插值得 $\varphi = 0.236$

（5）当模板支架高度超过 4m 时，应采用高度调整系数 K_H 对立杆的稳定承载力进行调降，按下列公式计算：

$$K_H = \frac{1}{1 + 0.005(H - 4)} = \frac{1}{1 + 0.005 \times (4.5 - 4)} = 0.998$$

（6）立杆稳定性验算：

$$\frac{N_{ut}}{\varphi A K_H} = \frac{4.969 \times 10^3}{0.236 \times 506 \times 0.998} = 41.69 \text{(N/mm}^2\text{)} \leqslant f = 205\text{N/mm}^2$$

所以满足要求。

注：按 DB45/T 618—2009 规范中的规定，可以不做立杆稳定性计算。

十、模板支架立杆平面布置图

根据计算结果，本工程模板工程配模施工图如图 6-35～图 6-40 所示。

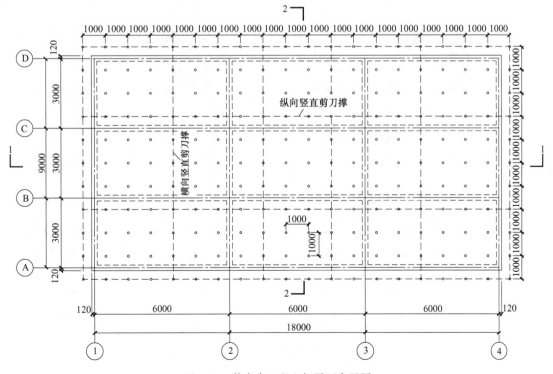

图 6-35 某仓库工程立杆平面布置图

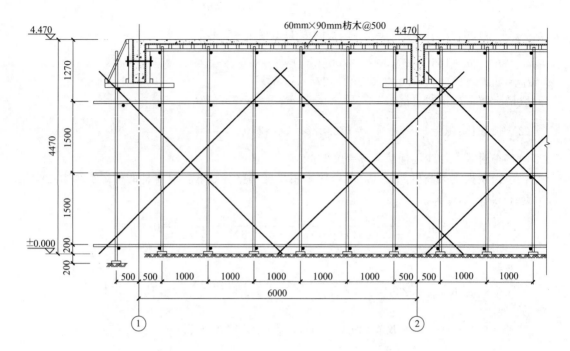

图 6-36 1—1 剖面图

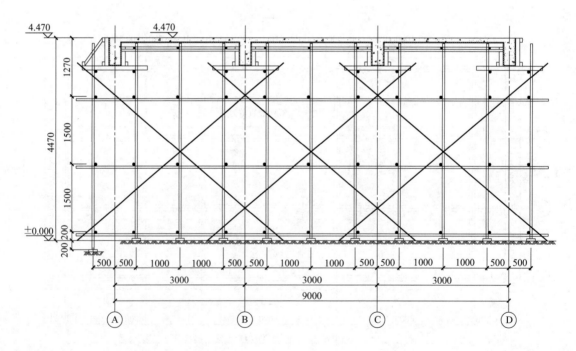

图 6-37 2—2 剖面图

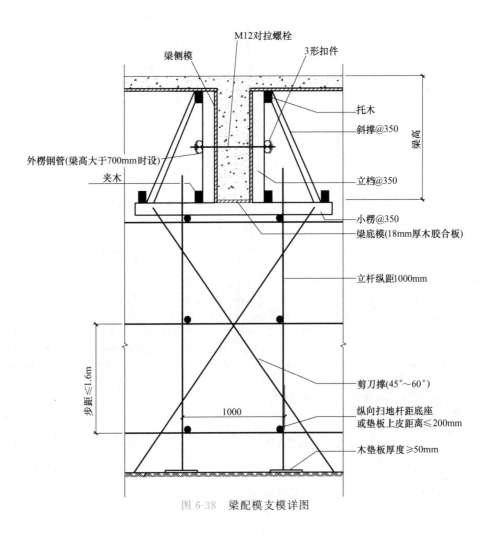

图 6-38　梁配模支模详图

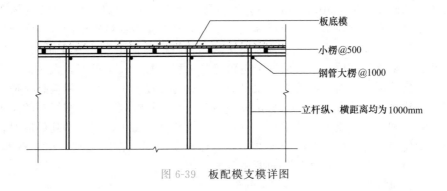

图 6-39　板配模支模详图

229

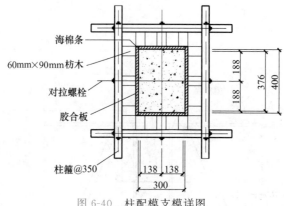

图 6-40　柱配模支模详图

说明：

1. 梁、板、柱模板体系均采用 1830mm×915mm×18mm 的木胶合板制作而成，除小楞等采用枋木外，其余均采用 $\phi48.3mm×3.6mm$ 钢管。

2. 模板支架的钢管应采用标准规格 $\phi48.3mm×3.6mm$，壁厚不得小于 3mm，钢管上严禁打孔。

3. 搭设模板支架用的钢管、扣件，使用前必须进行抽样检测，抽检数量按有关规定执行。未经检测或检测不合格的一律不得使用。

4. 模板及其支架安装、拆除的顺序及安全措施应按专项施工方案执行。

5. 支架周边应设置竖直剪刀撑。支架内部应分别设置纵横两向竖直剪刀撑，沿支架纵、横向每≤4.5m 设一道。每道竖直剪刀撑均为全高全长全立面设置，竖直剪刀撑应尽量与每一条与其相交的立杆扣接。

6. 支架内部应设置水平剪刀撑。封顶杆位置应设置水平剪刀撑；从封顶杆开始并往下每≤4.5m 设一道。每道水平剪刀撑均沿水平面紧贴水平杆全平面设置，并与每一条与其相交的立杆扣接，不能与立杆扣接之处应与水平杆扣接。

7. 柱边角处采用木板找补海棉条封堵，保证楞角方直、美观。柱箍起步为 150mm。柱模板四周加钢管抛撑，每隔 1500mm 一道，采用双向钢管对称斜向加固（尽量取 45°）。

8. 跨度≥4m 时，梁底模应起 1‰～3‰ 的起拱高度。

9. 未详之处详见国家现行的规范。

任务二 ▶ BIM 技术在现浇混凝土结构工程施工中的运用

一、BIM 技术基本知识

BIM 技术是一种以三维空间信息模型为基础，整合时间、成本等多维度信息的集成技术。

（一）BIM 定义

BIM 为 building information modeling 的缩写，译为建筑信息模型。BIM 的核心是通过建立虚拟的建筑工程三维模型，利用数字化技术，为这个模型提供完整的、与实际情况一致的建筑工程信息库。该信息库不仅包含描述建筑物构件的几何信息、专业属性及状态信息，还包含空间、运动等状态信息。借助这个包含建筑工程信息的三维模型，大大提高了建筑工程的信息集成化程度，从而为建筑工程项目的相关参与方提供了一个工程信息交换和共享的平台。通过对建筑工程的数据化、信息化模型整合，在项目策划、运行和维护的全生命周期过程中进行共享和传递，使工程技术人员对各种建筑信息作出正确理解和高效应对，为设计团队以及包括建造、运营单位在内的各方建设主体提供协同工作的基础，在提高生产效率、节约成本、缩短工期和运营管理等方面发挥重要作用。

（二）BIM 的特点和优势

BIM 以模型元素为基本载体，在三维的基础上挂接专业信息，增加时间维度和成本维度形成 4D 进度模型和 5D 成本模型，或搭载更多的专业维度拓展出 6D 或更多的应用。BIM 是一个完整的体系，也可以通过数据的拓展应用纳入另一个更大的体系（例如智慧城市）。

完整的 BIM 体系不仅是单阶段、单应用点的应用，而且注重多阶段的信息交互传递和信息应对。一般来说 BIM 具有以下五个重要特点。

1. 可视化

可视化即"所见所得"的形式，BIM 提供了可视化的工作模式，将以往用平面制图的线条表达的构件以三维的立体实物模型展示；BIM 模型包含了构件的大小、位置和材质颜色等专业信息，能够在构件之间形成互动性和反馈性，由于整个过程都是可视化的，各参建方在项目设计、建造、运营过程中的沟通、讨论、决策都在可视化的状态下进行。

2. 协同性

在设计阶段，BIM 使建筑、结构、给水排水、空调、电气等各个专业基于同一个模型进行工作，从而使真正意义上的三维集成协同设计成为可能。将整个设计整合到一个共享的建筑信息模型中，结构与设备、设备与设备间的冲突会直观地显现出来，工程师们通过查看三维模型，能准确查看到可能存在问题，并及时调整，从而避免施工失误和材料浪费，这在极大程度上促进了设计施工的一体化过程。在施工阶段，BIM 可以同步提供有关建筑质量、进度以及成本的信息，帮助施工人员制定和调整施工计划和施工方法，降低施工风险，提升建筑质量。在运营阶段，利用 BIM 可以实现整个运营周期的可视化模拟与可视化管理。

3. 模拟性

BIM 不但能模拟设计出建筑物模型，还可以模拟出不能在真实世界中进行操作的事物。在设计阶段，BIM 可以对设计上需要进行模拟的一些东西进行模拟实验。例如：节能模拟、紧急疏散模拟、日照模拟、热能传导模拟等；在招投标和施工阶段可以进行 4D 模拟（三维模型加项目的发展时间），也就是根据施工的组织设计模拟实际施工，从而确定合理的施工方案来指导施工。同时还可以进行 5D 模拟（基于 4D 模型加造价控制），从而实现成本控制。后期运营阶段可以模拟日常紧急情况的处理方式，例如地震人员逃生模拟及消防人员疏散模拟等。

4. 优化性

在整个设计、施工、运营的全生命周期过程中，其实就是一个不断优化的过程，没有准确的信息是得不到合理优化结果的。BIM 模型提供了建筑物存在的实际信息，包括几何信息、物理信息、规则信息，还提供了建筑物变化以后的实际存在信息。BIM 及与其配套的各种优化工具提供了对复杂项目进行优化的可能。如：把项目设计和投资回报分析结合起来，计算出设计变化对投资回报的影响，使得业主知道哪种项目设计方案更有利于自身的需求，还可以对施工方案进行优化，可以带来显著的工期和造价改进。

5. 可出图性

BIM 模型不仅能绘制常规的施工图纸及构件加工的图纸，还能通过对建筑物进行可视化展示、协调、模拟、优化，打印各专业图纸及深化图纸，使工程表达更加详细。比常规的 CAD 出图更高效，呈现一条修改多处更新，批量产出图纸的出图优势。

（三）BIM 在建筑施工中的应用

随着 BIM 技术应用的发展，BIM 在建筑工程中的应用不仅包括可视化技术交底、设计深化、综合协调、施工模拟、施工方案优化，还包括前期场地平整、主体施工（如钢筋工程、混凝土工程、质量安全管理）等的 BIM 应用。经过不断的实践和发展，BIM 技术与各类硬件设备的集成应用在土建施工过程中发挥着重要作用，如三维激光扫描仪器、测量机器人、VR（虚拟现实）、AR（增强现实）等设备在施工管理过程中得到广泛应用。随着 BIM 技术的不断发展，以及各类 BIM 相关应用软件的不断开发和完善，BIM 技术在今后的施工管理中占的比重会越来越大。

二、钢筋工程 BIM 模型的创建和应用

（一）BIM 钢筋模型的创建

1. 设置项目参数

地理位置与高程、法定计量单位、线样式、填充样式、对象样式等。

2. 建模

按照施工图纸，通过 Autodesk Revit 软件进行钢筋建模，按照平法图集及《混凝土结构施工钢筋排布规则与构造详图（现浇混凝土框架、剪力墙、梁、板）》（18G 901—1）的规范要求，综合考虑钢筋避让与碰撞调整。

3. 布置、标注出图

锁定三维平面（如节点、大样等三维视图），如图 6-41、图 6-42 所示。

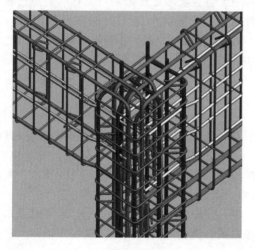

图 6-41　钢筋三维图（一）

图 6-42　钢筋三维图（二）

4. 保存（导出）模型（＊.rvt、＊.exe、＊.nwc 等）

（二）钢筋工程 BIM 模型指导钢筋加工和安装

1. 指导钢筋加工

通过 Revit 创建的钢筋信息模型，可指导钢筋加工，例如 WKL1 的箍筋数量统计、加工时的下料长度以及纵筋长度均可获取直观的数据信息，避免下料交底不清楚、不到位的问题发生。

2. 指导钢筋安装

通过 Revit 对复杂的施工节点进行深化设计，BIM 模型可直观地展示钢筋节点安装的层次关系，方便对施工人员进行安装交底。

（三）钢筋工程 BIM 模型在施工中运用案例

本案例继续以本单元任务一案例现浇钢筋混凝土小型仓库为例，运用 BIM 技术，对仓库结构的钢筋绑扎布置进行三维设计。

1. 仓库结构施工图

根据已知的条件参数和相应的规范、规程，设计出仓库的结构施工图如图 6-43～图 6-46 所示。

2. 对仓库结构的钢筋工程进行三维设计

运用 BIM 技术，对仓库结构的钢筋安装位置搭建三维设计模型。模型不仅实现钢筋安装三维可视化，还包含仓库整体框架、构件和节点安装等精确信息。

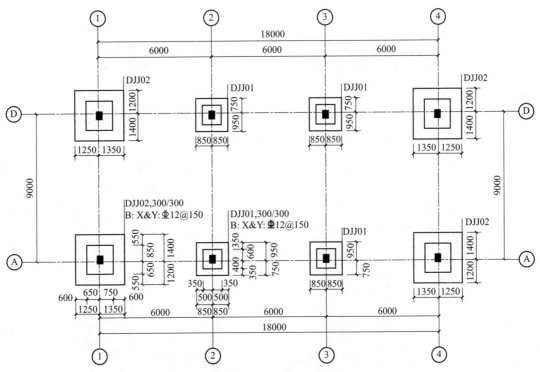

基础平面布置图

1. 基础混凝土强度为C30。
2. 基础底标高 $H = -1.600$。

图 6-43　仓库基础平面布置图

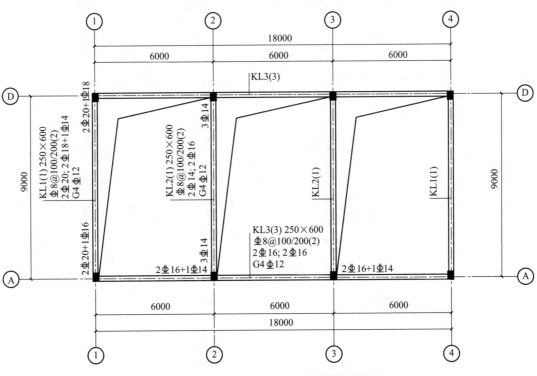

地梁层平面梁平法施工图

1. 梁混凝土强度为C30。
2. 梁顶标高 $H = -0.100$。

图 6-44　仓库地梁层平面梁平法施工图

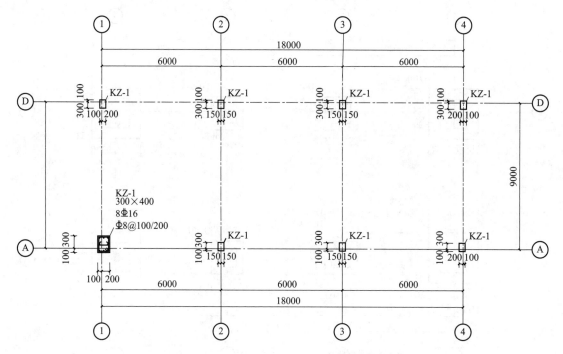

柱平法施工图

1. 柱混凝土强度为C30。
2. 柱标高为基础顶~4.470。

图 6-45　仓库柱平法施工图

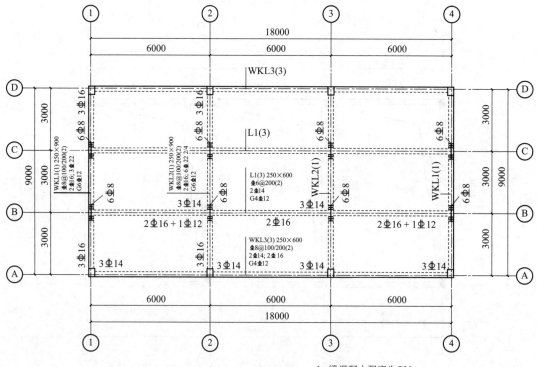

屋面层平面梁平法施工图

1. 梁混凝土强度为C30。
2. 梁顶标高 $H=4.470$。

图 6-46　仓库屋面层平面梁平法施工图

（1）仓库钢筋整体布置三维信息模型，见图 6-47。

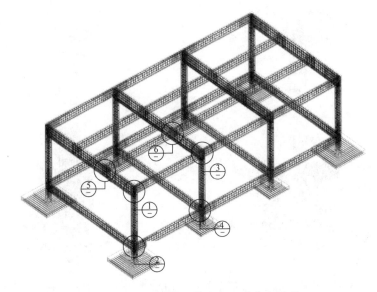

图 6-47　仓库钢筋整体布置三维信息模型

（2）仓库梁、柱构件钢筋三维信息模型，见图 6-48～图 6-51。

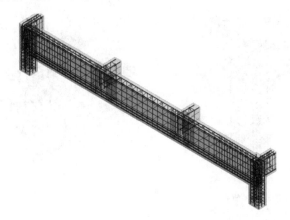

图 6-48　WKL1 钢筋三维信息模型

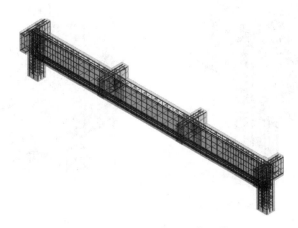

图 6-49　WKL2 钢筋三维信息模型

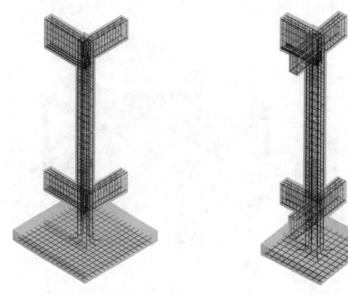

图 6-50　KZ-1（角柱）钢筋三维信息模型　　图 6-51　KZ-1（边柱）钢筋三维信息模型

（3）仓库梁柱节点三维信息模型，见图 6-52～图 6-57。

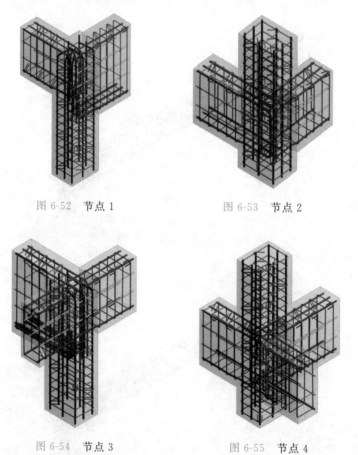

图 6-52　节点 1　　　　　　　　　　　图 6-53　节点 2

图 6-54　节点 3　　　　　　　　　　　图 6-55　节点 4

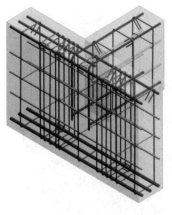

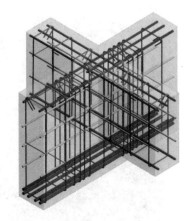

图 6-56　节点 5　　　　　　　　　　　　图 6-57　节点 6

通过仓库的整体框架、构件和节点钢筋安装位置三维图形，可以明确钢筋的空间位置和相互关系，进行碰撞检查，并指导钢筋加工和安装。

三、模板及支架 BIM 模型的创建和应用

（一）模板工程构件族的创建

通过 Revit 建模的方式对混凝土结构进行配模，分别创建 18mm 厚胶合板族、60mm×90mm 枋木、直径 48.3mm×3.6mm 圆钢管、M12 对拉螺栓族及垫板族。创建的族有参数化、精度高的特点，形成的模板族库或创建的模板工程项目样板文件 ＊.rte 可在其他模板工程项目中推广应用。

（二）模板及支架三维建模

通过创建以上基本材料构件族，并在族的基础上搭建模板工程的 BIM 模型。按照设计的传力顺序和构造要求依次绘制：①木垫板；②竖向钢管；③纵、横向扫地杆；④纵、横向钢管；⑤大楞；⑥小楞；⑦托木；⑧夹木；⑨斜撑；⑩梁底模；⑪梁侧模；⑫楼板模板等三维模型。通过 Revit 对复杂的模板构造节点进行深化设计，可直观地展示模板及支架的空间关系和传力途径，便于指导施工，确保模板工程位置正确和安全稳固。如图 6-58 所示。

图 6-58　柱模板和梁、板支架

（三）模板及支架 BIM 模型在施工中运用案例

本案例继续以本单元任务一案例现浇钢筋混凝土小型仓库为例，运用 BIM 技术，对仓库结构的模板及支架安装进行了三维设计。该仓库的模板及支架的整体布置和构造节点三维信息模型图示如图6-59～图 6-70 所示。

237

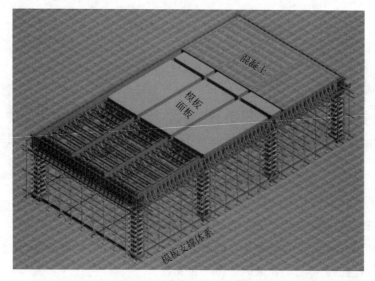

图 6-59　仓库模板及支架整体布置构造三维信息模型

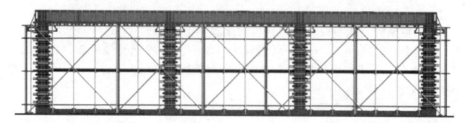

图 6-60　仓库模板及支架正立面整体布置构造图

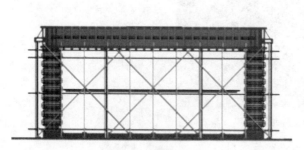

图 6-61　仓库模板及支架侧立面整体布置构造图

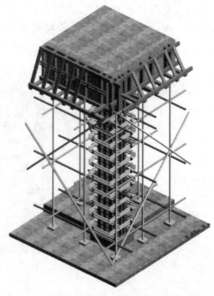

图 6-62　KZ-1（角柱）模板构造外视图

图 6-63　KZ-1（角柱）模板节点构造内视详图

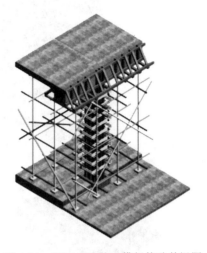

图 6-64　KZ-1（边柱）模板构造外视图

图 6-65　KZ-1（边柱）模板节点构造内视详图

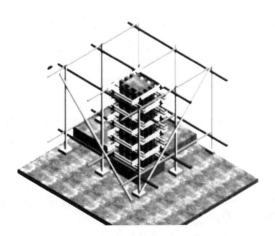

图 6-66　角柱模板及支架构造详图

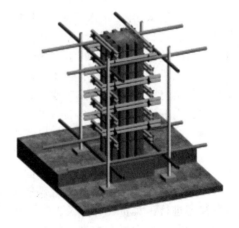

图 6-67　边柱模板及支架构造详图

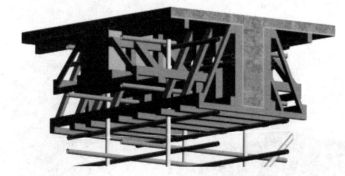

图 6-68　主次梁交接节点模板构造内视详图

图 6-69　主次梁交接节点模板及支架构造图

图 6-70　边次梁与主梁交接节点模板构造图

四、利用 BIM 技术辅助教学

我国自从引入 BIM 技术以来，BIM 技术已被广泛地应用于许多行业中，由于 BIM 技术具有可视性、模拟性、协同性等的特点，把 BIM 技术引入到教学环节中可以提高初学者对空间的理解，能够激发学生的学习热情。把 BIM 技术引入到教学环节主要是运用 BIM 技术创建三维信息模型来直观展示立体的教学对象，帮助学生更易于想象和理解结构体现的空间构成和建筑信息，从而提高教学效率。

例如：钢筋混凝土结构施工图采用平法表示，而实际建筑物是三维的，要读懂结构施工图，必须由抽象的二维平法图想象出三维的建筑模型，对于刚接触建筑工程专业课程的初学者来说，接触实际工程的机会少，要实现这一跨越十分困难，而借助 BIM 技术能虚拟仿真地将钢筋工程直观地三维展现出来。同理，借助 BIM 技术同样能将模板工程及其支架虚拟仿真地三维展现出来，帮助初学者理解复杂的构件相互关系和空间位置，同时可借助 BIM 的信息模型进行工程量计算以及施工模拟等知识拓展。

为帮助初学者学习，本书专门提供了针对本单元任务一案例现浇钢筋混凝土小型仓库的立体化教学资源库，运用 Revit、ArchiCAD 等 BIM 技术软件搭建了高精度建筑信息模型，在此基础上增加了漫游等辅助教学手段来增强信息化的实用性。首先通过视频由教师引导学习者对钢筋安装和模板及其支架系统进行漫游学习，同时还提供由 Fuzor 技术支持的虚拟现实学习情境，学习者可以全方位、无死角地在这个典型案例中自由漫游，学习掌握钢筋、模板及其支架系统的节点做法和构造要求，让一般教学手段难以讲明白的知识难点直观鲜活地呈现出来。组成了由"三个一（一例一码一网站）"的线上资源与线下教材密切配合的新形态一体化教材。

（一）钢筋工程虚拟现实学习情境辅助教学

1. 视频漫游辅助教学

通过扫描二维码 6.1～6.7 可以播放本单元任务一案例中不同部位的钢筋的空间位置视频。本教学资源库中提供如图 6-71 所示的 7 个漫游学习视频。

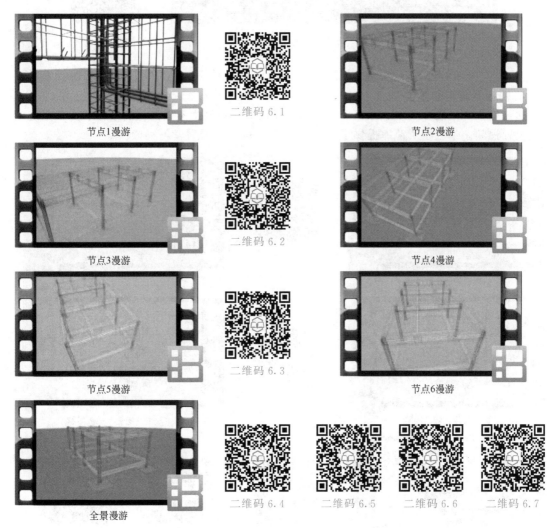

图 6-71 7 个钢筋工程虚拟现实漫游学习视频

2. Fuzor 技术支持的虚拟现实学习情境

通过本教学资源库可以下载并进入针对本单元任务一案例中设计的、由 Fuzor 技术支持的虚拟现实学习情境（图 6-72），学习者可以全方位、无死角地去观察这个典型案例中钢筋绑扎成型后的相互关系和空间位置，并自由漫游、自主学习。

钢筋工程虚拟现实学习情境使用说明详见二维码 6.8。

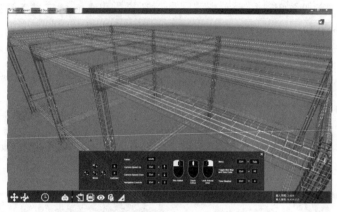

图 6-72　钢筋工程虚拟现实学习情境　　　　　二维码 6.8

（二）模板工程和支架体系虚拟现实学习情境辅助教学

1. 视频漫游辅助教学

通过扫描二维码 6.9～6.13 可以播放本单元任务一案例中不同部位的模板和支架系统的空间位置视频。本教学资源库提供了如图 6-73 所示的 5 个漫游学习视频。

01模板构造全景漫游　　　二维码 6.9　　　　02角柱模板构造漫游

03边柱模板构造漫游　　　二维码 6.10　　　　04主次梁交接节点构造漫游

05边次梁与主梁模板构造漫游　　二维码 6.11　　二维码 6.12　　二维码 6.13

图 6-73　5 个模板工程和支架体系虚拟现实漫游学习视频

2. Fuzor 技术支持的虚拟现实学习情境

通过本教学资源库可以下载并进入针对本单元任务一案例中设计的、由 Fuzor 技术支持的虚拟现实学习情境，学习者可以全方位、无死角地去观察这个典型案例中模板和支架搭设成型后的相互关系和空间位置（图 6-74），并自由漫游、自主学习。

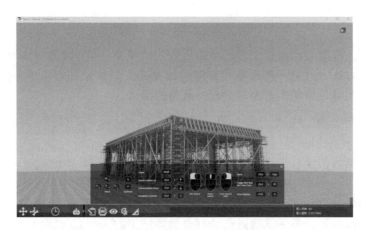

图 6-74　模板工程和支架体系虚拟现实学习情境　　二维码 6.14

模板工程和支架体系虚拟现实学习情境使用说明详见二维码 6.14。

五、以 1+X 证书制度试点证书为引领，促进 BIM 和建筑工程识图职业能力锻炼

2019 年国务院《国家职业教育改革实施方案》颁布后，职业院校、应用型本科高校启动"学历证书＋若干职业技能等级证书"制度试点工作（以下称"1＋X"证书制度试点）。建筑工程信息管理（BIM）职业技能等级证书被列为首批"1＋X"职业技能等级试点证书，建筑工程识图被列为第三批"1＋X"职业技能等级试点证书。随着信息技术的快速发展，建筑工程智能化、信息化应用全面普及，为便于学习者考取建筑工程信息管理（BIM）、建筑工程识图技能等级证书，本书强化了建筑工程识图的平法知识内容，增加了建筑信息模型技术（BIM）的相关内容，针对案例量身打造了由 BIM 技术虚拟建造框架钢筋及节点、模板及支架两大模型实例的信息化资源。下面结合本单元任务一案例，介绍建筑工程识图职业技能证书考试的相关要求。

1. 基础平面图及基础详图的识读

能识读独立基础标高及底板截面尺寸、独立基础底板钢筋构造、基础梁截面尺寸、基础梁纵筋构造、基础梁箍筋构造、柱（墙）插筋在基础中锚固的构造要求等施工图内容。

2. 柱施工图的识读

能识读 KZ 截面尺寸及标高范围，KZ 纵筋连接构造，KZ 箍筋构造，KZ 中柱柱顶纵筋的构造，KZ 边柱、角柱柱顶纵筋的构造，KZ 变截面处的纵筋构造，墙上柱构造，梁上柱构造，剪力墙截面尺寸及标高范围等施工图内容。

3. 梁施工图的识读

能识读梁截面尺寸及标高、楼层框架梁 KL 纵筋构造、屋顶框架梁 WKL 纵筋构造、框架梁 KL 和屋顶框架梁 WKL 中间支座纵筋构造、梁箍筋构造、梁附近箍筋和吊筋构造、梁侧向构造筋和拉筋构造、非框架梁 L 配筋构造、非框架梁中间支座纵筋构造、水平折梁构造、竖向折梁构造、纯悬挑梁 XL 及各类梁的悬挑端配筋构造等施工图内容。

4. 板施工图的识读

能识读有梁楼盖楼（屋）面板截面尺寸标高及配筋构造、板端部支座锚固构造、板翻边构造、不等跨板上部纵筋构造、板纵筋搭接构造、悬挑板 XB 钢筋构造、悬挑板阳角阴角加筋构造、折板配筋构造、板后浇带构造、局部升降板构造、板开洞与加筋构造等施工图内容。

任务三 ▶ 模板工程专项施工方案编制实训

一、实训目的

通过对现浇钢筋混凝土框架结构模板工程专项施工方案的编制，使学生重点掌握模板体系设计的基本原理和基本方法，并进一步理解和掌握模板及其支架体系在施工准备、安装、验收、使用、拆除等一系列过程中的构造要求及相关规范的要求。

二、实训题目及编制对象

（一）实训题目

某现浇钢筋混凝土框架结构模板工程专项施工方案

（二）编制对象

（1）由指导教师在实训开始之前给出工程结构布置图和构件参数，以及必要的已知条件。

（2）为便于学生参照本单元任务一案例进行编制，教师给出的工程宜与案例工程相似。

（3）为避免学生抄袭，达不到实训目的，教师可给出数组工程参数，由学生自选。

三、设计条件

梁、板、柱模板体系均采用 1830mm×915mm×18mm 的木胶合板制作而成，除小楞等采用枋木外，其余均采用 ϕ48.3mm×3.6mm 钢管。详细材料选择参考学训单元四表 4-1《各种构件参数参考表》。

四、时间安排和实训地点

本模板工程专项施工方案的编制实训时间为两周，具体工作进程和时间控制详见表6-6，地点在本班教室。

表 6-6　钢筋混凝土工程模板设计进度计划

	星期一	星期二	星期三	星期四	星期五
第一周	讲授任务书及相关内容	柱、板的计算	梁的计算	整理计算书	模板工程专项施工方案
第二周	星期一	星期二	星期三	星期四	星期五
	结构平面布置图	纵、横向剖面图	节点大样图	整理	提交设计成果

五、实训成果

（一）模板工程专项施工方案

大致内容包括：

1. 模板工程专项施工方案封面、目录

2. 编制依据

3. 工程概况

4. 模板方案选择

5. 模板的材料选择

6. 模板安装（包括：模板安装的一般要求，模板组拼，模板定位，模板支设）

7. 模板拆除

8. 模板技术措施（进场模板质量标准，模板安装质量要求，其他注意事项，脱模剂及模板堆放、维修）

9. 安全、环保、文明施工措施

10. 模板计算书：包括柱模板、梁模板（含扣件钢管架）、板模板（含扣件钢管架）的设计计算，具体要求见下述第（二）条

（二）计算书一本（用 A4 纸抄写）

内容包括：

1. 模板设计计算书封面、目录

2. 设计资料

3. 模板体系中，各构件的设计计算过程

（三）模板配模施工图一张（用 A2 白纸铅笔绘制）

内容包括：

1. 模板体系结构平面布置图

2. 模板体系纵向剖面图

3. 模板体系横向剖面图

4. 模板体系节点详图

5. 相应的施工说明

六、参考资料

1.《建筑施工模板安全技术规范》JGJ 162—2008

2.《建筑施工扣件式钢管脚手架安全技术规范》JGJ 130—2011

3. 广西壮族自治区地方标准《建筑施工模板及作业平台钢管支架构造安全技术规范》DB45/T 618—2009

4. 浙江省工程建设标准《建筑施工扣件式钢管模板支架技术规程》DB33/T 1035—2018

5. 上海市工程建设规范《钢管扣件水平模板的支撑系统安全技术规程》DG/TJ 08-016—2004

6.《建筑施工手册》（第 5 版，中国建筑工业出版社）

7.《混凝土结构工程施工质量验收规范》GB 50204—2015

8.《建筑结构荷载规范》GB 50009—2012

9.《建筑结构可靠性设计统一标准》GB 50068—2018

10.《建筑地基基础设计规范》GB 50007—2011

11.《钢结构设计标准》GB 50017—2017

12.《冷弯薄壁型钢结构技术规范》GB 50018—2002

13.《钢框胶合板模板技术规程》JGJ 96—2011

14.《混凝土模板用胶合板》GB/T 17656—2018

15.《混凝土结构设计规范》（2015 年版）GB 50010—2010

注：在校学生亦可参考各校自选的《建筑施工技术》《材料力学》和《混凝土结构》教材。

任务四 ▶ 模板工程模拟施工实训

一、实训概述

模板工程安装是建筑工程技术专业、建设工程监理专业学生应该掌握的一项重要专业技能。但是长期以来，由于模板工程的复杂性和庞体性，使得模板工程安装技能实训难以在校内开展，而建筑工程技术专业主要培养适应建筑生产一线的技术、管理等职业岗位要求的高技能人才，毕业生主要就业岗位是施工员、安全员等。目前，我国的建筑业现状是施工员无需直接进行模板工程的施工安装，但必须掌握模板工程的模板体系构造做法和支架体系构造要求，能根据模板施工方案进行施工技术交底和现场模板工程安装质量控制、安全控制。本任务的模板工程模拟施工实训，就是通过模拟制作的方式来培养学生对模板工程施工安装的质量和安全控制能力。

（一）实训目标

通过本任务实训，使学生掌握一般模板工程柱、墙、梁、板等结构构件的模板体系构造组成和安装工艺流程；掌握一般模板工程支架体系构造组成和基本要求。

（二）实训重点

（1）单层框架（或框剪）钢筋混凝土结构（要求含柱或墙、梁、板等结构构件）的模板体系构成模拟制作、安装工艺流程模拟实训；

（2）单层框架（或框剪）钢筋混凝土结构模板支架体系的构成模拟制作、安装工艺流程模拟实训。

（三）教学建议

本模板工程模拟施工实训建议安排在建筑工程技术专业学生的第四学期（或第五学期）的校内综合实训阶段进行，学生应已经学习了《建筑识图与构造》《建筑材料》《建筑力学》《建筑结构》《建筑测量》等相关课程，以及本课程的相关章节知识；实训开始前以及实训过程中实训指导教师应组织学生对实际在建建设项目的模板工程进行现场观摩学习，并运用多媒体教学手段展示、演示模板工程相关的实物照片、施工视频和安装工艺动画，以此来增加学生的感性认识、提高学生的学习兴趣，从而达到本项实训的教学目的。

（四）实训场景

1. 校内"建筑工程框架、剪力墙结构'真题实做'实训基地"建设

校内应建设有"建筑工程框架、剪力墙结构'真题实做'实训基地"，以便于学生就近实地观摩、学习。如图 6-75～图 6-79 所示。

图 6-75　建筑工程框架、剪力墙结构"真题实做"实训基地

图 6-76　"框架、剪力墙结构实训基地"二层施工作业面

图 6-77　"框架、剪力墙结构实训基地"支架体系

图 6-78　"框架、剪力墙结构实训基地"安全通道口

2. 模板工程模拟施工实训室实训氛围建设

（1）实训指导书上墙　上墙的实训指导书要详实，要能够达到即使指导教师不在场，学生也能按图索骥、按部就班地完成实训。如图 6-80 所示。

图 6-79　"框架、剪力墙结构
实训基地"安全通道

图 6-80　实训指导书上墙

（2）实训成果陈列　将历届学生中优秀的实训成果（模型）陈列在实训室四周，使学生能随时观摩，少走弯路，同时激励学生精益求精、不断超越，提高学生的实训兴趣。如图 6-81～图 6-86 所示。

图 6-81　实训成果陈列（一）

图 6-82　实训成果陈列（二）

图 6-83　实训成果陈列（三）

图 6-84　实训成果陈列（四）

图 6-85　实训成果构造细部（一）

图 6-86　实训成果构造细部（二）

（3）教师指导学生实训　指导教师应具有较丰富的工程实践经验，动手能力较强，能理论结合实际，做到每天定时到教室指导、检查，而且应耐心、深入地进行指导，适时督促、检查学生实训进度，确保实训能按时优质完成，从而实现教学目的。如图 6-87、图 6-88 所示。

图 6-87　教师指导

图 6-88　学生实训

二、实训任务

（一）实训内容：单层框架（或框剪）结构模板工程模拟施工实训

（1）单层框架（或框剪）钢筋混凝土结构（要求含柱或墙、梁、板等结构构件）的模板体系构成模拟制作、安装工艺流程模拟实训；要求仿照采用木模板或胶合板为面板的模板体系构成进行模拟制作、安装。

（2）单层框架（或框剪）钢筋混凝土结构模板支架体系的构成模拟制作、安装工艺流程模拟实训；要求仿照采用扣件式钢管为模板支架的体系构成进行模拟制作、安装。

（3）相应的钢筋加工及绑扎安装。

（二）实训方式

以小组为单位（以 5～7 人左右为一组），在教师的指导下、在规定时间内（一般为 2 周）完成以上内容。

（三）实训准备

1. 材料和工具准备

（1）购买以下实训材料（材料用量以 5～7 人一组计量，具体可根据小组人数及工程量大小适当增减）。

① 2～3mm 厚的三合板（1 张）：用于模拟制作模板工程的胶合板面板。

② 一次性枋木筷（6 包）：用于模拟制作模板工程的枋木。

③ 一次性圆木筷（10 包）：用于模拟制作模板工程的钢管支架。

④ 万能胶（1 瓶）：模拟铁钉或扣件，用于"面板""枋木""钢管支架"等组合后的黏合。

⑤ 塑料吸管（0.5 包）：用于模拟钢管支架的对接扣件。

⑥ 14♯铁丝（1 公斤）、18♯铁丝（1 公斤）：用于模拟制作墙、柱、梁、板等混凝土构件的主筋和箍筋。

⑦ 玻璃胶（4 根）：模拟扎丝，用于钢筋间的"绑扎"（粘接），如：梁、柱主筋和箍筋之间的"绑扎"，剪力墙竖向筋与水平筋"绑扎"，板筋的"绑扎"等。

⑧ 砂纸（粗砂纸、中砂纸每种各 3 张，共计 6 张）：用于模拟制作模板工程的"面板""枋木""钢管支架"的打磨和精加工。

⑨ 模型底板（一张）：根据所要制作的模板工程的模型大小购买，常用的模型底板规格有 1♯图板（594mm×841mm）、0♯图板（841mm×1189mm）、建筑胶合板（915mm×1830mm）、木工板（1200mm×2400mm）。具体选用哪一种规格的模型底板，视小组的人数而定，一般是少于 5 人可选用 1♯图板，5～7 人可选用 0♯图板，8～10 人可选用建筑胶合板，10～12 人可选用木工板。

（2）领取实训工具。组织学生（以组为单位）领取实训工具：尖嘴钳（4～8 把）、老虎钳（1～3 把）、锯子（1～3 把）、裁刀（3～9 把）、钢锯片（3～6 条）。

2. 设计准备

（1）建筑设计：设计方案可选择办公楼（整体或局部）、住宅楼（整体或局部）、商场（整体或局部）等其中一项。要求布局合理、尺寸合理，并绘制 A3 图幅的建筑平面布置一张（要求 CAD 绘制）。

（2）结构设计：所确定的结构设计必须是柱（或剪力墙）、梁、板、楼梯完整的结构体系。在指导教师的指导下确定结构布置、结构构件尺寸及结构配筋，并绘制 A3 图幅的结构布置图和主要结构构件配筋图各一张（要求 CAD 绘制）。

（3）模板设计：根据本书相关单元任务的知识与要求，正确布置模板及支架体系〔包括：立杆、水平杆（含扫地杆、封顶杆）、水平剪刀撑、横向竖直剪刀撑、纵向竖直剪刀撑等〕，要求构造完整，并绘制 A3 图幅的支架体系布置图一张（要求 CAD 绘制）。

（四）实训条件

（1）模型底板采用 1♯图板、0♯图板、建筑胶合板、木工板等。

（2）模型的模板、支架体系采用三合板、木、竹卫生筷条，固定粘接材料采用万能胶等粘接材料；三合板必须先仿胶合板规格，按比例裁好备用，严禁整张直接使用。

（3）模型的钢筋采用铁丝制作，钢筋"绑扎"采用玻璃胶等黏结材料。

（五）制作要求

1. 确定制作比例

要求模型的制作比例为 1∶10（模型∶实际工程）；特殊情况需采用其他比例的，须由组长报指导教师审核，获批后方能实施。

2. 弹线

按设计及相应比例将轴线、构件外轮廓线弹（绘）在模型底板上。

3. 模板制作

（1）柱模板：依次制作底木框、侧拼板、柱箍、梁柱交接处衬口挡、柱斜撑、柱侧拼板（应设清扫口）、梁柱交接口等。

（2）剪力墙模板：依次制作侧模、立档、横向水平拉杆、对拉螺杆、斜撑等。

（3）梁、板模板：依次制作支架垫块、底座、钢管立杆、扫地杆、纵横水平拉杆、封顶杆、三向剪刀撑、楞木（小楞）、杠管（大楞）、梁底模板、梁侧模板、夹木、托木、侧模斜撑、对拉螺杆、楼板模板等。

（4）楼梯模板：依次制作支架垫块、斜向撑杆、扫地杆、纵横水平拉杆、楼梯底模板、外帮板、反三角板、踢面模板等。

（5）相应结构的钢筋制作。

（6）双排钢管外脚手架：依次制作垫板、底座、扣件、钢管、脚手板、安全网等。

4. 模板及支架安装可按以下顺序

（1）柱：弹线→找平、定位→底框→组装柱模→安装柱箍→安装拉杆或斜撑→校正垂直度→模板预检。

（2）剪力墙：弹线→找平、定位→侧模→立档（内楞）→横向水平杠管（外楞）→对拉螺栓、斜撑等→模板预检。

（3）梁、板：弹线→钢管支架体系→调整标高→梁底模→梁侧模→夹木→安装拉杆或斜撑→板下大小楞→安装板底模→模板预检。

（4）楼梯：放样→安装休息平台梁模板→斜撑体系→楼梯模板斜楞→铺设楼梯底模→外帮侧模→踢面模板→模板预检。安装模板时要特别注意斜向撑杆（斜撑）的固定。

5. 模板安装与相应结构钢筋绑扎配合

柱、剪力墙钢筋应先绑扎后立模，高大模板及节点处应适当的处理钢筋绑扎与侧模支设的先后顺序。

6. 钢管双排外脚手架

垫板、底座→杆件（扫地杆、立杆、水平杆）→连墙件→剪刀撑→脚手板、安全网。

7. 制作图签

模型制作完成后，应在底板的右下角贴上图签。注明：模型名称，学校、班级及组别名称，指导教师、组长及小组成员姓名，制作日期，比例。

（六）实训时间安排、地点

本模板工程模拟施工实训时间为两周，工作进程和时间控制见表 6-7，地点在实训教室。

表 6-7　实训时间安排、地点

项目	实训内容		时间		实训地点
			天数/天	周数/周	
模型制作	1	材料等准备工作	1	2	实训教室
	2	设计准备	1		
	3	模型制作	7.5		
	4	作品检评	0.5		

（七）实训教学的组织管理

1. 指导方式

（1）指导教师以集中讲解、分步指导、巡视检查的方式进行指导。

（2）每个班安排两名或两名以上实训指导教师进行指导。

2. 组织管理

（1）由系领导、实训指导教师、实训班班主任组成实训领导小组，全面负责实训工作。

（2）以班为单位，班长全面负责，下设若干个小组（一般以 5、7 人左右为一组），各组设组长一名。组长负责本组同学实训事务工作，包括实训分工，纪律监督，事务联系，以及实训召集等工作。

3. 实训态度和纪律要求

（1）学生应明确实训的目的和意义，重视并积极自觉地参加实训。

（2）实训过程需谦虚、谨慎、刻苦、好学，爱护国家财产，遵守国家法令，遵守学校及施工现场的规章制度。

（3）服从指导教师的安排，同时组员必须服从本组组长的安排和指挥。

（4）小组成员应团结一致，互相督促，相互帮助；人人动手，共同完成任务。

（5）实训期间要遵守学院的各项规章制度。不得迟到、早退、旷课，不得随意请事假，病假需有医生证明。点名 2 次不到者或请假超过 2 天者，实训成绩评定为不及格。

（八）成绩评定

评定标准采用过程评价与结果评价相结合。过程评价包括：出勤率、工作态度、工作进度三项指标，每项指标所占权重由指导教师根据学校规定在实训开始前发布；结果评价见表 6-8。建议：组长对同组组员的评定占该同学最终成绩评定的一定权数（具体权数由指导教师定）。实训成绩按优、良、中、及格、不及格五级评定。

表 6-8　模板工程模型制作考核项目及评分标准

班别			组别		模型名称			
组长			组员					
序号	考核项目			评分标准			分值/分	实得/分
1	设计方面	1.1 建筑设计		功能齐全、尺寸合理			5	
		1.2 结构设计		梁、柱、板、楼梯等构件的结构布局合理、尺寸合理			10	
		1.3 模板设计		支撑体系及模板布置正确、完整			15	
2	模板制作、安装	2.1 模板构件齐全		1. 柱:底木框、柱模板、梁柱交接处衬口档、柱箍、柱斜撑、柱侧拼板(应设浇筑口)、清扫口等 2. 剪力墙:侧模、立档、横向水平拉杆、对拉螺杆、斜撑等 3. 梁:梁底模板、梁侧模板、梁侧夹木、托木、短撑木或对拉螺杆、梁底楞木(小楞)、杠管(大楞)、立杆(支撑)、封顶杆、纵向水平杆、横向水平杆、扫地杆、垫板(块)等 4. 板:楼板模板、楞木(小楞)、杠管(大楞)、立杆(支撑)、封顶杆、纵横向水平杆、扫地杆、剪刀撑、垫板(块)等 5. 楼梯:垫板(块)、斜立杆、扫地杆、纵横向水平杆、斜楞杆、楼梯底模板、外帮板、反三角板、踢面模板等			20	
		2.2 模板安装程序正确		柱:底框→柱模→柱箍→柱斜撑 剪力墙:定位夹条→侧模→立档(内楞)→横向水平杠管(外楞)→对拉螺栓、斜撑 梁、板:支撑体系(垫板、立杆、扫地杆、水平杆、封顶杆、杠管、楞木、剪刀撑)→底模→侧模→立档→夹木→托木→短撑木或斜撑或对拉螺杆 楼梯:斜撑体系→斜楞木→底模→外帮板→反三角板→踢脚侧板			20	
3	钢筋加工安装			钢筋加工安装正确			10	
4	精致程度			制作美观、精致			10	
5	复杂程度			复杂程度适中			5	
6	牢固程度			制作牢固			5	
考评老师						合计得分		

考评时间：　　年　　月　　日

附　录

附录 A ▸ 模板支架常用杆件及扣件截面特性和重量

表 A-1　模板支架常用杆件截面特性

类别	规格 /mm	理论重量 /(N/m)	截面积 $A\times10^2$ /mm²	惯性矩 $I\times10^4$ /mm⁴	截面模量$W\times10^3$ /mm³	回转半径 i /mm
冷弯薄壁 型钢钢管	$\phi48\times3.0$	33.3	4.24	10.78	4.493	15.94
	$\phi48\times3.2$	35.5	4.50	11.36	4.732	15.89
	$\phi48\times3.5$	38.4	4.89	12.19	5.077	15.8
	$\phi48.3\times3.6$	38.9	5.06	12.71	5.260	15.86
枋木	50×50	12.5~16.3	25.0	52.08	20.83	14.45
	90×60	27.0~35.1	54.0	364.50	81.00	17.34
	100×50	25.0~32.5	50.0	416.67	83.33	28.90
	100×100	50.0~65.0	100.0	833.33	166.66	28.90

注：1. 钢管截面特性计算公式

$$I=\frac{\pi}{64}(D^4-d^4)\qquad W=\frac{\pi}{32}\left(D^3-\frac{d^4}{D}\right)\qquad i=\frac{1}{4}\sqrt{D^2+d^2}$$

式中，D 为钢管外直径；d 为钢管内直径。

2. 枋木截面特性计算公式

$$I=\frac{bh^3}{12}\qquad W=\frac{bh^2}{6}\qquad i=0.289h$$

式中，b 为枋木宽度；h 为枋木高度。

表 A-2　可锻铸铁扣件重量　　　　　　　　　　单位：kg/个

扣件名称	直角扣件	旋转扣件	对接扣件
重量	1.35	1.46	1.85

附录 B ▸ 等跨连续梁内力和挠度系数表

表 B-1　简支梁内力和挠度

序次	荷载图	跨内最大弯矩	剪力	跨度中点挠度
		M_1	$Q_A=Q_B$	v_1
1		$\dfrac{qbl}{8}\left(2-\dfrac{b}{l}\right)$	$\dfrac{qb}{2}$	$\dfrac{qbl^3}{384EI}\left(8-\dfrac{4b^2}{l^2}+\dfrac{b^3}{l^3}\right)$

表 B-2　二等跨梁内力和挠度系数

序次	荷载图	跨内最大弯矩		支座弯矩	剪力			跨度中点挠度	
		M_1	M_2	M_B	Q_A	$Q_{B左}$ $Q_{B右}$	Q_C	v_1	v_2
1		0.070	0.070	−0.125	0.375	−0.625 0.625	−0.375	0.521	0.521
2		0.156	0.156	−0.188	0.312	−0.688 0.688	−0.312	0.911	0.911
3		0.222	0.222	−0.333	0.667	−1.333 1.333	−0.667	1.466	1.466

注：1. 在均布荷载作用下：$M=$ 表中系数 $\times ql^2$；$Q=$ 表中系数 $\times ql$；$v=$ 表中系数 $\times ql^4/(100EI)$。

2. 在集中荷载作用下：$M=$ 表中系数 $\times Fl$；$Q=$ 表中系数 $\times F$；$v=$ 表中系数 $\times Fl^3/(100EI)$。

表 B-3　三等跨梁内力和挠度系数

序次	荷载图	跨内最大弯矩		支座弯矩		剪力				跨度中点挠度		
		M_1	M_2	M_B	M_C	Q_A	$Q_{B左}$ $Q_{B右}$	$Q_{C左}$ $Q_{C右}$	Q_D	v_1	v_2	v_3
1		0.080	0.025	−0.100	−0.100	0.400	−0.600 0.500	−0.500 0.600	−0.400	0.677	0.052	0.677
2		0.175	0.100	−0.150	−0.150	0.350	−0.650 0.500	−0.500 0.650	−0.350	1.146	0.208	1.146
3		0.244	0.067	−0.267	−0.267	0.733	−1.267 1.000	−1.000 1.267	−0.733	1.883	0.216	1.883

注：1. 在均布荷载作用下：$M=$ 表中系数 $\times ql^2$；$Q=$ 表中系数 $\times ql$；$v=$ 表中系数 $\times ql^4/(100EI)$。

2. 在集中荷载作用下：$M=$ 表中系数 $\times Fl$；$Q=$ 表中系数 $\times F$；$v=$ 表中系数 $\times Fl^3/(100EI)$。

附录 C　▶　Q235-A 钢轴心受压构件稳定系数 φ

表 C　Q235-A 钢轴心受压构件的稳定系数 φ

λ	0	1	2	3	4	5	6	7	8	9
0	1.000	0.997	0.995	0.992	0.989	0.987	0.984	0.981	0.979	0.976
10	0.974	0.971	0.968	0.966	0.963	0.960	0.958	0.955	0.952	0.949
20	0.947	0.944	0.941	0.938	0.936	0.933	0.930	0.927	0.924	0.921

λ	0	1	2	3	4	5	6	7	8	9
30	0.918	0.915	0.912	0.909	0.906	0.903	0.899	0.896	0.893	0.889
40	0.886	0.882	0.879	0.875	0.872	0.868	0.864	0.861	0.858	0.855
50	0.852	0.849	0.846	0.843	0.839	0.836	0.832	0.829	0.825	0.822
60	0.818	0.814	0.810	0.806	0.802	0.797	0.793	0.789	0.784	0.779
70	0.775	0.770	0.765	0.760	0.755	0.750	0.744	0.739	0.733	0.728
80	0.722	0.716	0.710	0.704	0.698	0.692	0.686	0.680	0.673	0.667
90	0.661	0.654	0.648	0.641	0.634	0.626	0.618	0.611	0.603	0.595
100	0.588	0.580	0.573	0.566	0.558	0.551	0.544	0.537	0.530	0.523
110	0.516	0.509	0.502	0.496	0.489	0.483	0.476	0.470	0.464	0.458
120	0.452	0.446	0.440	0.434	0.428	0.423	0.417	0.412	0.406	0.401
130	0.396	0.391	0.386	0.381	0.376	0.371	0.367	0.362	0.357	0.353
140	0.349	0.344	0.340	0.336	0.332	0.328	0.324	0.320	0.316	0.312
150	0.308	0.305	0.301	0.298	0.294	0.291	0.287	0.284	0.281	0.277
160	0.274	0.271	0.268	0.265	0.262	0.259	0.256	0.253	0.251	0.248
170	0.245	0.243	0.240	0.237	0.235	0.232	0.230	0.227	0.225	0.223
180	0.220	0.218	0.216	0.214	0.211	0.209	0.207	0.205	0.203	0.201
190	0.199	0.197	0.195	0.193	0.191	0.189	0.188	0.186	0.184	0.182
200	0.180	0.179	0.177	0.175	0.174	0.172	0.171	0.169	0.167	0.166
210	0.164	0.163	0.161	0.160	0.159	0.157	0.156	0.154	0.153	0.152
220	0.150	0.149	0.148	0.146	0.145	0.144	0.143	0.141	0.140	0.139
230	0.138	0.137	0.136	0.135	0.133	0.132	0.131	0.130	0.129	0.128
240	0.127	0.126	0.125	0.124	0.123	0.122	0.121	0.120	0.119	0.118
250	0.117	—	—	—	—	—	—	—	—	—

注：1. 当 $\lambda > 250$ 时，$\varphi = 7320/\lambda^2$；2. 本表参照 JGJ 130 附录 C 制定。

附录 D ▶ 等效计算长度系数 μ 和计算长度附加系数 k

表 D-1　模板支架的等效计算长度系数 μ

h/l_b	h/l_a					
	1	1.2	1.4	1.6	1.8	2
1	1.845	1.804	1.782	1.768	1.757	1.749
1.2	1.804	1.720	1.671	1.649	1.633	1.623
1.4	1.782	1.671	1.590	1.547	1.522	1.507
1.6	1.768	1.649	1.547	1.473	1.432	1.409
1.8	1.757	1.633	1.522	1.432	1.368	1.329
2	1.749	1.623	1.507	1.409	1.329	1.272

注：h——立杆步距，m；l_a——立杆纵距，m；l_b——立杆横距，m。

当 h/l_a 或 h/l_b 大于 2 时，μ 应按 2.0 取值。

表 D-2　计算长度附加系数 k

步距 h/m	$h \leqslant 0.9$	$0.9 < h \leqslant 1.2$	$1.2 < h \leqslant 1.5$	$1.5 < h \leqslant 2.0$
k	1.243	1.185	1.167	1.163

附录 E ▶ 对拉螺栓的规格和性能

表 E　对拉螺栓的规格和性能

螺栓直径/mm	螺栓内径/mm	净面积/mm²	容许拉力/kN
M12	9.85	76	12.90
M14	11.55	105	17.80
M16	13.55	144	24.50

附录 F ▶ 扣件容许荷载

表 F　扣件容许荷载

项目	型号	容许荷载/kN
蝶形扣件	26 型	26
	18 型	18
3 形扣件	26 型	26
	12 型	12

附录 G ▶ 常用柱箍的规格和力学性能

表 G　常用柱箍的规格和力学性能

材料	规格 /mm	夹板长度 /mm	截面积 A /mm	截面惯性矩 I /mm⁴	截面最小抵抗拒 W /mm³	适用柱宽范围 /mm
钢管	$\phi 48 \times 3.5$	1200	489	12.19×10^4	5.077×10^3	300～700
	$\phi 48.3 \times 3.6$	1200	506	12.71×10^4	5.260×10^3	300～700

参 考 文 献

[1] 《混凝土结构工程施工质量验收规范》GB 50204—2015.

[2] 《建筑施工模板安全技术规范》JGJ 162—2008.

[3] 《建筑施工扣件式钢管脚手架安全技术规范》JGJ 130—2011.

[4] 本书编委会. 建筑施工手册. 第 5 版. 北京：中国建筑工业出版社，2013.

[5] 《建筑结构荷载规范》GB 50009—2012.

[6] 广西壮族自治区地方标准《建筑施工模板及作业平台钢管支架构造安全技术规范》DB45/T 618—2009.

[7] 浙江省工程建设标准《建筑施工扣件式钢管模板支架技术规程》DB33/T 1035—2018.

[8] 上海市工程建设规范《钢管扣件水平模板的支撑系统安全技术规程》DG/TJ 08-016—2004.

[9] 《建筑结构可靠性设计统一标准》GB 50068—2018.

[10] 《建筑地基基础设计规范》GB 50007—2011.

[11] 《钢结构设计标准》GB 50017—2017.

[12] 《冷弯薄壁型钢结构技术规范》GB 50018—2002.

[13] 《钢框胶合板模板技术规程》JGJ 96—2011.

[14] 《混凝土模板用胶合板》GB/T 17656—2018.

[15] 《混凝土结构设计规范》（2015 年版）GB 50010—2010.

[16] 《建筑施工脚手架安全技术统一标准》GB 51210—2016.

[17] 《混凝土结构工程施工规范》GB 50666—2011.